重庆市骨干高等职业院校建设项目规划教材
重庆水利电力职业技术学院课程改革系列教材

水利工程监理

主　编　陈永志　李前杰
副主编　张守平　肖弟康　于海洋
主　审　李天强

黄河水利出版社
·郑州·

内容提要

本书是重庆市骨干高等职业院校建设项目规划教材、重庆水利电力职业技术学院课程改革系列教材之一，由重庆市财政重点支持，根据高职高专教育水利工程监理课程标准及理实一体化教学要求编写完成。本书主要介绍水利工程监理制度、监理控制方法及工程监理岗位能力等有关知识。全书在内容组织上以项目化实施导入，共分为5个项目，分别介绍建设工程监理制度、建设工程监理工作内容、建设工程监理岗位能力、建设工程法律法规，以及职业资格考务与国外工程项目管理介绍等。本书通过对实用知识点的讲解，体现以能力培养、技能实训为本位的思想，强调实际操作能力，同时保持一定的理论深度，有很高的实用价值。

本书可作为高职高专院校水利水电建筑工程、农田水利工程、水利工程施工、水务管理、工业与民用建筑专业的教材，也可供土木建筑类其他专业、中等专业学校相应专业的师生及工程技术人员阅读参考。

图书在版编目(CIP)数据

水利工程监理/陈永志，李前杰主编.—郑州：黄河水利出版社，2016.11 (2018.1 修订重印)

重庆市骨干高等职业院校建设项目规划教材

ISBN 978-7-5509-1597-8

Ⅰ.①水… Ⅱ.①陈…②李… Ⅲ.①水利工程-监理工作-高等职业教育-教材 Ⅳ.①TV523

中国版本图书馆CIP数据核字(2016)第302473号

组稿编辑：王路平 电话：0371-66022212 E-mail：hhslwlp@163.com

出 版 社：黄河水利出版社 网址：www.yrcp.com

地址：河南省郑州市顺河路黄委会综合楼14层 邮政编码：450003

发行单位：黄河水利出版社

发行部电话：0371-66026940、66020550、66028024、66022620(传真)

E-mail：hhslcbs@126.com

承印单位：河南承创印务有限公司

开本：787 mm×1 092 mm 1/16

印张：12.5

字数：290千字 印数：1 201—2 200

版次：2016年11月第1版 印次：2018年1月第2次印刷

2018年1月修订

定价：30.00元

前言

按照“重庆市骨干高等职业院校建设项目”规划要求，水利水电建筑工程专业是该项目的重点建设专业之一，由重庆市财政支持、重庆水利电力职业技术学院负责组织实施。按照子项目建设方案，通过广泛的调研，与行业、企业专家共同研讨，不断创新基于工作能力培养的“三轮递进，两线融通”的人才培养模式，以水利水电建设一线的主要技术岗位核心能力为主线，兼顾学生职业迁徙和可持续发展需要，构建了基于工作岗位能力分析的教学做一体化课程体系，优化课程内容，进行精品资源共享课程与优质核心课程的建设。经过三年的探索和实践，已形成初步建设成果。为了固化骨干建设成果，进一步将其应用到教学之中，最终实现让学生受益，经学院审核，决定正式出版系列课程改革教材，包括优质核心课程和精品资源共享课程等。

水利工程监理是水利水电建筑工程专业的核心课程，是形成职业能力的重要课程之一，具有综合性强、实践性高、涉及面广、技术要求高等特点。

近年来，高职高专教育教学改革不断深入，随着水利水电建筑工程专业以就业为导向的“校企合作，工学结合”教学模式的改革和实践不断深入，水利工程监理成为水利高职院校教学改革的前沿课程，课程标准、教学模式、教学要求与授课内容发生了巨大变化。本书编写的主要指导思想是适应高职高专教学改革的需要，在参考其他高职院校教学改革成果的基础上，按学生毕业后工作岗位的工作内容安排学习内容，以达到教学与就业的无缝对接。

本书具有以下特点：

(1)以能力为基础，按项目化实施重组内容。本书内容上立足于职业岗位的实际工作需要，突出“应用为目的，必需、够用为度”的原则。在内容组织上以项目化实施导入，通过对实用知识点的讲解，体现以能力培养、技能实训为本位的思想。教材编写强调实际操作能力，同时保持一定的理论深度，有很高的实用价值。

(2)以“工学结合”为原则，紧跟时代，内容实用。本书以现行规范、法规和行业标准为依据，编写了大量实用的工程范本，如工程监理合同范本、施工合同范本、监理常用表格等，内容新颖，通俗易懂。

(3)以创新为表现形式，体现教改成果。本书按“校企合作，工学结合”教学模式的要求，以项目化教学法为基础对教材体例进行了编排，有助于学生尽快掌握和领悟教材中的理论知识和实际操作，提高学生实践能力。

(4)本书编写引入了企业、行业的专家参与其中。专家对该行业岗位能力有着很深的理解，在教材编写过程中能很好地把握知识结构，让学生更能受益于实践能力和理论知识的结合。

本书编写人员及编写分工如下:重庆水利电力职业技术学院王世儒、肖云川编写项目1;重庆水利电力职业技术学院张守平、肖弟康、刁明月编写项目2;重庆水利电力职业技术学院陈永志、陈振,重庆笃远工程监理有限公司于海洋编写项目3;重庆水利电力职业技术学院闵志华、周祥,重庆市永川区水务局李天强编写项目4;重庆水利电力职业技术学院李前杰、朱方敏、程小龙编写项目5。本书由陈永志、李前杰担任主编,并负责全书统稿;由张守平、肖弟康、于海洋担任副主编;由重庆市永川区水务局李天强担任主审,负责稿件整体审核。

本书在编写过程中,得到了很多施工单位、监理单位等的关心帮助,并获得了大量工程资料,在此一并表示衷心的感谢!

由于编者水平有限,不足之处在所难免,敬请各位专家、同行和读者提出宝贵意见,我们将不断加以改进。

编　者

2016 年 7 月

目录

项目 1　建设工程监理制度

任务 1　建设工程监理基本概念

一、建设工程监理产生的背景与发展

(一) 改革开放,"三资"项目的强烈冲击,引发了"监理制"的思考

从 20 世纪 80 年代开始,我国实行了改革开放政策,国门打开了,不少外国公司、社团、私人企业到中国投资,兴建各种工程项目,这些建设项目统称为"三资"项目(借贷外资、中外合资、国外独资)。这些工程项目均要求实行"招标投标承发包制"和"建设监理制"。当时,我国没有一家监理公司,也没有一个监理工程师。无奈,不得不聘请国外监理公司、咨询公司的专家到我国来进行工程项目监理。这些外国专家按照国际惯例,以业主委托与授权的方式,对工程建设进行监理,显示出高质、高速、高效的优势。这对我国传统的建设管理体制是一个很大的冲击,引发了广大建设工作者对我国传统的工程建设管理体制是否应当进行改革的思考。

我国第一个利用世界银行贷款兴建的大型水电站——鲁布革电站,于 1981 年开工,1984 年开始多渠道利用外资,多层次聘请外国咨询专家,引进先进技术和管理经验,采用国际招标方式,开创了中国水电站建设中质量高、速度快、造价低的新局面。1987 年 6 月,李鹏总理在我国施工工作会议上提出了"全面推广鲁布革经验",同年 8 月,《人民日报》发表了题为"鲁布革冲击波"长篇通讯,引起社会的强烈反响,"鲁布革"这个名不见经传的地方从此驰誉中国。

鲁布革工程管理经验的精髓是改革、发展和创新,鲁布革冲击波带来了思想的解放。鲁布革工程在我国水电建设中率先实行业主负责制、招标投标制和建设监理制,宣告了计划经济自营体制的结束。鲁布革工程的建设是我国水电建设改革史上的重要里程碑。

(二) 传统建设管理体制的弊端,呼唤着新的管理模式

从新中国成立至 20 世纪 80 年代,我国固定资产投资基本上是由国家统一安排计划(包括具体的项目计划),由国家财政统一拨款。在我国当时经济基础薄弱、建设投资和物资短缺的条件下,这种方式对于国家集中有限的财力、物力、人力进行经济建设,为迅速建立我国的工业体系和国民经济体系起到了积极作用。

当时,我国建设工程的管理基本上采取两种形式:对于一般建设工程,由建设单位自己组成筹建机构,自行管理;对于重大建设工程,则从与该工程相关的单位抽调人员组成工程建设指挥部,由指挥部进行管理。因为建设单位无须承担经济风险,这两种管理形式

得以长期存在,但其弊端不言而喻。由于这两种形式都是针对一个特定的建设工程临时组建的管理机构,相当一部分人员不具有建设工程管理的知识和经验,因此他们只能在工作实践中摸索。而一旦工程建成投入使用,原有的工程管理机构和人员就解散,当有新的建设工程时再重新组建。这样,建设工程管理的经验不能承袭、升华,不能用来指导今后的工程建设,而教训却不断重复发生,使我国建设工程管理水平长期在低水平徘徊,难以提高。因此,要使工程建设管理工作走专业化、社会化的道路,发展专门从事工程建设管理的行业成为必要,这个行业便是国际上通行的工程监理行业。

(三)市场经济改革的深化,全面推行“监理制”势在必行

目前,我国已经摒弃了计划经济,全面实行了市场经济。政府的职能发生了根本的变化,实行了政企职责分开,简政放权,政府职能已转到规划、监督、服务上来了。因此,工程项目建设管理也势必发生相应变化:

第一,由于扩大了地方和企事业单位的自主权,由过去政府财政统一计划分配投资的体制,变成了由国家、地方、企业和个人多元投资的新格局(即“拨改贷”)。

第二,在工程项目建设实施上,由于开放了建筑市场和实行了招标投标承发包制,工程项目建设出现了全社会、多单位共同参与、相互竞争的新格局。

第三,由于实行了业主负责制,业主要承担投资责任,因此改变了过去那种行政隶属关系和无经济责任的状况,现已被合同关系所代替。

这些改革与变化意义十分巨大,它把强大的竞争机制引入到建设领域,调动了社会各方面的积极性。但与此同时,由于约束机制不健全,不顾国家利益和他人利益的倾向也增长了。尤其是在改革开放的初期,建筑市场还不规范,约束机制尚不完善。如在招标投标工作中,存在规避招标、假招标和工程转包现象,出现了各种关系工程、人情工程、领导工程和地方保护工程等,导致施工偷工减料,投资失控,质量下降,给工程安全留下了隐患。1994年11月开工,1996年2月竣工投入使用,1999年1月4日18时50分整体垮塌,造成40人死亡、14人受伤、直接经济损失631万元的重庆市綦江县彩虹桥事件,就是一次血的教训。因此,仅有竞争机制,没有约束机制,这种改革是不完善、不匹配的,随着市场经济改革的深化,全面推行监理制势在必行。

(四)开放的中国,应与国际接轨、符合国际惯例

目前,我国各级政府都把吸引外资作为一项重要工作来抓,但如果不实行监理制,不与国际上通行的建设监理制接轨,将严重影响我国吸引外资和先进技术,并且会使我国在对外经济交往中蒙受巨大损失。

外商在我国的投资项目和我国向国际金融机构贷款的工程项目,均将实行建设监理制作为投资或贷款的必要条件之一,实行建设监理制,能够改善吸引外资环境。如果没有自己的监理人员,涉外工程就要聘请外国监理人员,需向每人每月支付6万~10万元外汇人民币。据有关资料估计:1979~1988年,仅支付监理费就近20亿美元,其中京津唐高速公路是世界银行贷款项目,聘请了5名丹麦监理工程师,3年支付监理费135万美元。多年来,我国有许多建筑队伍进入了国际建筑市场,由于缺乏监理知识和被监理经验,结果不该罚的被罚了,而该索赔的又没有索赔。因此,实行建设工程监理制是扩大对外开放和与国际接轨的需要,是真正按国际惯例办事。

（五）我国建设工程监理的发展

我国的建设工程监理已经取得有目共睹的成绩，并且已为社会各界所认同和接受。但是应当承认，目前我国监理行业仍处在发展的初期阶段，与发达国家相比还存在很大的差距。

20世纪80年代我国进入了改革开放的新时期，国务院决定在基本建设和建筑业领域采取一些重大的改革措施，例如，投资有偿使用（即"拨改贷"）、投资包干责任制、投资主体多元化、工程招标投标制等。在这种情况下，改革传统的建设工程管理形式，已经势在必行。否则，难以适应我国经济发展和改革开放新形势的要求。

通过对我国几十年建设工程管理实践的反思和总结，并对国外工程管理制度与管理方法进行了考察，认识到建设单位的工程项目管理是一项专门的学问，需要一大批专门的机构和人才，建设单位的工程项目管理应当走专业化、社会化的道路。在此基础上，建设部于1988年发布了"关于开展建设监理工作的通知"，明确提出要建立建设监理制度。建设监理制作为工程建设领域的一项改革举措，旨在改变陈旧的工程管理模式，建立专业化、社会化的建设监理机构改革，协助建设单位做好项目管理工作，以提高建设水平和投资效益。

建设工程监理制在我国于1988年开始试点，5年后逐步推开，1997年颁布的《中华人民共和国建筑法》（简称《建筑法》）以法律制度的形式作出规定，国家推行建设工程监理制度，从而使建设工程监理在全国范围内进入全面推行阶段。

2000年发布的《建设工程质量管理条例》（国务院令第279号）以建设工程质量责任主体为基线，规定了建设单位、勘察单位、设计单位、施工单位和工程监理单位的质量责任和义务，明确了工程质量保修制度、工程质量监督制度等内容，并对各种违法违规行为的处罚做了原则规定。

2003年发布的《建设工程安全生产管理条例》（国务院令第393号）以建设单位、勘察单位、设计单位、施工单位、工程监理单位及其他与建设工程安全生产有关的单位为主体，规定了各主体在安全生产中的安全管理责任与义务，并对监督管理、生产安全事故的应急救援和调查处理、法律责任等做了相应的规定。

2013年发布了国家标准《建设工程监理规范》（GB/T 50319—2013），自2014年3月1日起实施，原国家标准《建设工程监理规范》（GB 50319—2000）同时废止。新的《建设工程监理规范》（GB/T 50319—2013）增加了相关服务和安全生产管理的内容，将工程勘察设计阶段、工程保修阶段纳入了相关服务内容，建设工程监理服务工作涵盖了整个工程建设过程，我国建设工程监理进入了一个新的发展时期，处于稳步、健康发展阶段。

2003年水利部发布了水利行业标准《水利工程建设项目施工监理规范》（SL 288—2003），规范了我国水利工程建设项目管理。2014年发布了水利行业标准《水利工程施工监理规范》（SL 288—2014），替代了《水利工程建设项目施工监理规范》（SL 288—2003），从2015年1月30日起实施。

目前，我国监理企业的规模普遍偏小，实力偏低，难以承担大规模的、重要的工程项目管理工作。今后应该实现企业重组，改善企业经营机制，组建大型的、有很强实力的项目管理企业，以适应我国建设的需要，同时创造条件，走出国门参与国际市场的竞争。

二、监理的概念、性质、作用

(一)建设工程监理的概念

所谓建设工程监理,是指具有相应资质的工程监理企业,接受建设单位的委托,承担其项目管理工作,并代表建设单位对承包单位的建设行为进行监督管理的专业化服务活动。

建设单位,也称为业主、项目法人,是委托监理的一方。建设单位在工程建设中拥有确定建设工程规模、标准功能以及选择勘察、设计、施工、监理单位等工程建设中重大问题的决定权。

工程监理企业是指取得企业法人营业执照,具有监理资质证书的依法从事建设工程监理业务活动的经济组织。

因此,建设工程监理的行为主体是工程监理企业,工程监理企业应根据委托监理合同和有关建设工程合同的约定,代表建设单位对工程项目的组织实施进行全过程或若干阶段的管理和服务。监理的依据包括工程建设文件、有关的法律法规规章和标准规范、建设工程委托监理合同和有关的建设工程合同。建设工程监理范围可以分为监理的工程范围和监理的建设阶段范围。

(二)建设工程监理的性质

1.服务性

建设工程监理具有服务性,是从它的业务性质方面定性的。建设工程监理的主要方法是规划、控制、协调,主要任务是控制建设工程的投资、进度和质量,最终应当达到的基本目的是协助建设单位在计划的目标内将建设工程建成投入使用。这就是建设工程监理的管理服务的内涵。

工程监理企业既不直接进行设计,也不直接进行施工;既不向建设单位承包造价,也不参与承包商的利益分成。在工程建设中,监理人员利用自己的知识、技能和经验、信息以及必要的试验、检测手段,为建设单位提供管理和技术服务。

工程监理企业不能完全取代建设单位的管理活动。它不具有工程建设重大问题的决策权,它只能在授权范围内代表建设单位进行管理。

建设工程监理的服务对象是建设单位。监理服务是按照委托监理合同的规定进行的,是受法律约束和保护的。

2.科学性

科学性是由建设工程监理要达到的基本目的决定的。建设工程监理以协助建设单位实现其投资目的为己任,力求在计划的目标内建成工程。面对工程规模日趋庞大,环境日益复杂,功能、标准要求越来越高,新技术、新工艺、新材料、新设备不断涌现,参加建设的单位越来越多,市场竞争日益激烈,风险日渐增加的情况,只有采用科学的思想、理论、方法和手段,才能驾驭工程建设。

科学性主要表现在:工程监理企业应当由组织管理能力强、工程建设经验丰富的人员担任领导;应当有足够数量的、有丰富的管理经验和应变能力的监理工程师组成的骨干队伍;要有一套健全的管理制度;要有现代化的管理手段;要掌握先进的管理理论、方法和手段;要积累足够的技术、经济资料和数据;要有科学的工作态度和严谨的工作作风,要实事求是、创造性地开展工作。

3. 独立性

《建筑法》明确指出,工程监理企业应当根据建设单位的委托,客观、公正地执行监理任务。《工程建设监理规定》和《建设工程监理规范》(GB/T 50319—2013)要求工程监理企业按照"公正、独立、自主"原则开展监理工作。

按照独立性要求,工程监理单位应当严格地按照有关法律、法规、规章、工程建设文件、工程建设技术标准、建设工程委托监理合同、有关的建设工程合同等的规定实施监理;在委托监理的工程中,与承建单位不得有隶属关系和其他利害关系;在开展工程监理的过程中,必须建立自己的组织,按照自己的工作计划、程序、流程、方法、手段,根据自己的判断,独立地开展工作。

4. 公正性

公正性是社会公认的职业道德准则,是监理行业能够长期生存和发展的基本职业道德准则。在开展建设工程监理的过程中,工程监理企业应排除各种干扰,客观、公正地对待监理的委托单位和承建单位。特别是当这两方发生利益冲突或者矛盾时,工程监理企业应以事实为依据,以法律和有关合同为准绳,在维护建设单位的合法权益时,不损害承建单位的合法权益。

(三)建设工程监理的作用

建设单位的工程项目实行专业化、社会化管理在外国已有100多年的历史,现在越来越显现出强劲的生命力,在提高投资的经济效益方面发挥了重要作用。我国实施建设工程监理的时间虽然不长,但已经发挥出明显的作用,为政府和社会所承认。建设工程监理的作用主要表现在以下几方面。

1. 有利于提高建设工程投资决策科学化水平

建设单位委托工程监理企业作为建设前期与决策阶段的咨询服务机构,通过提供项目规划、可行性研究和建设方案,使项目投资符合国家经济发展规划、产业政策、投资方向,有利于提高项目投资决策的科学化水平,为实现建设工程投资综合效益最大化打下了良好的基础。

2. 有利于规范工程建设参与各方的建设行为

工程建设参与各方的建设行为都应当符合法律、法规、规章和市场准则。要做到这一点,仅仅依靠自律机制是远远不够的,还需要建立有效的约束机制。首先需要政府对工程建设参与各方的建设行为进行全面的监督管理,这是最基本的约束,也是政府的主要职能之一。但是,由于客观条件所限,政府的监督管理不可能深入到每一项建设工程的实施过程中,还需要建立另一种约束机制,建设工程监理制就是这样一种约束机制。

3. 有利于促使承建单位保证建设工程质量和使用安全

建设工程是一种特殊的产品,不仅价值大、使用寿命长,而且关系到人民的生命财产安全、健康和环境。因此,保证建设工程质量和使用安全就显得尤为重要,在这方面不允许有丝毫的懈怠和疏忽。

由于监理人员都是有技术、会管理、懂经济、通法律的专门人才,工程监理企业对承包单位的监督与管理对建设工程质量和使用安全有着重要的保证作用。

4.有利于实现建设工程投资效益最大化

实施建设工程监理后,可以实现建设工程投资效益最大化,表现为:

(1)在满足建设工程预定功能和质量标准,以及环境要求和社会效益的前提下,建设投资额最少。

(2)在满足建设工程预定功能和质量标准,以及环境要求和社会效益的前提下,建设工程寿命周期费用(或全寿命费用)最少。

(3)建设工程本身的投资效益与环境效益的最大化。

三、水利工程监理课程介绍

水利工程监理课程是水利水电建筑工程专业的一门专业课程,培养学生承担水利工程监理、建设工程监理岗位能力。

通过本课程学习,为学生了解监理行业,毕业后从事建设工程监理行业,特别是水利工程监理行业奠定基础。为学生顶岗实习、毕业后能胜任建设工程监理岗位工作起到必要的支撑作用。

本课程开设在水利工程造价与招标投标、水利工程施工技术、水利水电工程施工组织与管理等课程之后,要求学生熟练掌握上述课程相关知识内容的基础上开设。可与水工建筑物、水电站、水泵站等课程同时开设。

本课程划分为5个项目:项目1为建设工程监理制度,项目2为建设工程监理工作内容,项目3为建设工程监理岗位能力,项目4为建设工程法律法规,项目5为职业资格考务与国外工程项目管理介绍。

建设工程监理行业对监理人员的专业能力和综合素质要求高,特别强调职业道德。因此,在讲授本课程时要特别注重培养学生严谨的工作态度、敬业精神、团队合作与协调能力,以及高尚的职业道德。

本课程的学习是要求学生在掌握一定的工程造价与招标投标、工程施工技术、工程施工组织与管理等专业知识的基础上,掌握建设工程监理的工程项目管理内容、程序、方法、措施。

任务2 建设程序和建设工程管理制度

一、建设项目

(一)项目的含义与特征

所谓项目,是指在一定的约束条件下具有专门组织和特定目标的一次性任务。项目的概念有广义与狭义之分。广义的项目泛指一切符合项目定义,具备项目特征的一次性事业,如工业生产项目、科研项目、教育项目、体育项目、工程项目等。根据项目的内涵,它具有以下特征:

(1)项目的单件性与一次性。项目一般有自己的目标、内容和生产过程,其结果只有一个,它不仅不可逆,而且不重复。

(2)项目的目标性。任何项目都具有明确的目标,这是项目的又一个重要特征。项目的目标性一般包括项目成果性目标和约束性目标,成果性目标往往取决于项目法人所要达到的目标,约束性目标是指限定的时间、限定的人力物力资源、限定的技术水平要求等。

(二)建设项目

狭义的项目一般指工程建设项目,简称建设项目,如兴建一座水电站、一个引水工程等。一般要求在一定的投资额、工期和规定质量标准的条件下,实现项目的目标。建设项目具有以下特征:

(1)工程投资额巨大,建设周期长。由于建设产品工程量巨大,尤其是水利工程,在建设期间要消耗大量的劳动、资源和时间,加之施工环境复杂多变,受自然条件影响大,这些因素将直接影响工程工期、投资和质量。

(2)建设项目是若干单项工程的总体。各单项工程在建成后的工程运行中,以其良好的工程质量发挥其功能和作用,并共同组成一个完整的组织机构,形成一个有机整体,协调、有效地发挥工程的整体作用,实现整体的功能目标。

(三)建设项目的划分

1.建设项目划分的概念

建设项目实施前,为了便于对项目进行质量管理和质量评定,须对项目按照分类、分序、分块的原则进行划分,确定项目分类、分序、分块的质量评定对象,确定项目名称,这个确定项目质量评定对象的活动,称为建设项目的划分。

2.建设项目划分的层次

根据我国水利行业标准《水利水电工程施工质量检验与评定规程》(SL 176—2007)的规定:水利水电工程质量检验与评定应进行项目划分,项目按级划分为单位工程、分部工程、单元工程(工序)等三级(四级)。单位工程是指能独立发挥作用或有独立施工条件的建筑物;分部工程是指在一个建筑物内能组合发挥一种功能的建筑安装工程,是单位工程的组成部分;单元工程是指分部工程中由几个工种(或工序)施工完成的最小综合体,是日常质量考核的基本单位。

水利水电工程一般可划分为若干个单位工程,每个单位工程可划分为若干个分部工程,每个分部工程又可划分为若干个单元工程,单元工程还可以划分为若干个工序。

3.建设项目划分的程序

由项目法人组织监理、设计及施工等单位进行工程项目划分,并确定主要单位工程、主要分部工程、重要隐蔽单元工程和关键部位单元工程。

项目法人在主体工程开工前将项目划分表及说明书面报告相应工程质量监督机构确认。

工程质量监督机构收到项目划分书面报告后,应在14个工作日内对项目划分进行确认并将确认结果书面通知项目法人。

工程实施过程中,需对单位工程、主要分部工程、重要隐蔽单元工程和关键部位单元工程的项目划分进行调整时,项目法人应重新报送工程质量监督机构进行确认。

重要隐蔽单元工程是指主要建筑物的地基开挖、地下洞室开挖、地基防渗、加固处理和排水等隐蔽工程中,对工程安全、使用功能有严重影响的单元工程;关键部位单元工程是指对工程安全、效益或使用功能有显著影响的单元工程。

4. 建设项目划分的原则

水利水电工程项目划分应结合工程结构特点、项目区域环境特点、施工部署、施工单位的施工能力、施工资源配置,以及施工合同要求进行划分,划分结果应有利于保证施工质量,有利于施工质量管理,合理安排施工。这是进行项目划分的基本原则。

其中,工程结构特点指建筑物的结构特点,如混凝土重力坝,可按坝段进行项目划分,土石坝应按防渗体、坝壳及排水堆石体等进行项目划分;施工部署指施工组织设计中对各建筑物施工时期的安排。同时,还应遵守有利于施工质量管理的原则。

除上述项目划分基本原则外,《水利水电工程施工质量检验与评定规程》(SL 176—2007)还原则性的规定了单位工程项目、分部工程项目、单元工程项目划分的原则。针对堤防工程、土石坝工程、混凝土工程等,还应遵循对应的专业规范规定。

工程中永久性房屋(管理设施用房)、专用公路、专用铁路等工程项目,可按相关行业标准划分和确定项目名称。

建设工程项目划分时,应按从大到小的顺序进行,有利于从宏观上进行项目评定规划;而质量评定时,应按从低层到高层的顺序依次进行。

二、建设程序

(一) 建设程序的概念

所谓建设程序,是指一项建设工程从设想提出到决策,经过设计、施工,直到投产或交付使用的整个过程中,应当遵循的内在规律。

按照建设工程的内在规律,投资建设一项工程应当经过投资决策、建设实施和交付使用三个发展时期。每个发展时期又可分为若干个阶段,各个阶段以及每个阶段内的各项工作之间存在着不能随意颠倒的严格先后顺序关系。科学的建设程序应当在坚持"先勘察、后设计、再施工"的基础上,突出优化决策、竞争择优、委托监理的原则。

从事建设工程活动,必须严格执行建设程序。这是每一位建设工作者的职责,更是建设工程监理人员的重要职责。

新中国成立以来,我国的建设程序经过了一个不断完善的过程。目前,我国的建设程序与计划经济时期相比较,已经发生了重要变化。其中,关键性的变化一是在投资决策阶段实行了项目决定咨询评估制度,二是实行了工程招标投标制度,三是实行了建设工程监理制度,四是实行了项目法人责任制度。

建设程序中的这些变化,使我国工程建设进一步顺应了市场经济的要求,并且与国际惯例趋于一致。

按现行规定,我国一般大中型及限额以上项目的建设程序中,将建设活动分成以下几个阶段:提出项目建议书;编制可行性研究报告;根据咨询评估情况对建设项目进行决策;根据批准的可行性研究报告编制设计文件;初步设计批准后,做好施工前各项准备工作;组织施工,并根据施工进度做好生产或运用前准备工作;项目按照批准的设计内容建完,经投料试车验收合格并正式投产交付使用;生产运营一段时间后,进行项目后评估。

(二)建设工程各阶段工作内容

1. 项目建议书阶段

项目建议书是拟建项目单位向国家提出的要求建设某一项目的建议文件,是对工程项目建设的轮廓设想。项目建议书的主要作用是推荐一个拟建项目,论述其建设的必要性、建设条件的可行性和获利的可能性,供国家决策机构选择并确定是否进行下一步工作。

对于政府投资项目,项目建议书编制一般由政府委托有相应资格的设计单位承担,按要求编制完成后,应根据建设规模和限额划分分别报送有关部门审批。项目建议书批准后,可以进行详细的可行性研究报告,但并不表明项目非上不可,批准的项目建议书不是项目的最终决策。

对于企业不使用政府资金投资建设的项目,政府不进行投资决策性质的审批,项目实行核准制度或登记备案制,企业不需要编制项目建议书而可直接编制项目可行性研究报告。

2. 可行性研究阶段

可行性研究是指在项目决策之前,通过调查、研究、分析与项目有关的工程、技术、经济等方面的条件和情况,对可能的多种方案进行比较论证,同时对项目建成后的经济效益进行预测和评价的一种投资决策分析研究方法和科学分析活动。

可行性研究的主要作用是为建设项目投资决策提供依据,同时也为建设项目设计、银行贷款、申请开工建设、建设项目实施、项目评估、科学试验、设备制造等提供依据。

根据《国务院关于投资体制改革的决定》,政府投资项目和非政府投资项目分别实行审批制和核准制或备案制。

凡经可行性研究未通过的项目,不得进行下一步工作。

3. 设计阶段

设计是对拟建工程在技术和经济上进行全面的安排,是工程建设计划的具体化,是组织施工的依据。设计质量直接关系到建设工程的质量,是建设工程的决定性环节。

经批准立项的建设工程,一般应通过招标投标择优选择设计单位。

一般工程进行两阶段设计,即初步设计和施工图设计。有些工程,根据需要,可在两阶段之间增加技术设计。

初步设计不得随意改变批准的可行性研究报告所确定的建设规模、产品方案、工程标准、建设地址和总投资等基本条件。当初步设计提出的总概算超过可行性研究报告总投资的10%以上,或者其他主要指标需要变更时,应重新向原审批单位报批。

为了进一步解决初步设计中的重大问题,如工艺流程、建筑结构、设备选型等,根据初步设计和进一步的调查研究资料进行技术设计。这样做可以使建设工程更具体、更完善、技术指标更合理。

在初步设计或技术设计基础上进行施工图设计,使设计达到施工安装的要求。《建设工程质量管理条例》规定,建设单位应将施工图设计文件报县级以上人民政府建设行政主管部门或其他有关部门审查,未经审查批准的施工图设计文件不得使用。

4. 建设(施工)准备阶段

工程开工建设之前,应当切实做好各项准备工作。其中包括:组建项目法人;征地、拆迁和平整场地;做到水通、电通、路通,以及保证通信;组织设备、材料订货;委托工程监理;组织施工招标投标、优选施工单位;办理施工许可证等。

按规定做好准备工作,具备开工条件以后,建设单位申请开工。经批准,项目进入下一阶段,即施工安装阶段。

5. 建设实施(施工安装)阶段

建设工程具备了开工条件并取得施工许可证后才能开工。

按照规定,工程新开工时间是指建设工程设计文件中规定的任何一项永久性工程第一次正式破土开槽的开始日期。不需开槽的工程,以正式打桩作为正式开工日期。铁道、公路、水库等需要进行大量土石方工程的,以开始进行土石方工程作为正式开工日期。工程地质勘察、平整场地、旧建筑物拆除、临时建筑或设施等的施工不算正式开工。

本阶段的主要任务是按设计进行施工安装,建成工程实体。

6. 生产准备阶段

工程投产前,建设单位应当做好各项生产准备工作。生产准备阶段是由建设阶段转入生产经营阶段的重要衔接阶段。在本阶段,建设单位应当做好相关工作的计划、组织、指挥、协调和控制工作。

7. 竣工验收阶段

建设工程按设计文件规定的内容和标准全部完成,并按规定将工程内外全部清理完毕后,达到竣工验收条件,建设单位即可组织竣工验收,勘察、设计、施工、监理等有关单位应参加竣工验收。竣工验收是考核建设成果、检验设计和施工质量的关键步骤,是由投资成果转入生产或使用的标志。竣工验收合格后,建设工程方可交付使用。

竣工验收后,建设单位应及时向建设行政主管部门或其他有关部门备案并移交建设项目档案。

建设工程自办理竣工验收手续后,因勘察、设计、施工、材料等原因造成的质量缺陷,应及时修复,费用由责任方承担。保修期限、返修和损害赔偿应当遵照《建设工程质量控制条例》的规定。

8. 后评价阶段

建设项目竣工投产后,一般经过1~2年生产运营后,要进行一次系统的后评价,主要内容包括:影响评价——项目投入生产运行后对各方面的影响进行评价;经济效益评价——对项目投资、国民经济效益、财务效益、技术进步和规模效益、可行性研究深度等进行评价;过程评价——对项目的立项、勘察设计、施工、建设管理、生产运行等全过程进行评价。

项目的后评价一般按三个层次组织实施,即项目法人的自我评价、项目行业的评价、主管部门(或主要投资方)的评价。通过项目的后评价可以达到肯定成绩、总结经验、研究问题、吸取教训、提出建议、改进工作,不断提高项目决策水平和投资效果的目的。

三、建设工程管理制度

按照我国有关规定,在工程建设中,应当实行项目法人责任制、工程招标投标制、建设工程监理制、合同管理制等主要制度。这些制度相互关联、相互支持,共同构成了建设工程管理制度体系。

(一)项目法人责任制

为了建立投资约束机制,规范建设单位的行为,建设工程应当按照政企分开的原则组建项目法人,实行项目法人责任制,即由项目法人对项目的策划、资金筹措、建设实施、生产经营、债务偿还和资产的保值增值,实行全过程负责的制度。

1. 项目法人

国有单位经营性大中型建设工程必须在建设阶段组建项目法人。项目法人可按《中华人民共和国公司法》)(简称《公司法》)的规定设立有限责任公司(包括国有独资公司)和股份有限公司等。

2. 项目法人的设立

1)设立时间

新上项目在项目建议书批准后,应及时组建项目法人筹备组,具体负责项目法人的筹建工作。项目法人筹备组主要由项目投资方派代表组成。

在申报项目可行性研究报告时,需同时提出项目法人组建方案。否则,其项目可行性报告不予审批。项目可行性研究报告经批准后,正式成立项目法人,并按有关规定确保资金按时到位,同时及时办理公司设立登记。

2)备案

国家重点建设项目的公司章程须报国家计委备案,其他项目的公司章程按项目隶属关系分别向有关部门、地方发展与改革委备案。

3. 组织形式和职责

1)组织形式

国有独资公司设立董事会。董事会由投资方负责组建。

国有控股或参股的有限责任公司、股份有限公司设立股东会、董事会和监事会。董事会、监事会由各投资方按照《公司法》的有关规定组建。

2)建设项目董事会职权

建设项目董事会职权:负责筹措建设资金;审核上报项目初步设计和概算文件;审核上报年度投资计划并落实年度资金;提出项目开工报告;研究解决建设过程中出现的重大问题;负责提出项目竣工验收申请报告;审定偿还债务计划和生产经营方针,并负责按时偿还债务;聘任或解聘项目总经理,并根据总经理的提名,聘任或解聘其他高级管理人员。

3)总经理职权

总经理职权:组织编制项目初步设计文件,对项目工艺流程设备造型、建设标准、总图布置提出意见,提交董事会审查;组织工程设计、工程监理、工程施工和材料设备采购招标工作,编制和确定招标方案、标底和评标标准,评选和确定投、中标单位;编制并组织实施项目年度投资计划、用款计划和建设进度计划;编制项目财务预算、决算;编制并组织实施归还贷款和其他债务计划;组织工程建设实施,负责控制工程投资、工期和质量;在项目建设过程中,在批准的概算范围内对单项工程的设计进行局部调整;根据董事会授权处理项目实施过程中的重大紧急事件,并及时向董事会报告;负责生产准备工作和人员培训;负责组织项目试生产和单项工程预验收;拟订生产经营计划、企业内部机构设置、劳动定员方案及工资福利方案;组织项目后评估,提出项目后评估报告;按时向有关部门报送项目建设、生产信息和统计资料;提请董事会聘请或解聘项目高级管理人员。

4.项目法人责任制与建设工程监理制的关系

(1)项目法人责任制是实行建设工程监理制的必要条件。建设工程监理制的产生、发展取决于社会需求。没有社会需求,建设工程监理就会成为无源之水,也就难以发展。

实行项目法人责任制,贯彻执行谁投资、谁决策、谁承担风险的市场经济下的基本原则,这就为项目法人提出了一个重大问题:“如何做好决策和承担风险的工作”,也因此对社会提出了需求。这种需求,为建设工程监理的发展提供了坚实的基础。

(2)建设工程监理制是实行项目法人责任制的基本保障。有了建设工程监理制,建设单位就可以根据自己的需要和有关的规定委托监理。在工程监理企业的协助下,做好投资控制、进度控制、质量控制、合同管理、信息管理、安全管理、组织协调工作,就为在计划目标内实现建设项目提供了基本保证。

(二)工程招标投标制

为了在工程建设领域引入竞争机制,择优选定勘察单位、设计单位、施工单位以及材料、设备供应单位,需要实行工程招标投标制。

我国的《招标投标法》对招标范围和规模标准、招标方式和程序、招标投标活动的监督等内容做出了相应的规定。

(三)建设工程监理制

早在1988年,建设部发布的“关于开展建设监理工作的通知”中就明确提出要建立建设监理制度,在《建筑法》中也做了“国家推行建筑工程监理制度”的规定。

(四)合同管理制

为了使勘察、设计、施工、材料设备供应单位和工程监理企业依法履行各自的责任和义务,在工程建设中必须实行合同管理制。

合同管理制的基本内容是:建设工程的勘察、设计、施工、材料设备采购和建设工程监理都要依法订立合同。各类合同都要有明确的质量要求、履约担保和违约处罚条款。违约方要承担相应的法律责任。

合同管理制的实施对建设工程监理开展合同管理工作提供了法律上的支持。

任务3 建设工程参建方及其关系

一、建设工程参建方及其关系

(一)建设工程参建单位

(1)建设单位:是建设工程的投资人,也称“业主”,建设项目的管理主体。

(2)勘察单位:是指已通过建设行政主管部门的资质审查,从事工程测量、水文地质和岩土工程勘测等工作的单位。

(3)设计单位:是指经过建设行政主管部门的资质审查,从事建设工程可行性研究、建设工程设计、工程咨询等工作的单位。

(4)施工单位:是指经过建设行政主管部门的资质审查,从事土木工程、建筑工程、线路管道和设备安装工程及装修工程施工承包单位。

(5)工程监理单位:是指经过建设行政主管部门的资质审查,受建设单位的委托,依照国家法律规定要求和建设单位要求,在建设单位委托的范围内对建设工程进行监督管理的单位。

以上简称为工程建设五大主体,另外有可能存在施工分包单位、材料设备供应单位、跟踪设计单位等。

(二)各参建单位之间的关系

各参建单位均为一个共同目标——“工程建设”聚到一起,均通过招标投标与业主签订勘察、设计、施工、监理合同,勘察、设计、施工、监理与业主之间均是合同关系。勘察、设计、施工、监理之间无合同关系,为了工程项目的顺利实施,他们之间存在着分工合作的工作关系。

根据监理工作的性质,监理单位受业主委托并授权,与施工单位之间是监理与被监理的关系。如业主还委托并授权有设计监理服务项目,监理单位与设计单位也是监理与被监理的关系。

施工分包单位、材料设备供应单位应与总包单位签订合同,监理单位与二者之间均是监理与被监理关系。

跟踪审计单位与业主是合同关系,与其他参建单位均是分工合作的工作关系。

(三)监理单位与项目参建各方的关系

1. 与业主的关系——被委托与委托关系

业主与监理单位之间是委托与被委托关系,监理单位受雇于业主,代表业主的利益,依据监理合同中的内容及权限,全权处理有关工程建设过程的一切事宜。但监理不是业主代表,对涉及工程进度与质量、投资费用等重大事项的处理,必须征得业主认可。总之,监理工程师始终以维护业主的合法权益为工作宗旨,独立开展各项监理工作。

2. 与总承包单位的关系——监理与被监理关系

监理单位与施工总承包单位是监理与被监理的关系,承包单位在施工时须接受监理单位的督促和检查,并为监理单位开展工作提供方便,包括提供监理工作所需的原始记录、施工组织设计等技术资料。凡分包单位需进行阶段验收或隐蔽工程验收的项目,总承包单位应先验收通过后再报监理单位验收。监理单位要为施工的顺利开展创造条件,按时按计划做好验收工作。

3. 与分包单位的关系——监理与被监理关系

监理单位与分包单位之间也是监理和被监理的关系。分包单位的施工进度、技术方案、施工措施和索赔等确认事项,应通过总承包单位向监理单位提出。监理单位发出的工程整改通知书或停工通知书等,由监理单位发给总承包单位,再由总承包单位转发给有关分包单位。

4. 与设计单位的关系——工作关系

监理单位与设计单位无合同关系。但监理工程师本着对业主负责的态度,将与设计单位保持密切的联系。监理单位在施工监理过程中应认真贯彻设计意图,严格督促施工承建单位按图施工,监理单位无权变更设计。凡发现图纸中有疑问或提出建议时,均需与设计单位进行商讨并由设计单位作出修改变更意见,设计单位如发现施工承建单位在施工过程中有不符合设计、施工规范的行为,应及时向监理单位提出,并由监理单位及时组织有关人员处理。

二、行政主管职责

(一)工程质量安全政府监督管理体制

国务院建设行政主管部门对全国的建设工程质量、安全实施统一监督管理。国务院交通、水利等有关部门负责对全国有关专业建设工程质量、安全的监督管理。县级以上地方人民政府建设行政主管部门对本行政区域内的建设工程质量、安全实施监督管理。

国务院发展计划部门和经济贸易主管部门分别对国家出资的重大建设项目和重大技术改造实施监督检查。县级以上地方人民政府建设行政主管部门对有关建设工程质量的法律、法规和强制性标准执行情况加强监督检查。

建设工程施工期间的质量和安全行政管理,由上述归口管理县级以上行政主管部门下设的质量监督专职机构(质量监督站、安全监督站)进行监督管理。

上述归口管理县级以上行政主管部门下设机构,以及其他县级以上行政职能部门,分别对建设工程的规划、人防、防洪、水土保持、环境保护、消防、节能、国土资源、文物保护等进行方案审批和工程验收管理。

各级政府建设行政主管部门和其他有关部门履行检查职责时,有权要求被检查的单位提供有关工程质量、安全的文件和资料,有权进入被检查单位的施工现场进行检查,在检查中发现工程质量、工程安全存在问题时,有权责令改正。

(二)质量监督专职机构管理职责

工程质量监督专职机构是受建设行政主管部门或有关专业部门委托,具有独立法人资格,依法对工程质量、工程安全进行强制性监督,并对委托部门负责。其主要职责包括:根据委托受理建设工程项目的质量监督,并制订质量监督工作方案,确定负责该工程的质量监督人员;监督建筑材料、构配件和半成品的质量;检查建设工程实体质量和工程建设安全;复查施工现场工程建设各方主体单位的资质,以及参建人员的执业资格;监督参建各方质量、安全保证体系的建立和运行情况;监督参建各方的现场服务质量,认定工程项目划分;监督检查技术规程、规范和标准的执行情况,以及参建各方对工程质量的检验和评定情况;监督工程质量验收;对工程质量等级进行核定,编制工程质量评定报告,并向验收委员会提出工程质量等级建议;向委托部门和政府主管部门报送工程质量监督报告。

质量监督与监理企业均实施工程建设领域的监督管理活动,两者之间的关系是监督与被监督的关系。质量监督是政府行为,建设监理是社会行为。两者的性质、职责、权限、方式和内容有原则性的区别。

任务4　监理人员资格及职业道德

一、监理人员执业资格

工程建设监理是一种高智能的科技服务活动。监理活动的效果不仅取决于监理队伍的总量能否满足监理业务的需要，而且取决于监理人员，尤其是监理工程师的水平、素质的高低。

（一）我国监理工程师执业资格沿革

1. 监理工程师执业资格考试

1992年6月，建设部发布了《监理工程师资格考试和注册试行办法》（建设部第18号令），我国开始实施监理工程师资格考试。1996年8月，建设部、人事部下发了《建设部、人事部关于全国监理工程师执业资格考试工作的通知》（建监〔1996〕462号），从1997年起，全国正式举行监理工程师执业资格考试。考试工作由建设部、人事部共同负责，日常工作委托建设部建设监理协会承担，具体考务工作委托人事部人事考试中心组织实施，考试每年举行一次。

参加全国统一的监理工程师执业资格考试，经考试合格并注册登记，取得《监理工程师岗位证书》，获得监理工程师称号，具有担任监理工程师的执业资格。

2. 监理工程师注册

对专业技术人员实行注册执业管理制度，是国际上通行的做法。目前，我国对以下几类专业技术人员实行注册执业管理：注册建筑师、注册监理工程师、注册结构工程师、注册造价工程师、注册土木工程师、房地产估价师和建造师等。注册监理工程师是较早实行的一项注册执业管理制度。取得资格证书的人员，经过注册方能以注册监理工程师的名义执业；未取得注册证书和执业印章的人员，不得以监理工程师的名义从事工程监理及相关业务活动。

经监理工程师执业资格考试合格者，并不一定意味着取得了监理工程师岗位资格。因为考试仅仅是对考试者知识含量的检验，只有经过政府建设主管部门注册机关注册才是对申请注册者素质和岗位责任能力的全面考查认可。

3. 监理工程师的执业

注册监理工程师可以从事工程监理、工程经济与技术咨询、工程招标与采购咨询、工程项目管理服务及国务院有关部门规定的其他业务。从事工程监理执业活动的，应当受聘并注册于一个具有工程监理资质的单位。

工程监理活动中形成的监理文件由注册监理工程师按照规定签字盖章后方可生效。

修改经注册监理工程师签字盖章的工程监理文件，应当由该注册监理工程师进行；因特殊情况，该注册监理工程师不能进行修改的，应当由其他注册监理工程师修改，并签字、加盖执业印章，对修改部分承担责任。

注册监理工程师从事执业活动，由所在单位接受委托并统一收费。

因工程监理事故及相关业务造成的经济损失，聘用单位应当承担赔偿责任；聘用单位承担赔偿责任后,可依法向有过错的注册监理工程师追偿。

(二)我国现行监理人员执业资格

1.《建设工程监理规范》(GB/T 50319—2013)的规定

2013 年我国住房和城乡建设部、国家质量监督检验检疫总局联合发布的《建设工程监理规范》(GB/T 50319—2013)规定:

(1)注册监理工程师:取得国务院建设主管部门颁发的《中华人民共和国注册监理工程师注册执业证书》和执业印章,从事建设工程监理与相关服务等活动的人员。

(2)总监理工程师:由工程监理单位法定代表人书面任命,负责履行建设工程监理合同、主持项目监理机构工作的注册监理工程师。

(3)总监理工程师代表:由总监理工程师授权,代表总监理工程师行使其部分职责和权力,具有工程类注册执业资格或具有中级及以上专业技术职称、3 年及以上工程监理实践经验的监理人员。

(4)专业监理工程师:由总监理工程师授权,负责实施某一专业或某一岗位的监理工作,有相应监理文件签发权,具有工程类注册执业资格或具有中级及以上专业技术职称、2 年及以上工程实践经验的监理人员。

(5)监理员:从事具体监理工作,具有中专及以上学历并经过监理业务培训的监理人员。

2.《水利工程施工监理规范》的规定

2014 年我国水利部发布的《水利工程施工监理规范》(SL 288—2014)规定:

(1)监理人员:在监理机构中从事水利工程施工监理的总监理工程师、副总监理工程师、监理工程师和监理员。

(2)总监理工程师:取得《全国水利工程建设总监理工程师岗位证书》,受监理单位委派,全面负责监理机构施工监理工作的监理工程师。

(3)副总监理工程师:由总监理工程师书面授权,代表总监理工程师行使总监理工程师部分职责和权力的监理工程师。

(4)监理工程师:取得《全国水利工程建设监理工程师资格证书》,并按规定注册,取得《水利工程建设监理工程师注册证书》,在监理机构中承担施工监理工作的人员。

(5)监理员:取得《全国水利工程建设监理员资格证书》,在监理机构中承担辅助性施工监理工作的人员。

二、监理职业道德与准则

监理人员的职业道德是用来约束和指导监理人员职业行为的规范要求,是确保建设监理事业健康发展、规范监理市场的基本准则,每一位监理人员都必须自觉遵守。在外国,监理工程师的职业道德和纪律,多由其所在的协会在征求会员的意见后作出明文规定,所在协会下面还设有专门的执行机构,负责检查与监督会员贯彻执行。FIDIC 就有专门的职业责任委员会。如果会员违犯职业道德和纪律,将会受到严厉的惩罚,严重的会永远失去执业资格。我国的建设监理制度,也对监理人员的职业道德进行了规范。

(一)我国监理人员应严格遵守的通用职业守则

(1)维护国家的荣誉和利益,按照“守法、诚信、公正、科学”的准则执业。

(2)执行有关工程建设的法律、法规、规范、标准和制度,履行监理合同规定的义务和职责。

(3)努力学习专业技术和建设监理知识,不断提高业务能力和监理工作水平。

(4)不以个人名义承揽监理业务。

(5)不同时在两个以上监理单位注册和从事监理活动,不在政府部门和施工、材料、设备的生产供应等单位兼职。

(6)不为监理项目指定承包单位、建筑构配件设备、材料和施工方法。

(7)不收受被监理单位的任何礼金。

(8)不泄露所监理工程各方认为需要保密的事项。

(9)坚持独立自主地开展工作。

(二)FIDIC 道德准则

FIDIC 建立了一套咨询(监理)工程师的道德准则,这些准则是构成 FIDIC 的基石之一。FIDIC 的道德准则是建立在这样一种观念的基础上,即认识到工程师的工作对取得社会及其环境的持续发展十分关键,而监理工程师的工作要充分有效,必须获得社会对其工作的信赖,这就要求从业咨询(监理)工程师要遵守一定的道德准则。这些准则包括以下几方面:

——对社会和咨询业的责任

(1)接受对社会的执业责任。

(2)寻求符合可持续发展原则的解决。

(3)始终维护咨询业的尊严、地位和荣誉。

——能力

(4)保持其知识和技能水平与技术、法律和管理的发展相一致,对于委托人要求的服务采用相应的技能,并尽心尽力。

(5)只承担能够胜任的任务。

——廉洁

(6)始终维护客户的合法利益,并廉洁、忠实地提供服务。

——公正

(7)公正地提供专业建议、判断或决定。

(8)在为客户服务过程中可能产生的一切潜在的利益冲突,都应告知客户。

(9)不接受任何可能影响其独立判断的报酬。

——对他人公正

(10)推动“基于质量选择咨询服务”的观念。

(11)不得故意或无意地损害他人的名誉或业务。

(12)不得直接或间接地抢接已委托给其他咨询工程师的业务。

(13)在通知该咨询工程师之前,并在未接到客户终止其工作的书面指令之前,不得接管该工程师的工作。

——拒绝腐败

(14)既不提供也不接受下述的酬劳,这种酬劳意在试图或实际上:

①设法影响对咨询工程师的选聘过程而对其支付的报酬,和(或)影响其客户;

②设法影响咨询工程师的公正判断。

(15)当任何合法机构以服务或建筑合同的管理进行调查时,咨询工程师应充分予以合作。

任务5 监理企业与项目监理机构

一、监理企业

(一)工程监理企业的概念

工程监理企业是指从事工程监理业务,并取得工程监理企业资质证书的经济组织。它包括监理公司、监理事务所和兼承监理业务的工程设计、科学研究及工程建设咨询的单位,也包括具有法人资格的单位下设的专门从事工程建设监理的二级机构。它是监理工程师以及其他监理人员的执业机构。近年来的趋势是工程监理企业将向全过程的项目管理企业发展。

按照我国现行法律法规的规定,我国工程监理企业的组织形式包括公司制监理企业、合伙制监理企业、个人独资监理企业、中外合资经营监理企业和中外合作经营监理企业等。

工程监理企业是建筑市场的主体之一,建设监理是一种高智能的有偿技术服务,对工程项目建设的投资、工期、质量和安全进行监督管理,力求帮助建设单位实现建设项目的投资意图。工程监理企业按照“公正、独立、自主”的原则,开展工程建设监理工作,公平地维护项目法人和被监理单位的合法权益。

(二)工程监理企业的资质等级

工程监理企业的资质是企业能力、管理水平、业务经验、经营规模、社会信誉等综合实力的指标。对工程监理企业进行资质管理的制度是我国政府实行市场准入控制的有效手段。

按照工程监理企业的注册资本,企业技术负责人执业资格、职称和从事工程建设工作的经历,以及取得监理工程师注册证书的监理工程师人数、近年来监理过的有一定等级的建设工程项目的数量等条件作为综合性实力指标,评定工程监理企业资质等级。

工程监理企业资质分为综合资质、专业资质和事务所资质。其中,专业资质按照工程性质和技术特点划分为14种工程类别。综合资质、事务所资质不分级别。专业资质分为甲级、乙级,其中房屋建筑、水利水电、公路和市政公用专业资质可设立丙级。

(三)工程监理企业资质相应许可的业务范围

1. 综合资质

可以承担所有专业工程类别建设工程项目的工程监理业务。

2. 专业资质

专业甲级资质:可承担相应专业工程类别建设项目的工程监理业务。

专业乙级资质:可承担相应专业工程类别二级以下(含二级)建设工程项目的工程监理业务。

专业丙级资质:可承担相应专业工程类别三级建设工程项目的工程监理业务。

3. 事务所资质

可承担三级建设工程项目的工程监理业务,但是国家规定必须实行强制监理的工程除外。

工程监理企业可以开展相应类别的建设工程项目管理、技术咨询等业务。

(四)工程监理企业资质的监督管理

自2007年8月1日起施行的《工程监理企业资质管理规定》中对工程监理企业资质的监督管理做了明确的规定。

国务院建设主管部门负责全国工程监理企业资质的统一监督管理工作,国务院交通、水利、信息产业、民航等有关部门配合国务院建设主管部门实施相关资质类别工程监理企业资质的监督管理工作。省、自治区、直辖市人民政府建设主管部门负责本行政区域内工程监理企业资质的统一监督管理工作。省、自治区、直辖市人民政府交通、水利、信息产业等有关部门配合同级建设主管部门实施相关资质类别工程监理企业资质的监督管理工作。

(五)工程监理企业资质的申请和审批

申请综合资质、专业甲级资质的,应当向企业工商注册所在地的省、自治区、直辖市人民政府建设主管部门提出申请。省、自治区、直辖市人民政府建设主管部门进行初审,国务院建设主管部门根据初审意见审批。

专业乙级、丙级资质和事务所资质由企业所在地省、自治区、直辖市人民政府建设主管部门审批。

专业乙级、丙级资质和事务所资质许可延续的实施程序由省、自治区、直辖市人民政府建设主管部门依法确定。

二、项目监理机构

项目监理机构是由项目总监理工程师领导的,受监理企业法定代表人委派,接受企业职能部门的业务指导、监督与核查,派驻工程建设项目实施现场、执行项目监理任务的派出组织。项目监理机构是一次性的,在完成委托监理合同约定的监理工作后即行解体。

监理企业与业主签订委托监理合同后,在实施建设工程监理之前,应建立项目监理机构。项目监理机构的组织形式和规模,应根据委托监理合同规定的服务内容、服务期限、工程类别、规模、技术复杂程度、工程环境等因素确定。

监理企业在组建项目监理机构时,一般按以下步骤进行。

(一)确定建设监理目标

建设工程监理目标是项目监理机构建立的前提,项目监理机构的建立应根据委托监理合同中确定的监理目标,制订总目标并明确划分监理机构的分解目标。

(二)确定监理工作内容

根据监理目标和委托监理合同中规定的监理任务,明确列出监理工作内容,并进行分类归并及组合。监理工作的归并及组合便于监理目标控制。综合考虑监理工程的组织管理模式、工程结构特点、合同工期要求、工程复杂程度、工程管理及技术特点,还应考虑监理单位自身组织管理水平、监理人员数量、技术业务特点等。

(三)监理机构组织结构设计

1. 确定监理组织结构形式

组织机构形式选择要考虑到有利于工程合同管理、有利于监理目标控制、有利于决策指挥、有利于信息沟通。目前,一般工程选择直线式或直线职能式,特大工程可采用矩阵式。

2. 合理确定管理层次与管理跨度

项目监理机构中一般应有以下三个管理层次:

(1)决策层:由总监理工程师和副总监理工程师组成,主要根据建设工程委托监理合同的要求和监理活动内容进行科学化、程序化决策与管理。

(2)中间控制层(协调层和执行层):属于承上启下的管理层次,由各专业监理工程师组成,具体负责监理规划的落实、监理目标控制及合同实施的管理。

(3)作业层(操作层)。主要由监理员、检查员、见证取样员等组成,具体负责监理活动的操作实施。

项目监理机构中的管理跨度,应考虑监理人员的素质、管理活动的复杂程度、监理业务的标准化程度、各项规章制度的建立健全情况、建设工程集中分散情况等,按监理工作实际需要确定。

3. 项目监理机构部门划分

项目监理机构依据监理目标、可利用的人力和物力资源以及合同结构情况合理划分各职能部门,将投资控制、进度控制、质量控制、安全管理、合同管理、信息管理、组织协调等监理工作内容按不同的职能活动形成相应的管理部门。

(四)制定工作制度和岗位职责

1. 制定工作制度和工作流程

为使监理工作科学、有序进行,应按监理工作的客观规律制定工作制度和工作流程,规范化地开展监理工作,可分编制设计阶段监理工作流程和施工阶段监理工作流程。

2. 制定岗位职责及考核标准

岗位职务与职责的确定,要有明确的目的性,不可因人设事。根据责权一致的原则,应进行适当的授权,以承担相应的职责;并应确定考核标准,对监理人员的工作进行定期考核,包括考核内容、考核标准及考核时间。做到分工协作,团结合作。

(五)选派监理人员

根据监理工作的任务和岗位职责,以及工程规模和技术特点,选择相应专业和数量的各层次监理人员(监理人员数量应符合国家和地方的规定),包括总监理工程师、专业监理工程师和监理员,必要时可配备副总监理工程师(总监理工程师代表)。另外,应配备专职或兼职的安全监督员、合同管理员、资料管理员,以及其他必要的辅助工作人员。监理人员的选择除应考虑个人素质外,还应考虑人员总体构成的合理性与协调性。工程项目实行总监理工程师负责制,监理公司在确定项目监理机构人员时,应征求总监理工程师意见。

项目监理机构组建后,监理企业应于委托监理合同签订后10日内将项目监理机构的组织形式、人员构成通知建设单位。当总监理工程师需要调整时,应征得建设单位同意。更换专业监理工程师时要通知建设单位。

复习思考题

1. 何谓建设工程监理?
2. 建设工程监理具有哪些性质?它们的含义是什么?
3. 建设工程监理的作用有哪些?
4. 何谓建设程序?我国现行建设程序的内容是什么?
5. 建设项目法人责任制的基本内容是什么?与建设工程监理制的关系是什么?
6. 工程监理企业的资质等级有哪些?
7. 工程监理企业资质相应许可的业务范围有哪些?
8. 监理单位与项目参建各方的关系是什么?
9. 按照我国有关规定,在工程建设中主要有哪些制度?
10. 建设项目划分的含义是什么?

项目2 建设工程监理工作内容

任务1 施工准备监理工作

一、监理机构准备工作

(一)组建监理机构,明确岗位职责

依据监理合同约定,进场后及时设立监理机构,配置监理人员,明确岗位职责,并进行必要的岗前培训。

监理机构的组织形式和规模要考虑有利于施工合同管理和目标控制,有利于监理决策和信息沟通,有利于监理职能的发挥和人员的分工协作。监理机构的组成要符合精干、高效的原则。

监理人员进场后,总监理工程师应与建设单位项目负责人取得联系,递交总监理工程师任命书,介绍监理部组成人员和分工。

(二)完善办公生活条件,搭建驻地办公场所

依据监理合同约定,与建设单位协商,接受由发包人提供的交通、通信、办公设施和食宿条件等;完善办公和生活条件。将"××××工程监理部"标牌挂在监理部办公所在地,将岗位职责上墙,建立监理工作台账,准备必要的监理设备设施。

由发包人提供的办公、生活条件和设施一般在监理合同中予以明确,并在监理机构进场前到位。对于发包人提供的设施设备,监理机构应登记造册并妥善保管。

(三)建立监理工作制度

作为首次监理工作交底的一部分内容,主要工作制度有:

(1)技术文件核查、审核和审批制度。根据施工合同约定,由发包人或承包人提供的施工图纸、技术文件以及承包人提交的开工申请、施工组织设计、施工措施计划、施工进度计划、专项施工方案、安全技术措施、防汛度汛方案和灾害应急预案等文件,均应经监理机构核查、审核或审批后方可实施。

(2)原材料、中间产品和工程设备报验制度。监理机构应对发包人或承包人提供的原材料、中间产品和工程设备进行核验或验收。不合格的原材料、中间产品和工程设备不得投入使用,其处置方式和措施应得到监理机构的批准或确认。

(3)工程质量报验制度。承包人每完成一道工序或一个单元工程,都应经过自检。承包人自检合格后方可报监理机构进行复核。上道工序或上一单元工程未经复核或复核不合格,不得进行下道工序或下一单元工程施工。

(4)工程计量付款签证制度。所有申请付款的工程量、工作均应进行计量并经监理机构确认。未经监理机构签证的付款申请,发包人不得付款。

(5)会议制度。监理机构应建立会议制度,包括第一次监理工地会议、监理例会和监理专题会议。会议由总监理工程师或其授权的监理工程师主持,工程建设有关各方应派人员参加。会议应符合下列要求:

①第一次监理工地会议。第一次监理工地会议应在监理机构批复合同工程开工前举行,会议主要内容包括介绍各方组织机构及其负责人、沟通相关信息、进行首次监理工作交底、合同工程开工准备检查情况。会议的具体内容可由有关各方会前约定,会议由总监理工程师主持召开。

②监理例会。监理机构应定期主持召开由参建各方现场负责人参加的会议,会上应通报工程进展情况,检查上次监理例会中有关决定的执行情况,分析当前存在的问题,提出问题的解决方案或建议,明确会后应完成的任务及其责任方和完成时限。确定每周或每两周例会召开的时间。

③监理专题会议。监理机构应根据工作需要,主持召开监理专题会议。会议专题可包括施工质量、施工安全、施工方案、施工进度、技术交底、变更、索赔、争议及专家咨询方面。

④总监理工程师或授权副总监理工程师组织编写由监理机构主持召开会议的纪要,并分发与会各方。

(6)紧急情况报告制度。当施工现场发生紧急情况时,监理机构应立即指示承包人采取有效的紧急处理措施,并向发包人报告。

(7)工程建设标准强制性条文(水利工程部分)符合性审核制度。监理机构在审核施工组织设计、施工措施计划、专项施工方案、安全技术措施、防汛度汛方案和灾害应急预案等文件时,应对其与工程建设标准强制性条文(水利工程部分)的符合性进行审核。

(8)监理报告制度。监理机构应及时向发包人提交监理月报、监理专题报告;在工程验收时,应提交工程建设监理工作报告。

(9)工程验收制度。在承包人提交验收申请后,监理机构应对其是否具备验收条件进行审核,并根据有关水利工程验收规程或合同约定,参与或主持工程验收。

(四)提请发包人提供工程设计及批复文件、合同文件及相关资料

收集并熟悉工程建设法律、法规、规章和技术标准等。

发包人提供的文件资料包括:工程项目批准文件、设计文件及施工图纸、合同文件等。监理机构应熟悉工程建设有关文件:熟悉监理合同文件,了解自身的权利和义务;同时,应全面熟悉工程施工合同文件,严格按照合同约定处理和解决问题。

(五)组织编制监理规划,在约定的期限内报送发包人

监理规划要在合同约定的期限内,并在承包人提交的施工组织设计批准后,由总监理工程师主持编制。

(六)编制监理实施细则

依据监理规划和工程进展,结合批准的施工措施计划,及时编制监理实施细则。监理实施细则要在相应的专业工程或专业工作开始前完成编制。

二、施工准备监理工作

(一)检查开工前发包人应提供的施工条件是否满足开工要求

应包括下列内容:

(1)首批开工项目施工图纸的提供与设计工作进展情况。

(2)测量基准点的移交。

(3)施工用地是否落实,征地范围内是否搬迁完成,地下有无障碍物。

(4)施工合同约定应由发包人负责的道路、供电、供水、通信及其他条件和资源的提供情况。

监理机构需在合同工程开工前对发包人应提供条件的完成情况进行检查,对可能影响承包人按时进场的工程、按期开工的问题提请发包人尽快采取有效措施予以解决。

(二)检查开工前承包人的施工准备情况是否满足开工要求

应包括下列内容:

(1)承包人派驻现场的主要管理人员、技术人员及特种作业人员是否与施工合同文件一致。如有变化,应重新审查并报发包人认可。

主要管理人员、技术人员指项目经理、技术负责人、施工现场负责人,以及造价、地质、测量、检测、安全、金结、机电设备、电气等人员。特种作业人员主要包括电工、电焊工、架子工、塔吊司机、塔吊司索工、塔吊信号工、爆破工等。

(2)承包人进场施工设备的数量、规格和性能是否符合施工合同约定,进场情况和计划是否满足开工及施工进度的要求。

对承包人进场施工设备的检查包括数量、规格、生产能力、完好率及设备配套的情况是否符合施工合同的要求,是否满足工程开工及随后施工的需要。对存在严重问题或隐患的施工设备,要及时书面督促承包人限时更换。

(3)进场原材料、中间产品和工程设备的质量、规格是否符合施工合同约定,原材料的储存量及供应计划是否满足开工及施工进度的需要。

(4)承包人的检测条件或委托的检测机构是否符合施工合同约定及有关规定。

检查承包人检测条件是否符合合同及有关规定,主要包括:①检测机构的资质等级和试验范围的证明文件;②法定计量部门对检测仪器、仪表和设备的计量检定证书、设备率定证明文件;③检测人员的资格证书;④检测仪器的数量及种类。

(5)承包人对发包人提供的测量基准点的复核,以及承包人在此基础上完成施工测量控制网的布设及施工区原始地形图的测绘情况。

(6)砂石料系统、混凝土拌和系统或商品混凝土供应方案以及场内道路、供水、供电、供风及其他施工辅助加工厂、设施的准备情况。

(7)承包人的质量保证体系。内容主要包括:质检机构的组织和岗位责任、质检人员的组成,质量检验制度和质量检测手段等。

(8)承包人的安全生产管理机构和安全措施文件。

(9)承包人提交的施工组织设计、专项施工方案、施工措施计划、施工总进度计划、资金流计划、安全技术措施、防汛度汛方案和灾害应急预案等。

(10)应由承包人负责提供的施工图纸和技术文件。若承包人负责提供的设计文件和施工图纸涉及主体工程,监理机构需报发包人批准。

(11)按照施工合同约定和施工图纸的要求需进行的施工工艺试验和料场规划情况。

(12)承包人在施工准备完成后递交的合同工程开工申请报告。

(三)施工图会审、设计交底和施工图纸的现场核对

监理机构应组织图纸会审,参加、主持或与发包人联合主持召开设计交底会议与施工图纸的现场核对,由设计单位进行设计文件的技术交底。

1.施工图会审

施工图会审是施工阶段监理的前期工作之一,应在项目监理机构收到施工图纸之后设计交底之前完成。总监理工程师组织监理工程师和监理员熟悉施工图纸,了解工程特点以及关键部位的质量要求,并将对施工图纸进行检查与校核中发现的问题汇总,书面提交设计院,在设计交底时由设计院统一答复。施工图会审的内容包括:

(1)图纸审批签认手续是否齐全,是否符合有关法规、制度、规范的规定,是否经过审图机构和政府有关部门的审查。

(2)图纸与说明文件是否完整,是否与图纸目录相符;施工图纸说明文件制定中使用的规范、规程、标准图册是否现行、有效。

(3)图纸是否满足实际基本条件的要求(抗震设防烈度,风、雪压值,防火等级,节能等)。

(4)地基与基础的设计是否符合工程地质、水文地质勘查资料的规定。

(5)图纸中所用的材料、构配件、设备等来源是否有保证,是否有代用品;对新材料、新技术、新工艺的采用有无主管部门的鉴定和确认批准文件。

(6)图纸规定的施工工艺是否合理,是否符合实际,是否存在不便于施工及不便于保证施工安全和施工质量之处。

(7)图纸中有无遗漏、差错或互相矛盾之处(各部分尺寸、标高、位置、地坪上下之间、上下楼层之间、各专业之间等)。

(8)建筑、结构及其他专业的设计是否符合相应的设计规范,是否符合现行政策、法令、法规的规定(如环保、消防、人防、节能、绿化等)。

(9)各种使用功能能否满足建设单位的要求,以及其他需要审查的内容。

2.设计交底

设计交底是施工准备阶段的工作之一,应在第一次监理工地会议之前完成。设计交底由建设单位、设计单位、承包单位、监理单位有关人员参加。通过设计交底,可使各方有关人员透彻地了解设计意图、设计原则及工程质量要求,并由设计单位对各方在图纸会审中发现的问题予以解答和处理。设计交底的基本内容包括:

(1)施工现场的自然条件。地形、地貌、工程地质与水文地质条件,气象条件,抗震设防烈度等。

(2)设计依据。初步设计文件,建设单位上级主管部门对本工程的指示,主要使用的设计规范、标准,建设单位对本工程项目的特殊要求,有关主要设备的选型及供货情况等。

(3)设计意图。设计主导思想、建筑艺术要求与构思、基础方案、结构体系与处理方案、设备安装方案等。

(4)主管部门及其他部门对本工程的要求,如规划、环保、交通、农业、旅游、公安等部门。

(5)施工注意事项:对基础、结构施工及装饰施工的要求;对电气、智能工程施工的要求;对给排水、电梯工程施工的要求;对建筑、构配件、设备的要求;对新技术、新工艺、新材料的施工要求;在施工中应特别注意的事项等。

(6)设计单位应对图纸会审及设计交底中出现的问题做出答复。

(7)设计交底应有文字记录,由承包单位负责整理、编印会议纪要,经建设、设计、监理单位签认后作为签订设计变更、工程洽商的依据;但此纪要不能作为施工的依据,应由设计单位与有关单位办理设计变更、工程洽商的手续,重大或复杂的变更应规定出具设计变更图纸。

3. 施工图纸的现场核对

为了使承包单位充分了解工程特点、设计要求,减少图纸差错,确保工程质量,减少工程变更,监理工程师应要求承包单位做好施工图的现场核对工作。施工图纸现场核对的主要内容如下:

(1)施工图纸合法性的认定:施工图纸是否经设计单位签署,是否按规定经过有关部门审核批准,是否得到建设单位同意。

(2)图纸与说明书是否齐全。

(3)地下构筑物、障碍物、管线等是否探明并标注清楚。

(4)图纸中有无遗漏、差距或相互矛盾之处,图纸的表示方法是否清楚和符合标准。

(5)工程地质及水文地质等基础资料是否充分、可靠,地形、地貌与现实情况是否相符。

(6)所需材料的来源有无保证,能否替代, 新材料、新技术的采用有无问题。

(7)所提出的施工工艺、方法是否合理,是否切合实际,是否存在无法或不便于施工之处, 能否保证质量要求。

(8)施工图或说明书中所涉及的各种标准、图册、规范、规程等是否现行、有效,承包单位是否具备施工能力水平。

(四)施工图纸的核查与签发

施工图纸的核查与签发应符合下列规定:

(1)工程施工所需的施工图纸,应经监理机构核查并签发后,承包人方可用于施工。承包人无图纸施工或按照未经监理机构签发的施工图纸施工,监理机构有权责令其停工、返工或拆除,有权拒绝计量和签发付款证书。

(2)监理机构应在收到发包人提供的施工图纸后及时核查并签发。在施工图纸核查过程中,监理机构可征求承包人的意见,必要时提请发包人组织有关专家会审。监理机构不得修改施工图纸,对核查过程中发现的问题,应通过发包人返回设计机构处理。

(3)对承包人提供的施工图纸,监理机构应按施工合同约定进行核查,在规定期限内签发。对核查过程中发现的问题,监理机构应通知承包人修改后重新报审。

(4)经核查的施工图纸应由总监理工程师签发,并加盖监理机构章。

施工图纸核查的内容主要包括:①施工图纸与招标图纸是否一致;②各类图纸之间、各专业图纸之间、平面图与剖面图之间、各剖面图之间有无矛盾,标注是否清楚、齐全,是否有误;③总平面布置图与施工图纸的位置、几何尺寸、标高等是否一致;④施工图纸与设计说明、技术要求是否一致;⑤其他涉及设计文件及施工图纸的问题。

施工图纸的核查与签发不属于设计监理或施工图纸审查范畴。

(五)参与发包人组织的工程质量评定项目划分

《水利工程施工监理规范》(SL 288—2014)5.2.3 规定:监理机构应参加、主持或与发包人联合主持召开设计交底会议,由设计单位进行设计文件的技术交底。

《建设工程监理规范》(GB/T 50319—2013)6.1.2 规定:监理人员应熟悉工程设计文件,有关监理人员应参加建设单位主持的图纸会审和设计交底会议,总监理工程师应参与会议纪要会签。

三、开工条件的控制

(一)审查内容

承包单位认为施工准备工作已完成,具备开工条件时,应向项目监理机构报送"工程开工报审表"及相关资料。项目监理机构应审查下列内容:

(1)当地政府建设主管部门已签发"建设工程施工许可证",其他有关的行政许可的手续均已办理。

(2)征地拆迁工作能满足施工进度的需要。

(3)施工图纸及有关设计文件已齐备。

(4)施工现场道路,水、电、通信和临时设施已能满足开工要求,地下障碍物已清楚或已查明。

(5)项目管理实施规划(或施工组织设计、施工方案)已经项目监理机构总监理工程师审核签认。

(6)测量控制桩已经项目监理机构复验合格。

(7)承包单位项目经理部管理人员按计划到位,施工人员、施工机械、设备、器具已按需要进场,主要建筑材料供应已落实,并满足开工的需要。

(8)承包单位项目经理部的各项管理制度已建立。

经专业监理工程师审核,具备开工条件时报总监理工程师,由总监理工程师签复"工程开工报审表",并报建设单位审批后,工程可以开工。

(二)及时召开第一次监理工地会议

第一次监理工地会议应在承包单位和项目监理机构进场后,工程开工前召开,会议由总监理工程师主持召开。

(三)开工要求

合同工程开工还应遵守下列规定:

(1)监理机构应经发包人同意后向承包人发出开工通知,开工通知中应载明开工日期。

(2)由于承包人原因使工程未能按期开工,监理机构应通知承包人按施工合同约定提交书面报告,说明延误开工原因及赶工措施。

(3)由于发包人原因使工程未能按期开工,监理机构在收到承包人提出的顺延工期要求后,应及时与发包人和承包人共同协商补救办法。

(四)分部工程开工

分部工程开工前,承包人应向监理机构报送分部工程开工申请表,经监理机构批准后方可开工。

(五)单元工程开工

第一个单元工程应在分部工程开工批准后开工,后续单元工程凭监理工程师签认的上一单元工程施工质量合格文件方可开工。

(六)混凝土浇筑开仓

监理机构应对承包人报送的混凝土浇筑开仓报审表进行审批。符合开仓条件后,方可签发。

任务2　建设工程质量控制

一、工程质量控制概述

(一)质量与建筑工程质量

1. 质量的定义

美国质量管理专家朱兰(J. M. JURAN)认为“质量就是产品的适用性,即产品在使用时能够满足顾客需要的程度”。国际标准化组织(ISO)关于质量的定义是:“一组固有特性满足要求的程度”。描述对象可以是产品(能够为人们提供某种享用功能的有形实物),也可以是某项活动(人们生产产品或提供服务中所开展的具体作业)或过程(为人们带来某种享受的服务),也可以是质量管理体系;质量特性是固有的而非赋予的特性;要求包括明示的、隐含的或必须履行的。

2. 建设工程质量

建设工程质量简称工程质量。工程质量是指工程满足建设单位需要的,符合国家法律、法规、技术规范标准、设计文件及合同规定的特性综合。建设工程作为一种特殊的产品,除具有一般产品共有的质量特性,如适用性、寿命、可靠性、安全性、经济性等满足社会需要的使用价值和属性外,还具有特定的内涵。建设工程质量特性主要表现在适用性、耐久性、安全性、可靠性、经济性和与环境的协调性。

(二)工程质量形成过程与影响因素

(1)工程建设的不同阶段,对工程项目质量的形成起到不同的作用和影响。如项目可行性研究、项目决策、工程勘察、工程设计、工程施工和工程竣工验收等阶段的工作质量都会影响工程项目建设的质量。

(2)影响工程质量的因素很多,归纳起来主要有五个方面,即人(Man)的因素、材料(Material)的因素、机械(Machine)的因素、方法(Method)的因素、环境(Environment)的因素,简称4M1E因素,或称为“人、机、料、法、环”因素。

①人员因素:将人的文化水平、技术水平、决策能力、管理能力、组织能力、控制能力、作业能力、身体素质及职业道德等,都将直接或间接对工程项目的规划、决策、勘察、设计和施工质量产生影响。

②工程材料:构成工程实体的各类建筑材料、构配件、半成品是工程建设的物质条件,是保证工程质量的基础。工程材料的选用是否合理、产品是否合格、材料是否经检验、保管使用是否得当等,都将直接影响工程质量。

③机械设备:可分为两类,一类是组成工程实体的、配套的工艺设备和各类机具,另一类是施工过程中使用的各类机具设备。前者直接影响工程使用功能质量,后者影响工程项目施工质量。(注:前者亦可归于工程材料范围)

④方法:是指工艺方法、操作方法和施工方案。施工方案是否合理,施工工艺是否先进,施工操作是否正确,都将对工程质量产生重大影响。

⑤环境条件:是指对工程质量特性起重要作用的环境因素,包括工程技术环境、工程作业环境、工程管理环境、周边环境等。环境条件往往对工程质量产生特定的影响。

(三)工程建设质量的标准化管理

随着施工新技术、新工艺、新材料的广泛采用,工程日趋复杂,难度越来越大,施工企业仅靠设备、技术规范和检验,无法使工程质量达到规定的或潜在的质量需要,为了对工程形成的全过程进行控制,预防工程质量事故的发生,施工企业必须按ISO9000系列标准的要求建立、健全质量管理体系,提高企业信誉,使影响工程质量的因素始终处于受控状态,长期、稳定地保证工程质量。

ISO9000系列标准是国际标准化组织ISO于1987年正式发布的国际质量认证标准。它是许多经济发达国家多年实践经验的总结,我国等同采用ISO9000系列标准,国家标准编号为GB/T 19000。此系列标准具有通用性和指导性,企业按ISO9000系列标准去建立健全质量体系,可使工程质量管理工作规范化、制度化,可提高工程建设质量管理水平,提高工程质量,降低工程成本,提高企业竞争力,同时也有利于保护项目法人利益,保证工程质量评定的客观公正性。

质量认证分为产品质量认证和质量体系认证两种,是第三方依据程序对产品、过程或服务符合规定的要求给予的书面保证。由于工程项目具有单项性,不能以单个工程项目作为质量认证,因而只能对施工企业的质量体系进行认证。

企业质量体系认证,可促使企业认真按GB/T 19000系列标准去建立、健全质量体系,提高企业的质量管理水平,保证工程项目质量。企业通过质量体系认证,可提高企业的信誉和竞争能力,有利于保护发包人和承包人双方利益,加快双方的经济技术合作。在国际工程的招标中,要求经过ISO9000标准认证是惯用做法。企业只有领到评审合格证书,才有资格参加投标,才能打入国际市场,参与国际竞争。

二、质量控制与工程质量控制

(一)质量控制的定义

2000版GB/T 19000—ISO9000系列标准中,质量控制的定义是“质量管理的一部分,致力于满足质量要求”。应从以下几个方面去理解:

质量控制是质量管理的重要组成部分，其目的是使产品、体系或过程的固有特性达到规定的要求，即满足顾客、法律、法规等方面提出的质量要求，如适用性、安全性等。

质量控制的工作内容包括了专业技术和管理技术两个方面。围绕产品形成全过程的每一段工作如何能保证做好，应对影响其质量的人、机、料、法、环（4M1E）因素进行控制，并对质量活动的成果进行分阶段的验证，以便及时发现问题，查明原因，采取相应纠正措施，防止不合格产品的发生。

质量控制应贯穿在产品形成和体系运行的全过程。每一过程都有输入、转换和输出三个环节，通过对每一个过程三个环节实施有效控制，对产品质量有影响的各个过程处于受控状态，持续提供符合规定要求的产品才能得到保障。

（二）工程质量控制

工程质量控制是指致力于满足工程质量要求，也就是为了保证工程质量，满足工程合同、规范标准要求所采用的一系列措施、方法和手段。工程质量要求主要表现在工程合同、设计文件、技术规范规定的质量标准。

工程质量控制按工程质量形成过程，包括全过程各阶段的质量控制，主要是决策阶段的质量控制、工程勘测设计阶段的质量控制、施工阶段的质量控制。施工是形成工程项目实体的过程，也是形成最终产品质量的重要阶段。所以，施工阶段的质量控制是工程项目质量控制的重点。

工程质量控制按其实施的主体不同，可分为政府的工程质量控制、工程监理单位的质量控制、勘察设计单位的质量控制、施工单位的质量控制和项目法人的质量控制。

（三）工程质量控制的依据

施工阶段工程质量控制的依据主要包括以下几项：

（1）工程承包合同文件，分别规定了参与施工建设的各方在质量控制方面的权利和义务，并以此对工程质量进行监督和控制，当发生质量纠纷时以此予以解决。

（2）已批准的设计文件、施工图及相应的设计变更与修改文件，是监理单位进行质量控制的依据。要把施工审查与洽商设计变更形成制度，以保证设计的完善和实施的正确性。

（3）国家和行业现行的有关质量管理方面的法律、法规文件。

（4）已批准的施工组织设计，是承包单位进行施工准备和指导现场施工的规划性、指导性文件，是监理单位进行质量控制的重要依据。

（5）合同中引用的国家和行业的现行施工操作技术规范、施工工艺规程及验收规范。

（6）合同中引用的有关原材料、半成品、配件方面的质量依据，如水泥、钢材、骨料等有关产品技术标准，水泥、骨料、钢材等有关检验、取样 方法的技术标准等。

（7）制造厂提供的设备安装说明书等有关技术标准。这是施工安装承包人进行设备安装必须遵循的重要技术文件，也是监理单位进行检查和控制质量的依据。

（四）工程质量控制的原则

监理工程师在工程质量控制过程中，应遵循以下几条原则：

（1）坚持质量第一的原则。监理工程师在进行工程监理时，应坚持“百年大计、质量第一”，在工程建设中自始至终把“质量第一”作为工程质量控制的基本原则。

(2)坚持以人为本的原则。在工程质量控制中,要以人为核心,重点控制人的素质和人的行为,充分发挥人的积极性和创造性,以人的工作质量保证工程质量。

(3)坚持以预防为主的原则。应该事先对影响质量的各种因素加以控制,而不是消极被动地等出现质量问题后再进行处理。要重点做好工程质量的事先控制和事中控制。

(4)坚持质量标准的原则。工程质量是否符合合同规定的质量标准要求,应通过质量检验并和质量标准对照,符合质量标准要求的才是合格,不符合要求的就是不合格,必须返工处理。

(5)坚持科学、公正、守法的职业道德规范。在工程质量控制中,监理人员必须坚持科学、公正、守法的职业道德规范,要尊重科学、尊重事实,以数据资料为依据,客观、公正地处理质量问题,要坚持原则、遵纪守法、秉公处理。

(五)工程质量责任体系

根据国家颁布的《建设工程质量管理条例》以及合同、协议和有关规定,参与工程建设各方对建设工程质量应各负其责。

1.建设单位的质量责任

(1)要根据工程特点和技术要求,按有关规定选择相应资质等级的勘察、设计和施工承包单位。在合同中必须有关于质量的条款,明确质量责任,并真实、准确、齐全地提供与建设工程有关的原始资料。凡建设工程项目勘察、设计、施工、监理单位的选定,以及工程建设有关重要材料、设备等的采购,均应实行招标,择优选定中标人。不得将应由一个承包人完成的项目肢解后分包给几个承包人,不得迫使承包人低于成本价承包,不得任意压缩合理工期或降低工程质量要求。

(2)应根据工程特点,配备相应的质量管理人员。对国家规定强制实行监理的工程项目,必须委托有相应资质等级的工程监理单位进行监理。

(3)工程开工前,负责办理有关施工图设计文件审查、工程施工许可证和工程质量监督手续,组织设计和承包单位认真进行设计交底;在工程施工中应按国家现行的有关工程建设法规、技术标准及合同的规定,对工程质量进行检查与控制。在工程主体和承重结构有变更时,要经过变更和审批手续。工程竣工后,应及时组织有关各方进行验收,未经验收或验收不合格的工程不得投入使用。

(4)按合同约定应由建设单位负责采购供应的建筑材料、构配件和设备,应符合设计文件和合同要求,对发生的质量问题,要承担相应的责任。

2.勘察、设计单位的质量责任

(1)勘察、设计单位必须在其资质等级许可的范围内承揽相应的勘察、设计任务,不得将承揽的工程转包或违法分包。

(2)必须按照国家现行的政策、法规和工程建设强制性技术及合同要求进行勘察设计工作,并对其提供成果的质量负责。勘察成果文件必须真实、准确;设计文件应当符合国家规定的深度要求,对选用的材料、构配件和设备应当注明规格、型号、性能等技术指标,其质量必须符合国家规定的标准。施工中对提出的设计问题应负责予以解决。对发生的质量事故应参与解决。对由于设计造成的质量事故,应提出相应的处理方案。

3. 承包单位的质量责任

(1)承包单位必须在其资质等级许可范围内承揽业务,不得将其承接的工程转包或违法分包。

(2)要对所承包的工程项目的施工质量负责,应建立健全质量管理体系,落实质量责任制。

(3)必须按照工程设计图纸和施工技术规范标准组织施工。未经设计单位同意,不得擅自修改工程设计。对建筑材料、构配件、设备和半成品要进行检验,不使用不符合设计和强制性技术标准要求的产品,不使用未经检验和检验不合格的产品。

4. 工程监理单位的质量责任

(1)工程监理单位应按其资质等级许可的范围承担工程监理任务,不得转让工程监理业务,不得允许其他单位或个人以本单位的名义承担工程监理业务。

(2)应依照法律、法规以及有关技术标准、设计文件和工程承包合同、委托监理合同,代表建设单位对工程质量实施监理,并对工程质量承担监理责任。监理责任主要有违法责任和违约责任。监理单位在责任期内,不按照监理合同的约定履行监理职责给建设单位或其他单位造成损失的,应负赔偿的责任。

5. 建筑材料、构配件及设备的生产和供应单位的质量责任

建筑材料、构配件以及设备的生产或供应单位要对其生产或供应的产品质量负责。产品质量应符合国家和行业现行的技术规定的合格标准和设计要求,且应有相应的产品检验合格证明。

三、工程施工质量控制

(一)工程施工质量控制概述

1. 施工质量控制过程的划分

1)按工程实体质量形成过程的时间阶段划分

施工准备控制:指在各工程正式施工活动开始前,对各项准备工作及影响质量的各因素进行控制,这是确保施工质量的先决条件。

施工过程控制:指在施工过程中对实际投入的生产要素质量及作业技术活动的实施状态和结果所进行的控制。

竣工验收控制:指对于通过施工过程所完成的具有独立功能和使用价值的工程质量进行控制。

2)按工程项目施工层次划分

通常,一个大中型工程建设项目可以划分为若干层次。例如水利工程项目按照水利行业标准可以划分为单位工程、分部工程、单元工程、工序或检验批等层次。各组织部分之间的关系具有一定的施工先后顺序的逻辑关系。施工作业过程的质量控制是最基本的质量控制,它决定了工序或检验批的质量;而工序或检验批的质量又决定了分项工程的质量。

2. 施工质量控制的依据

1) 工程合同文件

工程施工承包合同文件和委托监理合同文件分别规定了参与建设各方在质量控制方面的权利和义务，有关各方必须履行在合同中的承诺。对于监理单位，既要履行有关的质量控制条款，又要提醒建设单位、监督承包单位、通过建设单位督促设计单位履行有关的质量控制条款。因此，监理工程师要熟悉这些合同文件中的有关条款。

2) 设计文件

"按图施工"是施工阶段质量控制的一项重要原则。因此，经过批准的设计图纸和技术说明书等设计文件，无疑是质量控制的重要依据。为此，监理单位在施工前应积极参加图纸会审及设计交底工作，以达到了解设计意图和质量要求，发现图纸差错和减少质量隐患的目的。

3) 国家及政府有关部门颁布的有关质量管理方面的法律、法规性文件

如《中华人民共和国建筑法》《建筑工程质量管理条例》《房屋建筑工程和市政基础设施工程实行见证取样送检的规定》《房屋建筑工程施工旁站监理管理方法(试行)》等都是建设行业质量管理方面所应遵循的基本法规文件。此外，各行业和各地方政府的有关主管部门，也根据本行业及地方的特点，制定和颁布了有关的法规性文件，如《水利水电建设工程验收规程》(SL 223—2008)等。

4) 有关质量检验与控制的专门技术法规性文件

这类文件一般是针对不同行业、不同的质量控制对象而制定的技术法规性的文件，包括各种有关的标准、规范、规程和规定，如《建筑工程施工质量验收统一标准》(GB 50300—2013)等。

此外，对于大型工程，特别是对外承包工程和外资、外贷工程的质量监理与控制，可能会涉及国际标准和规范，需要熟悉它们，以进行工程项目的质量控制。

(二) 施工准备的质量控制

1. 核查施工承包单位的资质

(1) 施工承包企业分类：施工总承包企业、专业承包企业、劳动分包企业。

(2) 监理工程师对施工承包企业资质的审核。

招标投标阶段对承包单位资质的审核：确定参与投标企业的资质等级，并取得投标管理部门的认可。检查企业资格证书，了解其实际业绩、人员素质、管理水平、资金情况、技术装备等。实地参观考核其近期承建工程的质量情况及现场管理水平。

对中标进场从事项目施工承包企业质量体系的核查：了解企业的质量意识及企业质量管理基础工作和质量管理机构落实情况，以及质量管理权限实施情况等。了解 GB/T 19000—ISO9000 标准体系建立和通过认证的情况。审查承包单位现场项目经理的质量管理体系等。

2. 施工图会审

详见项目 2 任务 1 中"施工准备监理工作"。

3. 审查项目管理实施规划(施工组织设计)

1)审查的程序

在工程开工之前承包单位必须完成项目管理实施规划的编制和内部自审批准工作,填写“施工组织设计(方案)报审表”报送项目监理机构;总监理工程师组织项目监理工程师进行审查,提出意见,由总监理工程师签认,交项目经理部修改后再报审;审定后的项目管理实施规划报送至建设单位;承包单位按照审定的项目管理实施规划组织施工,如需对其内容做较大的变更,应书面报送项目监理机构审核;对规模大、结构复杂或属于新结构、特殊结构的工程,项目监理机构还应将项目管理实施规划报送监理单位的技术总负责人审查,必要时与建设单位协商、组织有关专业部门和有关专家会审;对规模大、工艺复杂的工程、群体工程或分期出图的工程,项目监理机构对项目管理实施规划可以统一分期报审;对技术复杂或采用新技术的分部、分项工程,承包单位还应编制分部、分项工程的施工方案,报项目监理机构审查。

2)审查的原则

项目管理实施规划的编制、审查和批准应符合规定的程序;项目管理实施规划应符合国家的技术政策,充分考虑施工合同规定的条件、施工现场条件及法规条件的要求,突出“质量第一,安全第一”的原则;项目管理实施规划要有针对性,承包单位要了解和掌握本工程的特点及难点,充分分析本工程的实施条件;项目管理实施规划要具备操作性,承包单位要有执行并保证工期和质量目标的能力;技术方案要具备先进性,所采用的技术方案和措施要先进适用、技术成熟;质量管理和技术管理体系质量保证措施健全且切实可行;安全、环保、消防和文明施工措施切实可行并符合有关规定;在满足合同和法规要求的前提下,对项目管理实施规划的审查,应尊重承包单位的自主技术决策和管理决策。

(三)现场施工准备的质量控制

1. 工程定位及标高基准控制

工程施工测量放线是建设工程产品由设计转化为实物的第一步。施工测量质量好坏,直接影响工程产品的综合质量,并且制约着施工过程中有关工序的质量。因此,工程测量控制可以说是施工中事前控制的一项基础工作,它是施工准备阶段的一项重要内容。在监理工作中,应由测量专业监理工程师负责工程测量的复核控制工作。

(1)监理工程师应要求承包单位对建设单位给定的原始水准点、基准线和高程控制点进行复测,并将复测结果交监理工程师审核,经批准后承包单位才能据以进行检测放线工作。

(2)建立施工测量控制网,根据工程总平面图测定各建筑物和建筑结构的位置,并建立高程控制网点。

(3)承包单位将测量放线成果报送监理工程师审核,并进行现场验桩,由承包单位对各测量桩进行保护。

2. 施工平面图控制

监理工程师应督促建设单位按照合同约定提供施工场地,承包单位进行施工现场布置。监理工程师要检查施工现场总体布置是否合理,是否有利于保证施工正常、顺利的进行,是否有利于保证质量。

3. 材料、构配件采购订货的控制

工程所需的原材料、半成品、构配件等都将成为永久性工程的组成部分。所以,它们的质量直接影响到未来工程产品的质量,因此需要事先对其质量进行严格控制。

(1)凡由承建单位负责采购的原材料、半成品或构配件,在采购订货前应向监理工程师申报;对于重要的材料还应提交样品,供试验或鉴定,或提交产品的理化试验单,经监理工程师审查认可后,方可进行采购。

(2)对于半成品或构配件,应按经过审批认可的设计文件和图纸要求采购订货,质量应满足有关标准和设计的要求,并应有质量合格证、出厂合格证、产品说明书等质量文件。

(3)大宗的器材或材料的采购,应当实行招标采购的方式。

(4)某些材料(如装饰材料)为避免颜色不一致,订货时应一次订齐,以免产生色泽不一的问题。

(5)应要求供货厂方提供质量文件,用以表明其提供的产品能够完全达到订货方的质量要求。

4. 施工机械设备的控制

(1)施工机械设备的选择,除应考虑其技术性能、工作效率、工作质量、可靠性和维修难易、能源消耗,以及安全、灵活等方面施工质量的影响与保证外,还应考虑其数量配置对施工质量的影响与保证条件。

(2)监理工程师应审查施工机械的数量是否足够,是否有备用,是否与项目管理实施规划中所列者相一致,其类型、规格、性能能否保证施工质量,是否处于良好的可用状态,否则不准使用。

5. 分包单位资质的审核确认

保证分包单位的资质,是保证工程施工质量的一个重要环节和前提。因此,监理工程师应对分包单位资质进行严格控制。

(1)根据建设部《房屋建筑和市政基础设施工程施工分包管理办法》中的规定,建设单位不得直接指定分包工程承包单位。专业工程分包,除在施工总承包合同中有规定外,必须经过建设单位认可。

(2)承包单位对分部工程、单元(分项)工程实行分包,必须符合施工合同的约定。

(3)对分包单位资格审查应在工程项目开工前或拟分包的分部、分项工程开工前完成。

(4)对拟分包单位的审查,承包单位应填写"分包单位资格报审表",附上经其自审认可的分包单位的有关资料,报项目监理机构审查。审查内容包括:分包单位的营业执照、企业资质等级证书;分包单位的业绩;拟分包工程内容和范围,开、竣工日期,工程项目一览表;专职管理人员和特种作业人员的资格证、上岗证;如审核合格,分包合同签订后,项目监理机构在原报送的"分包单位资格报审表"上签认同意;如项目监理机构发现承包单位存在转包、肢解分包、层层分包等违法情况,应签发"监理工程师通知单"及时予以制止,同时报告建设单位及相关主管部门;总监理工程师对分包单位的资格确认不解除承包单位应负的责任。

6. 设计交底与施工图纸的现场核对

详见项目2任务1中“施工准备监理工作”。

7. 严把开工关

详见项目2任务1中“开工条件的控制”。

8. 参加第一次工地会议

详见项目2任务1中“监理机构准备工作”。

(四)施工过程质量控制

施工过程体现在一系列作业活动中,作业活动的效果将直接影响施工过程的施工质量。因此,监理工程师的质量控制工作应体现在作业活动的控制上。

1. 作业技术准备状态的控制

作业技术准备状态,是指各项施工准备工作在正式开展作业技术活动前,是否按预先计划的安排落实到位的状况,包括配置的人员、材料、机具、场所、环境、通风、照明、安全设施等。做好作业技术准备的检查,有利于实际施工条件的落实,避免计划与实际两层皮,承诺与行动相脱离,在准备工作不到位的情况下贸然施工。

1)质量控制点的设置

质量控制点是指为了保证作业过程质量而确定的重点控制对象、关键部位或薄弱环节。对质量控制点,一般要事先分析可能造成质量问题的原因,再针对原因制定对策进行预控。

选择质量控制点的一般原则包括:施工过程中的关键工序或环节及隐蔽工程,例如预应力结构的张拉工序,钢筋混凝土结构中的钢筋架立;施工过程中的薄弱环节,质量不稳定的工序、部位或对象,例如地下防水层施工;对后续工程或后续工序质量或安全有重大影响的工序、部位或对象,例如预应力结构中的预应力钢筋质量、模板的支撑与固定等;采用新技术、新工艺、新材料的部位或环节;施工上无足够把握的、施工条件困难的或技术难度大的工序或环节,例如复杂曲线模板放样等。

对作为质量控制点重点控制的对象包括:对某些作业或操作人员,如高空、高温、水下、危险作业的人员,应对其进行控制;对施工设备和材料,因直接影响工程质量和安全,应对其性能进行重点控制;对施工中的关键操作进行控制;对施工技术参数(如对路基填土压实时填土的含水量)进行控制;对施工顺序进行控制;有些作业之间需要必要的技术间歇时间,对此间歇时间进行必要的控制(如混凝土浇筑后至拆模前应保持一定的间歇时间);对新技术、新工艺、新材料的应用,因缺乏经验,施工时应列为重点进行严格控制;产品质量不稳定、不合格率较高及容易发生质量通病的工序应列为重点,仔细分析,严格控制;易对工程质量产生重大影响的施工方法应列为控制重点;对特殊地基和特种结构应予以特别重视。

2)作业技术交底的控制

承包单位做好技术交底,是保证施工质量的条件之一。为此,每一单元(分项)工程开始实施前均要进行交底。作业技术交底是对项目管理实施规划(施工组织设计)或施工方案的具体化,是更细致、明确和更加具体的技术实施方案,是工序施工或分项工程施工的具体指导文件。交底中要明确做什么、谁来做、如何做、作业标准和要求以及什么时间完成等。

关键部位或技术难度大、施工复杂的检验批、分项工程施工前，承包单位的“技术交底书”（作业指导书）应报送专业监理工程师审查，如“技术交底书”不能保证作业活动的质量要求，承包单位要进行修改补充。没有做好技术交底的工序或分项工程不得进入正式施工。

3）进场材料、构配件的控制

凡运到施工现场的原材料、半成品或构配件，进场前应向项目监理机构提交“工程材料/构配件/设备报审表”，同时附有产品出厂合格证及技术说明书，由承包单位按规定要求进行检验（试验），其检验（试验）报告，经监理工程师审查并确认合格后方允许进场或用于工程。

对进场的材料、构配件等的存放条件应进行控制，防止保管不良导致质量状况恶化，如损伤、变质、损坏、甚至不能使用。监理工程师对此情况应进行监控。

4）环境状态的控制

（1）施工作业环境的控制。所谓施工环境条件，主要是指诸如水、电或动力供应、施工照明、安全防护设备、施工场地空间条件和道路，以及交通运输和道路条件等。这些条件是否良好，直接影响到施工活动能否顺利进行，以及施工质量。监理工程师应事先检查承包单位对施工作业环境条件方面的有关准备工作是否妥当，当确认其准备可靠有效后，方准许进行施工。

（2）施工质量管理环境的控制。施工质量管理环境主要是施工承包单位的质量管理体系和质量控制自检系统是否处于良好状态，系统的组织结构、管理制度、监测制度、检测标准、人力配备等方面是否完善和明确，质量责任是否落实。监理工程师做好承包单位施工管理环境的检查并督促其落实，是保证作业效果的重要前提。

（3）现场自然环境的控制。监理工程师应检查施工承包单位对于未来施工期间，自然环境条件可能出现对施工作业质量的不利影响，如冬期雨期施工准备、防暑降温、防寒抗冻、防洪与排水、恶劣地质条件等，是否事先有充分的认识并已经做好充足的准备和采取有效的措施与对策，以保证工程质量。

5）进场施工机械、设备性能及工作状态的控制

保证施工现场作业机械、设备的技术性能及工作状态，对施工质量有良好的影响。因此，监理工程师要做好现场控制工作，不断检查并督促承包单位，只有状态良好，性能满足施工需要的机械、设备才允许进入现场作业。

（1）施工机械、设备的进场检查。机械、设备进场后，监理工程师应检查机械和设备的型号、规格、数量、技术性能（技术参数）、设备状况、进场时间等，并与机械、设备进场前承包单位报送的进场设备清单进行现场核对，是否与项目管理实施规划（施工组织设计）中所列的内容相符。

（2）机械、设备工作状态的检查。监理工程师应审查作业机械的使用、保养记录，检查其工作状态；重要的工程机械应在现场实际复验，以保证投入作业的机械设备状态良好。另外，监理工程师还应经常了解施工作业中的机械、设备工作状况，防止带病运行。

对有特殊安全要求的设备和大型临时设备，进入现场后使用前必须经过当地劳动安

全部门的鉴定和批准,方允许投入使用。

6)施工测量及计量器性能、精度的控制

监理工程师要对承包单位的实验室的资质证明文件、试验设备、检测仪器能否满足工程质量检查要求、管理制度是否齐全等进行实地检查,确认能够满足工程质量的检测要求后,予以批准。

施工测量开始前,监理工程师应审核测量仪器的型号、技术指标、精度、法定计量单位的标定证明,测量人员的上岗证明等,确认后方可进行测量作业。

7)施工现场劳动组织及作业人员上岗资格的控制

现场劳动组织的控制:劳动组织涉及从事作业活动的操作者和管理者,以及相应的各种制度。操作人员的数量必须满足工作活动的需要,相应工种配置保证作业有序进行。管理人员,包括技术负责人、专职质检人员、测量人员、材料员、安全员、试验员等必须及时到位。相关制度包括管理层和作业层的岗位职责、现场安全消防规定、环保规定、安全生产规定、紧急状况的处理规定等,各种制度应齐全、有效、具有可操作性。

作业人员上岗资格:从事特殊作业的人员(如电焊工、电工、架子工、起重工、爆破工等)必须持证上岗,监理工程师要进行检查与核实。

2. 作业技术活动运行过程的控制

工程施工质量是施工过程中形成的,而不是最后检验出来的。施工过程由一系列相互联系与制约的作业活动所构成,因此保证作业活动的效果与质量是施工过程质量控制的基础。

1)承包单位自检与专检工作的监控

(1)承包单位的自检系统。承包单位是施工质量的直接实施者和责任者。承包单位应建立起完善的质量自检体系,并使之有效运转,这也是监理工程师的质量监督与控制的一项工作。

承包单位的自检体系表现在:作业活动的作业者在作业结束后必须自检;不同工序交接、转换必须由相关人员交接检查;承包单位专职质检员的专检。

为实现上述三点,承包单位必须有整套的制度和工作顺序,具有相应的检测仪器,配备满足需要的专职质检和试验检测人员。

(2)监理工程师的检查。监理工程师的质量检查与验收,是对承包单位作业活动质量的复核与确认,但不能替代承包单位的自检,而是在承包单位自检合格的基础上进行的。未经专职质量员检查合格,监理工程师一律拒绝进行检查。

2)技术复核工作监控

凡涉及施工作业技术活动基准和依据的技术工作,都应该进行由专人负责的严格的复核检查,以免基准失误给整个工程质量带来难以补救的或全局性的危害,例如工程的定位、轴线、标高、预留孔洞的位置和尺寸、混凝土的配合比等。技术复核是承包单位应履行的技术工作责任,其复核的结果应报送监理工程师复核,确认后才能进行后续的相关施工。

3)见证取样送检工作的监控

见证是指由监理工程师现场监督承包单位某工序全过程和完成情况的活动。见证取样则是指对工程项目使用的材料、半成品、构配件的现场取样、工序活动效果的检查实施见证。

为确保工程质量，建设部颁布了《房屋建筑工程和市政基础设施工程实行见证取样和送检的规定》（建建〔2000〕211 号）。规定指出：为了规范房屋建筑工程和市政基础设施工程中涉及结构安全的试块、试件和材料的见证取样和送检工作，保证工程质量，根据《建设工程质量管理条例》制定本规定。

上述规定的内容要点是：国务院建设行政主管部门负责对全国房屋建筑工程和市政基础设施工程的见证取样和送检工作实施统一监督管理；县级以上地方人民政府建设行政主管部门对本行政区域内的房屋建筑工程和市政基础设施工程的见证取样与送检工作实施监督管理；涉及结构安全的试块、试件和材料见证取样与送检的比例不得低于有关技术标准中规定应取样数量的30%；承担取样质量的检测单位必须经过省级以上的建设行政主管部门的认证；规定中指出多种必须实施见证取样和送检的试块、试样和材料；见证人员应由建设单位或该工程的监管单位具备建筑施工试验知识的专业技术人员担任，并应由建设单位或该工程的监理单位书面通知承包单位、检测单位和该工程的质量监督机构；取样人员应在试样或其包装上做出标识、标志，并做好取样和送检记录；检测单位应严格按照有关管理规定和技术标准进行检测，出具公证、真实、准确的检测报告。

4）工程变更的监控

施工过程中，勘察、设计的原因，或外界自然条件的变化、施工现场出现的新情况，以及施工工艺方面的限制、建设单位要求的改变等诸多原因，均会涉及工程变更。做好工程变更的控制工作，也是作业过程质量控制的一项重要内容。

5）级配管理质量监控

建设工程中，均会涉及材料的级配，不同材料的混合拌制，最典型的是混凝土的拌制。由于不同的原材料的级配、配合比及拌制后的产品对最终工程质量有重要的影响，因此监理工程师要做好相关的质量控制工作。

监理工程师对级配管理质量监控工作可分为三部分：拌和原材料的质量控制；材料配合比的审查；现场作业的质量控制——检查现场的拌和设备和计量装置，投入原材料按批准的配合比试生产，必要时进行配合比调整，调整时按技术复核的要求和程序执行。

6）计量工作质量控制

计量是施工作业过程的基础工作之一，计量作业效果对工程质量有重大影响。监理工程师对计量工作的质量监控包括：对施工过程中使用的计量仪器、检测设备、称重衡器的质量控制；对从事计量作业人员技术水平资格的审核，尤其是现场从事施工测量的测量员，从事试验、检测的试验工等；现场计量操作的质量控制——作业者的实际作业质量直接影响到作业效果，计量作业现象的质量控制主要是检查其操作方法是否得当。

7）质量记录资料的监控

质量记录资料是施工承包单位进行工程施工或安装期间实施质量控制活动的记录，它详细地记录了工程施工阶段质量控制活动的全过程。质量记录资料不仅在工程施工期间对工程质量的控制有重要作用，而且在工程竣工和投入使用后，对于查询和了解工程建设的质量情况，以及工程维修和管理也能提供大量有用的资料和信息。

质量记录资料包括:施工现场质量管理检查记录资料,工程材料、半成品、构配件、设备的质量记录,施工过程中作业活动质量记录资料。

监理工程师应督促承包单位自工程项目施工或安装开始,即根据建设单位的要求及有关工程竣工验收资料组卷归档的有关规定,将有关的工程项目质量记录资料整理组卷,交建设单位或自行归档。施工质量记录资料应真实、齐全、完整,字迹清楚,结论明确,签字齐备。

8)监理例会的管理

监理例会是施工过程中参加建设工程项目各方沟通情况、解决分歧、形成共识、做出决定的主要渠道,也是监理工程师进行质量控制的重要场所。通过监理例会,监理工程师检查分析施工过程的质量情况,指出存在的问题。承包单位提出整改措施,并做出相应的保证。除监理例会外,监理工程师还可以组织专题会议。为了搞好以上两种会议,监理工程师要充分做好调查研究工作,充分了解情况,以便做出准确的判断和正确的决策。此外,要讲究工作方法,协调处理各种矛盾,在不断提高会议质量的基础上,使监理例会真正起到解决质量问题的作用。

9)停、复工令的实施

在施工过程中,当监理工程师发现存在严重的质量隐患或发生严重的质量事故,以及发现建筑材料、构配件、半成品和设备严重不合格时,可由总监理工程师下达"工程暂停令",要求承包单位于停工后全力以赴排除停工原因,进行整改。停工原因被排除后,经承包单位申请,项目监理机构核实后,由总监理工程师下达批准复工的指令。

(五)施工阶段质量控制手段

1.审核技术文件、报告和报表

这是对工程质量进行全面监督、检查与控制的重要手段。

审核的具体内容包括:审核进入施工现场的分包单位资质证明文件,控制分包工程的质量;审查承包单位的开工申请文件,检查、核实与控制其施工准备工作质量;审查承包单位提交的项目管理实施规划(施工组织设计、施工方案),控制工程施工质量有可靠的技术措施保障;审批承包单位提交的有关材料、半成品和构配件的质量证明文件(出厂合格证、质量检验或试验报告等),确保工程质量有可靠的物质基础;审核承包单位提交的反映工序施工质量的动态统计资料或管理图表;审核承包单位提交的有关工序产品质量的证明文件(检验记录及试验报告),工序交接检查(自检)、隐蔽工程检查、分部分项工程质量检查报告等文件、资料,以确保和控制施工过程的质量;审批有关工程变更、修改设计图纸等,确保设计及施工图纸的质量;审核有关新技术、新工艺、新材料、新结构等的技术鉴定书,审批其应用申请报告,确保新技术应用的质量;审批有关工程质量问题或质量事故的处理报告,确保质量问题或质量事故处理质量;审核与签署现场有关质量技术签证、文件等。

2.指令文件与一般管理文件

指令文件是监理工程师运用指令控制权表达监理工程师对承包单位提出指示或命令的书面文件,属于要求强制性执行的文件。一般情况下,监理工程师从全局利益和目标出发,在对某项施工作业或管理问题,经过充分调研、沟通和决策后,要求承包单位严格按监理工程师的意图和主张实施。对此,承包单位负有全面正确执行指令的责任,监理工程师负有监督指令实施效果的责任,因此它是一种非常慎重而严肃的管理手段。监理工程师的各项指令都是用书面下达的,如因时间紧迫,也可先用口头方式将指令下达给承包单位,然后及时补充书面文件。指令文件一般以监理工程师通知单的方式下达。对于特殊性质的指令,如工程开工/复工暂停令、工程变更指令等应使用指定的专用表格。

一般管理文书,如监理工程师信函、备忘录、会议纪要、发布的有关信息、情况通报等,主要是对承包单位工程状态和行为提出建议、希望和劝阻等,不属强制性要求执行,仅供承包单位自主决策参考。

3. 现场监督和检查

开工前的检查:主要是检查开工前准备工作的质量,能否保证正常施工及工程施工质量。

工序施工中的跟踪监督检查与控制:主要监督、检查在工序施工过程中,人员、施工机械设备、材料、施工方法或操作,以及施工环境条件等是否均处于良好的状态,是否符合保证工程质量的要求,若发现有问题,及时纠偏和加以控制。另外,通过目测法(看、摸、敲、照)、实测法(靠、吊、量、套)得来的实测数据与施工规范及质量标准所规定的允许偏差对照,判别质量是否合格。

对于重要的和对工程质量有重大影响的工序及工程部位,还应在现场进行施工过程的旁站监督与控制,确保使用材料及工艺过程质量。

现场监督检查方式有如下几种:

(1)旁站。是指在建设工程施工阶段监理中,监理人员对关键部位、关键工序的施工质量实施全过程现场跟班的监督活动。有关旁站监理的指导性、法令性文件是建设部于2002年7月17日颁布的《房屋建筑工程施工旁站监理管理办法(试行)》(建市〔2002〕189号)。该文件中对要求实施旁站监理的关键部位和关键工序、旁站监理的程序、旁站监理人员的职责等做出了说明与规定。当旁站监理人员发现承包单位有违反工程建设强制性标准的行为时,有权采取措施要求承包单位立即整改,直至可以向承包单位下达局部暂停施工指令。实行旁站监理,能够及时发现承包单位在施工中的违章施工或违章操作,使施工质量进一步得到保证。

(2)巡视。是指监理人员对正在施工的部位或工序现场进行的定期或不定期的监督活动,在施工过程中,监理人员必须加强对现场的巡视、旁站监督与检查,及时发现违章操作和不按设计要求、施工图纸或施工规范、规程或质量标准施工的现象。对不符合质量要求的,及时进行纠正和严格控制。

(3)平行检验。监理工程师利用一定的检查或检测手段,在承包单位自检的基础上,按照一定的比例独立进行检查或检测活动。它是监理工程师质量控制的一种重要手段,在技术复核及复验工作中采用,是监理工程师对施工质量进行验收,做出自己独立判断的重要依据之一。

4. 规定质量控制工作程序

监理单位与承包单位双方规定必须遵守的质量控制工作程序,按规定的程序进行工作,这也是进行质量控制的必要、有效手段。例如,开工申请签认程序,单位工程质量控制程序，工程预检、隐检、分项、分部工程验收程序等。通过程序化管理，使监理工程师的质量控制工作进一步落实，做到科学化、规范化的管理和控制。

5. 利用支付手段

利用支付手段来控制工程质量是国际上一种通用的重要手段，也是建设单位或合同中赋予监理单位工程师的支付控制权。从根本上讲，国际上对合同条件的管理主要是采用经济手段和法律手段。因此，质量监理是以计量支付控制权为保障手段的。所谓支付控制权，就是对承包单位支付任何工程款项，均需由总监理工程师审核签认支付证明书，没有总监理工程师签署的支付凭证，建设单位不得向承包单位支付工程款。工程款支付的条件之一就是工程质量必须达到规定的要求和标准。

四、工程质量评定与验收

（一）水利工程质量评定

1. 工程项目划分的基本原则

根据《水利水电工程施工质量检验与评定规程》（SL 176—2007），为进行质量评定，需要将水利水电工程项目划分为单位工程、分部工程、单元工程等三级。有关工程项目划分的基本原则是：

（1）单位工程，指具有独立发挥作用或独立施工条件的建筑物。单位工程按设计及施工部署和便于质量管理的原则进行划分。

（2）分部工程，指在一个建筑物内能组合发挥一种功能的建筑安装工程，是组成单位工程的各个部分。对单位工程安全、功能或效益起控制作用的分部工程称为主要分部工程。分部工程应按功能进行划分，同一单位工程中，同类型的各个分部工程的工程量不宜相差太大，不同类型的各个分部工程投资不宜相差太大。

（3）单元工程，指分部工程中由几个工种施工完成的最小综合体，是日常质量考核的基本单位。单元工程按照施工方法、部署及便于进行质量控制和考核的原则划分。

（4）重要隐蔽工程，指主要建筑物的地基开挖、地下洞室开挖、地基防渗、加固处理和排水工程等。

（5）工程关键部位，指对工程安全或效益有显著影响的部位。

（6）中间产品，指需要经过加工生产的土建类工程的原材料及半成品。

（7）水利水电工程质量，指国家和水利水电行业的有关法律、法规、技术标准、设计文件和合同中，对水利水电工程的安全、适用、经济、美观等特性的综合要求。

（8）外观质量得分率，指单位工程外观质量实际得分占应得分数的百分数。

（9）堤防工程的项目划分，按《堤防工程施工质量验收评定标准》（SL 634—2012）有关要求进行。

2. 工程质量检验的基本要求

根据《水利水电工程施工质量检验与评定规程》（SL 176—2007），工程质量检验的基本要求是：

（1）计量器具有需经县级以上人民政府技术监督部门认定的计量检定机构或其授权设置的计量检定机构进行检定，并具备有效的检定证书。

(2)检测人员熟悉检测业务,了解被检测对象和所用仪器设备性能,并经考核合格,持证上岗。参与中间产品质量资料复核人员应具有初级以上工程系列技术职称。

(3)施工单位应建立完善的质量保证体系,要有专门的质量管理机构和健全的管理制度,并具备与工程相应的质量检验、测试仪器设备。建设(监督)单位应有相应的质量检查机构和健全的管理制度。

(4)工程质量检验项目的名称和数量应符合《水利水电基本建设工程单元工程质量等级评定标准》(DL/T 5713.1—2005)的规定。量的名称、量的单位和符号采用国家法定计量单位。

(5)水利水电工程质量检验方法,应符合《水利水电基本建设工程单元工程质量等级评定标准》(DL/T 5713.1—2005)和国家及水利水电行业现行技术标准的有关规定。

(6)永久性工程(包括主体工程及附属工程)施工质量检验职责范围:施工单位应按照《水利水电基本建设工程单元工程质量等级评定标准》(DL/T 5713.1—2005)规定的检验项目及数量全面进行自检,并做好施工记录,如实填写水利水电工程施工质量评定表;建设(监理)单位应根据《水利水电基本建设工程单元工程质量等级评定标准》(DL/T 5713.1—2005)复核工程质量;质量监督机构实行以抽查为主要方式的监督制度。

(7)临时工程质量检验项目及评定标准,由建设(监理)、设计及施工单位参照《水利水电基本建设工程单元工程质量等级评定标准》(DL/T 5713.1—2005)的要求研究决定,并报相应的质量监督机构核备。

(8)工程质量检验包括施工准备检查,中间产品与原材料质量检验,水工金属结构、启闭机及机电产品质量检查,单元工程质量检验,质量事故检查及工程外观质量检验等程序。

3. 工程质量评定的基本要求

根据《水利水电工程施工质量检验与评定规程》(SL 176—2007),水利水电工程质量等级分为“合格”“优良”两级,有关质量评定的基本要求如下。

1)水利水电工程施工质量等级评定依据

(1)《水利水电基本建设工程单元工程质量等级评定标准》(DL/T 5713.1—2005)和国家及水利水电行业有关规程、规范及技术标准。

(2)经批准的设计文件、施工图纸、金属结构设计图样与技术条件、设计修改通知书、厂家提供的设备安装说明书及有关技术文件。

(3)工程承发包合同中采用的技术标准。

(4)工程试运行期间的试验及观测分析成果。

2)单元工程质量评定标准

单元工程质量等级标准按《水利水电基本建设工程单元工程质量等级评定标准》(DL/T 5713.1—2005)执行。

单元工程(或工序)质量达不到《水利水电基本建设工程单元工程质量等级评定标准》(DL/T 5713.1—2005)合格规定时,必须及时处理。其质量等级按下列规定确定:全部返工重做的,可重新评定质量等级;经加固补强并经鉴定能达到设计要求的,其质量只能评为合格;经鉴定达不到设计要求,但建设(监理)单位认为能基本满足安全和使用功能要求的，可不加固补强，或经加固补强后，改变外形尺寸或造成永久性缺陷的，经建设（监理）单位认为基本满足设计要求，其质量可按合格处理。

3）分部工程质量评定标准

（1）合格标准：单元工程质量全部合格，中间产品质量及原材料质量全部合格，金属结构及启闭机制造质量合格，机电产品质量合格。

（2）优良标准：单元工程质量全部合格，其中有50%以上达到优良；主要单元工程、重要隐蔽工程及管件部位的单元工程质量优良，且未发生过质量事故；中间产品质量全部合格，其中混凝土拌和物质量达到优良；原材料质量、金属结构及启闭机制造质量合格；机电产品质量合格。

4）单位工程质量评定标准

合格标准：分部工程质量全部合格，中间产品质量及原材料质量全部合格，金属结构及启闭机制造质量合格，机电产品质量合格，外观质量得分率达到70%以上，施工质量检验资料基本齐全。

优良标准：分部工程质量全部合格，其中有50%以上达到优良；主要分部工程质量优良，且施工中未发生过重大质量事故；中间产品质量全部合格，其中混凝土拌和物质量达到优良；原材料质量、金属结构及启闭机制造质量合格；机电产品质量合格；外观质量得分率达到85%以上；施工质量检验资料齐全。

5）工程项目质量评定标准

（1）合格标准：单位工程质量全部合格。

（2）优良标准：单位工程质量全部合格，其中有50%以上的单位工程优良，且主要建筑物单位工程为优良。

4. 工程质量评定监理机构主要职责

根据《水利工程施工监理规范》（SL 288—2014）的规定，工程质量评定监理机构主要职责包括：

（1）审查承包人填报的单元工程（工序）质量评定表的规范性、真实性和完整性，复核单元工程（工序）施工质量等级，由监理工程师核定质量等级并签证认可。

（2）重要隐蔽单元工程及关键部位单元工程质量经承包人自评、监理机构抽检后，按有关规定组成联合小组，共同检查核定其质量等级并填写签证表。

（3）在承包人自评的基础上，复核部分工程的施工质量等级，报发包人认定。

（4）参加发包人组织的单位工程外观质量评定组的检验评定工作；在承包人自评的基础上，结合单位工程外观质量评定情况，复核单位工程施工质量等级，报发包人认定。

（5）单位工程质量评定合格后，统计并评定工程项目质量等级，报发包人认定。

（二）水利工程验收的基本要求

根据《水利水电建设工程验收规程》（SL 223—2008），水利水电工程验收分为分部工程验收、单位工程验收和竣工验收。按照验收的性质，可分为投入使用验收和完工验收。

1. 验收的基本要求

（1）当工程具备验收条件时，应及时组织验收。未经验收或验收不合格的工程不得交付使用或进行后续工程施工。验收工作应相互衔接，不应重复进行。

(2)验收工作的主要内容:检查工程是否按照批准的设计进行建设;检查已完工程在设计、施工、设备制造安装等方面的质量,并对验收遗留问题提出处理要求;检查工程是否具备运行或进行下一阶段建设的条件;总结工程建设中的经验教训,并对工程做出评价;及时移交工程,尽早发挥投资效益。

(3)验收工作的依据是有关法律、规章和技术标准,主管部门有关文件,批准的设计文件及相应设计变更、修改文件,施工合同,监理签发的施工图纸和说明,设备技术说明书等。

(4)工程进行验收时必须有质量评定意见。按照水利行业现行标准《水利水电工程施工质量检验与评定规程》(SL 176—2007)进行质量评定;阶段验收和单位工程验收应有水利水电工程质量监督单位的工程质量评价意见;竣工验收必须有水利水电工程质量监督单位的工程质量评定报告,竣工验收委员会在其基础上鉴定工程质量等级。

(5)验收工作由验收委员会(组)负责,验收结论必须经2/3以上验收委员会(组)成员同意。

(6)验收委员会(组)成员必须在验收成果文件上签字。验收委员(组员)的保留意见应在验收鉴定书或签证中明确记载。

(7)工程验收的遗留问题,各有关单位应按验收委员会(组)所提要求,负责按期处理完毕。

(8)根据《水利水电建设工程验收规程》(SL 223—2008),验收资料制备由项目法人负责统一组织,有关单位应按项目法人的要求及时完成。验收资料分为所需提供资料和所需备查资料。需归档资料应符合《水利工程建设项目档案管理规定》(水办〔2005〕480号)要求。

2. 工程验收监理机构主要职责

根据《水利工程施工监理规范》(SL 288—2014)规定,工程验收监理机构主要职责包括:

(1)参加或受发包人委托主持分部工程验收,参加发包人主持的单位工程验收、水电站(泵站)中间机组启动验收和合同工程完工验收。

(2)参加阶段验收、竣工验收,解答验收委员会提出的问题,并作为被验单位在验收鉴定书上签字。

(3)按照工程验收有关规定提交工程建设监理工作报告,并准备相应的监理备查资料。

(4)监督承包人按照分部工程验收、单位工程验收、合同工程完工验收、阶段验收等验收鉴定书中提出的遗留问题处理意见完成处理工作。

(三)建筑工程施工质量验收

1. 概述

1)工程施工质量验收的组成

工程施工质量验收是工程建设质量控制的一个重要环节,它包括工程施工质量的中间验收和工程的竣工验收两个方面。通过对工程建设中间产品和最终产品的质量验收,从过程控制到终端把关两个方面进行工程项目的质量控制,以确保达到建设单位所要求的功能和使用价值,实现建设投资的经济效益和社会效益。工程项目的竣工验收,是项目建设程序的最后一个环节,是全面考核项目建设成果、检查设计与施工质量、确认项目能否投入使用的重要步骤。

2)建筑工程施工质量验收统一标准、规范体系的构成

建筑工程施工质量验收统一标准、规范体系由《建筑工程施工质量验收统一标准》(GB 50300—2013)和各专业验收规范共同组成,在使用过程中它们必须配套使用,其中《建筑工程施工质量验收统一标准》(GB 50300—2013)是建筑工程各专业验收规范通用准则。

3)施工质量验收统一标准、规范体系编制的指导思想

为了进一步做好工程质量验收工作,结合当前建设工程质量管理的方针和政策,增强各种规范间的协调性及适用性,并考虑与国际惯例接轨,在建筑工程施工质量验收标准、规范体系的编制中坚持了"验评分离,强化验收,完善手段,过程控制"的指导思想。

4)施工质量验收统一标准、规范体系编制的依据及其相互关系

编制的依据主要是《中华人民共和国建筑法》《建设工程质量管理条例》《建筑结构可靠度设计统一标准》(GB 50068—2001)及其他有关设计规范等。验收统一标准及专业验收规范体系的落实和执行,还需要有关标准的支持,包括:施工工艺标准——工艺标准、操作标准(企业标准)、工作标准(管理标准);检测方法标准——基本试验方法标准、现场检测方法标准;评优标准——建筑优良工程评优标准。

2. 建筑工程施工质量验收的术语和基本规定

1)施工质量验收的有关术语

验收:建筑工程在承包单位自行质量检查评定的基础上,参与建设活动的有关单位共同对检验批、分项、分部、单位工程的质量进行抽样复验,根据相关标准以书面形式对工程质量达到合格与否做出确认。

检验批:按同一生产条件或按规定的方式汇总起来供检验用的、由一定数量样本组成的检验体,检验批是施工质量验收的最小单位,是分项工程乃至整个建筑工程质量验收的基础。

主控项目:建筑工程中的对安全、卫生、环境保护和公共利益起决定性作用的检验项目。

一般项目:除主控项目以外的项目都是一般项目。

观感质量:通过观察和必要的量测所反映的工程外在质量。

返修:对工程不符合标准规定的部位采取整修等措施。

返工:对不合格的工程部位采取重新制作、重新施工等措施。

2)施工质量验收的基本规定

施工现场质量管理应有相应的施工技术标准、健全的质量管理体系、施工质量检验制度和综合施工质量水平评价考核制度,并做好施工现场质量管理检查记录。

"施工现场质量管理检查记录"使用《建筑工程施工质量验收统一标准》(GB 50300—2013)中的表 C1-1。由承包单位填写,总监理工程师(建设单位项目负责人)进行检查,并做出检查结论。

建筑工程施工质量应按下列要求进行验收：建筑工程施工质量应符合建筑工程施工质量验收统一标准和相关专业验收规范的规定；建筑工程施工应符合工程勘察、设计文件的要求；参加工程施工质量验收的各方人员应具备规定的资格；工程质量的验收应在承包单位自行检查评定的基础上进行；隐蔽工程在隐蔽前应由承包单位通知有关方进行验收，并应形成验收文件；涉及结构安全的试块、试件及有关材料，应按规定进行见证取样检测；检验批的质量应按主控项目和一般项目验收；对涉及结构安全和使用功能的分部工程应进行抽样检测；承担见证取样检测及有关结构安全检测的单位应具有相应资质；工程观感质量应由验收人员通过现场检查，并应共同确认。

3. 建筑工程施工质量验收层次的划分

1）划分的目的

建筑工程施工质量验收涉及建筑工程施工过程控制和竣工验收控制两个环节，合理划分建筑工程施工质量验收层次是十分必要的，特别是不同专业工程的验收批次如何确定，将直接影响到质量验收工作的科学性、经济性和实用性、可操作性。因此，有必要建立统一的工程施工质量验收的层次划分。

2）划分的层次

由于现代工程建设规模不断扩大，技术复杂程度越来越高，一项单位工程可能使已建成的部分提前投入使用或先将其中部分提前建成使用，再加上对规模特别大的工程一次验收也不方便等，因此标准规定，可将此类工程划分为若干个子单位工程进行验收。同时，考虑到建筑物内部设施也越来越多样化，按建筑物的主要部位和专业来划分分部工程已不适应当前要求，因此在分部工程中，按相近工作内容和系统划分为若干个子分部工程，每个分部工程中包括若干个分项工程，每个分项工程包含着若干个检验批，检验批是工程施工质量验收的最小单位。

3）单位工程的划分原则

（1）具备独立施工条件并能形成独立使用功能的建筑物及构筑物。如一所学校中的一幢教学楼。

（2）规模较大的单位工程，可将其能形成独立使用功能的一部分划分为一个子单位工程。子单位工程的划分一般可根据工程的建筑设计分区、使用功能的显著差异、结构缝的设置等实际情况。

（3）室外工程可根据专业类别和工程规模划分。

4）分部工程的划分原则

分部工程划分应按专业性质、建筑部位确定。如建筑工程划分为地基与基础、主体结构、建筑装饰、建筑屋面、建筑给水排水及采暖、建筑电气、智能建筑、通风与空调、电梯等九个分部工程。

当分部工程较大或较复杂时，可按施工程序、专业系统及类别划分为若干个分部工程。

5）分项工程的划分原则

分项工程应按主要工种、材料、施工工艺、设备类别等进行划分。如混凝土结构工程中按主要工种分为模板工程、钢筋工程、混凝土工程等分项工程；按施工工艺又分为预应力结构、现浇结构、装配式结构等分项工程。

建筑工程的分部(子分部)工程、分项工程的具体划分可见《建筑工程施工质量验收统一标准》(GB 50300—2013)。

6)检验批的划分原则

分项工程可由一个或若干个检验批组成,检验批可根据施工及质量控制和专业验收需要,按楼层、施工段、变形缝等进行划分。

4. 建筑工程施工质量验收

1)检验批的质量验收

(1)检验批质量合格规定。主控项目、一般项目的质量经抽样检验合格,具有完整的施工操作依据、质量检查记录。

(2)检验批按规定验收。资料完整性检查,各专业主控项目和一般项目的合格验收。

(3)检验批的抽样方案。合理的抽样方案的制定对检验批的质量验收有十分重要的影响。

(4)检验批的质量验收记录。由施工项目专业质量检查员填写,专业监理工程师(建设单位专业技术负责人)组织项目专业质量检查员进行验收。

2)分项工程质量验收

分项工程的验收在检验批的基础上进行。一般情况下,两者具有相同或相近的性质,只是批量的大小不同而已。因此,将有关的检验批汇集构成分项工程。分项工程合格质量的条件比较简单,只要构成分项工程的检验批的验收资料文件完整,并且已验收合格,则分项工程验收合格。

分项工程质量应由专业监理工程师(建设单位项目专业技术负责人)组织项目专业技术负责人等进行验收,并填写分项工程质量验收记录。

3)分部(子部分)工程质量验收

分部(子分部)工程质量验收合格应符合以下规定:分部(子分部)工程所含分项工程的质量均应验收合格;质量控制资料应完整;地基与基础、主体结构和设备安装等分部工程有关安全及功能的检验和抽样检测结果符合有关规定;观感质量验收符合要求。

由于各分项工程的性质不尽相同,因此作为分部工程尚需增加两类检查:涉及安全和使用功能的地基基础、主体结构、安装分部工程,应进行有关见证取样送检试验或抽样检测。关于观感质量验收,只能以观察、触摸或简单量测方式进行,并由个人的主观印象判断,检查评价的结论为“好”“一般”和“差”三种,对于“差”的检查点应通过返修处理等进行补救。

分部(子分部)工程质量应由总监理工程师(建设单位项目专业技术负责人)和有关勘察、设计单位项目负责人进行验收,并填写分部(子分部)工程验收记录。

4)单位(子单位)工程质量验收

单位(子单位)工程质量验收合格应符合下列规定:单位(子单位)工程所含分部(子分部)工程的质量应验收合格;质量控制资料应完整;单位(子单位)工程所含分部工程有关安全和功能的检测资料应完整;主要功能项目的抽查结果符合相关专业质量验收规范的规定;观感质量验收符合要求。

单位工程质量验收也称质量竣工验收,是建筑工程投入使用前的最后一次验收,也是最重要的一次验收。验收条件除上述要求外,还应进行以下三方面的检查:

(1)涉及安全和使用功能的分部工程应进行检验资料的复查。不仅要全面检查其完整性(不得有漏检缺项),而且对分部工程验收时补充进行的见证抽样检验报告也要复核。这体现了对安全和主要使用功能的重视。

(2)对主要使用功能还必须进行抽查。这是对建筑工程和设备安装工程最终质量的综合检查,也是用户最为关心的内容。抽查项目是在检查资料文件的基础上由参加验收的各方人员商定,并用计量、计数的抽样方法确定检查部位。检查要求按有关专业工程施工质量验收标准的要求进行。

(3)单位(子单位)工程质量竣工验收记录。“单位(子单位)工程质量竣工验收记录”是单位工程质量验收的汇总表,本表由承包单位填写,验收结论由监理(建设)单位填写。综合验收结论由参加验收的各方共同商定,建设单位填写,应对工程质量是否符合设计和规范要求及总体质量水平做出评价。其他用于单位(子单位)工程竣工验收的记录格式还有“单位(子单位)工程质量控制资料核查记录”“单位(子单位)工程观感质量检查记录”等。

5)工程施工质量不符合要求时的处理

一般情况下,不合格现象在检验批的验收时就应发现并及时处理,所有质量隐患必须消灭在萌芽状态,否则将影响后续检验批和相关的分项工程、分部工程的验收。但非正常情况可按下列规定进行处理:

经返工重做或更换器具、设备的检验批,应重新验收。

经有资质的检测单位鉴定达到设计要求的检测批,予以验收,虽然个别检验批发现试块强度等有个别不满足要求的问题。

经有资质的检测单位鉴定达不到设计要求,但经原设计单位核算认为可以满足结构安全和使用功能的检验批,可予以验收。

经返修或加固的分项工程、分部工程。虽然改变外形尺寸但仍能满足安全使用要求,可按技术处理方案和协商文件进行验收。

通过返修或加固仍不能满足安全使用要求的分部工程、单位(子单位)工程,严禁验收。

6)建筑工程施工质量验收的程序和组织

(1)检验批及分项工程的验收程序与组织。检验批由专业监理工程师组织承包单位专业质量检验员等进行验收;分项工程由专业监理工程师组织承包单位专业技术负责人等进行验收。

(2)分部工程的验收程序与组织。分部工程应由总监理工程师(建设单位项目负责人)组织承包单位项目负责人和项目技术、质量负责人等进行验收,与地基基础、主体结构分部工程相关的勘察、设计单位工程项目负责人和承包单位技术、质量部门负责人也应参加相关分部工程验收。

(3)单位(子单位)工程的验收程序与组织。单位工程达到竣工验收条件后,承包单位应在自查、自评工作完成后,填写“工程竣工报验单”,并将全部竣工资料报送项目监理机构,申请竣工验收。总监理工程师应组织各专业监理工程师对竣工资料及各专业工程的质量情况进行全面检查,对查出的问题,应督促承包单位及时整改,对需要进行功能试验的项目(包括单机试车和无负荷试车),监理工程师应督促承包单位及时进行试验,并对重要项目进行监督、检查,必要时请建设单位和设计单位参加。监理工程师应认真审查试验报告并督促承包单位搞好成品保护和现场清理。

经项目监理机构对竣工资料及实物全面检查、验收合格后,由总监理工程师签署"工程竣工报验单",并向建设单位提出质量评估报告。

(4)正式验收。建设单位收到工程验收报告后,由建设单位(项目)负责人组织承包单位(含分包单位)、设计、监理等单位(项目)负责人进行单位(子单位)工程验收。建设工程竣工验收应当具备的条件:有完整的技术档案和施工管理资料;有工程使用的主要建筑材料、建筑构配件和设备的进场试验报告;有勘察、设计、施工、工程监理等单位分别签署的质量合格文件;有施工单位签署的工程保修书。

单位工程有分包单位施工的,分包单位对所承包的工程项目应按规定的程序检查评定,总包单位应派人参加。分包工程完成后,应将工程有关资料交总包单位。

由几个承包单位负责施工的单位工程,当其中的承包单位所负责的子单位已按设计完成,并经自行检验后,也可组织正式验收,办理交工手续。在整个单位工程进行全部验收时,已验收的子单位工程验收资料应作为单位工程验收的附件。

参加验收各方对工程质量检验意见不一致时,可请当地建设行政主管部门或工程质量监督部门协调处理。

(5)单位工程竣工验收备案。单位工程质量检验合格后,建设单位在规定的时间内将工程竣工验收报告和有关文件报建设行政管理部门备案。

五、工程质量问题与质量事故处理

(一)概述

根据国际标准化组织(ISO)和我国有关质量、质量管理和质量保证标准的定义,凡工程产品质量没有满足某个规定的要求,就称之为质量不合格。

凡是工程质量不合格,必须进行返修、加固或报废处理。由此造成直接经济损失低于5 000元的称为质量问题(质量缺陷),直接经济损失在5 000元(含5 000元)以上的称为工程质量事故。

国家现行对工程质量事故通常按造成的损失严重程度进行分类:

一般质量事故,直接经济损失5 000(含5 000)元以上,5万元以下。

较大质量事故,直接经济损失5万元(含5万元)以上,10万元以下;重伤2人以下。

重大质量事故,直接经济损失10万元(含10万元)以上;死人或重伤3人以下。

监理工程师要学会区分工程质量不合格、质量问题和质量事故。应准确判定工程质量不合格、正确处理工程质量不合格和工程质量问题。了解工程质量事故处理的程序,在工程质量事故处理过程中如何正确对待有关各方,掌握工程质量事故处理方案、确定基本处理方法和处理结果的鉴定验收程序。

监理工作中质量控制重点之一是加强质量风险分析,及早制定对策和措施,重视工程质量事故的防范和处理,避免已发生的质量问题和质量事故进一步恶化和扩大。

(二)工程质量问题及处理

1.工程质量问题的成因

1)常见问题的成因

(1)违反建设程序。建设程序是工程项目建设过程及其客观规律的反映,不按建设程序办理,例如未搞清地质情况就仓促开工,边设计、边施工,无图施工等,常常是导致工程质量问题的重要原因。

(2)违反法规行为。例如无证设计,无证施工,超等级设计,超等级施工,违反法规分包、挂靠,擅自修改设计等。

(3)地质勘察失真。未认真进行地质勘察或勘探时钻孔深度、间距、范围不符合规定要求,地质勘察报告不详细、不准确,不能全面反映实际的地基情况,勘察结论有错误等,导致错误的基础设计方案,引发工程质量问题。

(4)设计差错。例如盲目套用图纸、采用不正确的结构方案、结构计算错误等,都是引发工程质量问题的原因。

(5)施工管理不到位。不按图施工;未经设计单位同意擅自修改设计;施工组织管理混乱;不熟悉图纸,盲目施工;施工方案考虑不周,施工顺序颠倒;违章作业;疏于检查、验收等,均可能导致质量问题。

(6)使用不合格的原材料、制品及设备。例如使用不合格的钢筋、水泥和砂石料;混凝土的强度不足;预制构件截面尺寸不足,支承锚固长度不足,未可靠地建立预应力值等;以及变配电设备质量缺陷导致自燃或火灾;电梯质量不合格危及人身安全等,均可造成工程质量问题。

(7)自然环境因素。空气温度、湿度、暴雨、大风、洪水、雷电、地震、日晒和浪潮等均可能成为工程质量问题的诱因。

(8)使用不当。对建筑物或设施使用不当也易造成质量问题。例如:任意拆除承重结构部位,任意在结构物上开槽、打洞、削弱承重结构截面,未经校核验算就任意对建筑物加层等也会引起工程质量问题。

2)成因分析

由于影响工程质量的因素众多,要分析究竟是哪种原因引起的,必须对质量问题的特征表现,以及其在施工中和使用中所处的实际情况及条件进行具体的分析。分析的基本步骤可概括如下:

(1)进行细致的现场调查研究,观察记录全部情况,充分了解与掌握引发质量问题的现象和特征。

(2)收集调查与质量问题有关的全部设计和施工资料,分析摸清工程在施工或使用过程中所处的环境及面临的各种条件和情况。

(3)找出可能产生质量问题的所有因素。

(4)分析、比较和判断,找出最可能造成质量问题的原因。

(5)进行必要的计算分析或模拟试验予以证实确认。

2. 工程质量问题事故的处理

监理工程师对施工中出现的细小的质量问题,应尽可能在日常巡视、旁站监理和隐检、预检、分项及分部工程验收过程中及时解决。

1)质量问题

对于一般可以通过返工、返修的工程质量缺陷,应责成承包单位先写出质量问题报告,说明情况并提出处理意见,经过专业监理工程师核实和研究,必要时要经过建设单位、设计单位认可,确定处理方案,批复承包单位处理,处理后重新验收。

2)一般质量事故

一般质量事故是指工程质量缺陷严重,需要返工处理或加固补强,总监理工程师应责令承包单位报送质量事故调查报告和经过设计单位等相关单位认可的处理方案,经项目监理机构审查核准后交承包单位执行。项目监理机构应对质量事故的处理过程和处理结果进行跟踪检查验收。

3)重大工程事故

工程事故是指工程施工中发生意外情况,如工程结构倒塌、设施严重破损、发生人员伤亡等,对人身、财产、环境造成严重损害。一般可分为较大工程事故及重大工程事故两类。事故发生后,承包单位应立即向项目监理机构提出书面报告,项目监理机构应立即报告当地政府的劳动、公安保卫、检察、环保和建设行政等主管部门以及设计单位。工程质量事故调查组组织有关各方对事故进行调查,查明事故发生原因及损失情况,提出处理方案,经有关主管部门批准后执行。项目监理机构应配合调查组执行其指示。项目监理机构可协助建设单位进行财产损失的评估与处理,但对人员伤亡的处理,原则上不宜介入。

当发生质量事故或重大工程事故时,总监理工程师可根据质量事故及重大工程事故的实际情况,如情况严重需部分或全部停工时,可按“工程暂停及复工的管理”处理。

(三)工程质量事故的成因及特点

工程质量事故是较严重的工程质量问题,其成因与工程质量问题基本相同。

工程质量事故具有复杂性、严重性、可变性和多发性的特点。

1. 复杂性

建筑工程与一般工业相比具有产品固定,生产流动;产品多样、结构类型不一;露天作业多、自然条件复杂多变;多种材料、多工种、多专业交叉施工,相互干扰大;施工方法各异,技术标准不一等特点。因此,造成工程质量的原因极为复杂,即使是同一类质量事故,其产生的原因和处理方案也不会相同,这构成了质量事故的复杂性。

2. 严重性

工程项目一旦出现质量事故,其影响较大。轻者影响施工顺利进行、拖延工期、增加工程费用,重者则会留下隐患成为危险建筑,影响使用功能或不能使用,更严重的还会引起建筑物的失稳、倒塌,造成人民生命、财产损失的严重后果。

3. 可变性

许多工程发生质量事故后,其质量状态并非稳定于发现时的初始状态,而是有可能随着时间而不断地发展、变化。例如,建筑物基础的沉降就是随着荷载的增加而不断下沉,所以在分析和处理工程质量事故时,一定要考虑质量事故的可变性。

4. 多发性

建筑工程中的质量事故，往往在一些工程部位中经常发生，例如悬挑梁板断裂、雨篷塌覆、钢屋架失稳等。因此，总结经验，吸取教训，采取有效措施予以预防是十分必要的。

（四）工程质量事故处理的依据

工程质量事故处理的主要依据有四个方面：质量事故的实况资料，具有法律效力的、得到有关当事各方认可的工程承包合同、设计委托合同、材料设备购销合同以及委托监理合同等合同文件，有关的技术文件、档案和相关的建设法规。在以上四方面依据中，前三种是与特定的工程项目密切相关的具有特定性质的依据。而第四种法规性依据是具有很高权威性、约束性、通用性和普遍性的依据，因而在工程质量事故的处理事务中，也具有极其重要的作用。

1. 质量事故的实况资料

1）承包单位的质量事故调查报告

质量事故发生后，承包单位有责任就所发生的质量事故进行周密的调查、研究，掌握情况，并在此基础上写出调查报告，提交给项目监理机构及建设单位。其内容应包括：质量事故发生的时间、地点；事故状况的简要概述，例如发生的事故类型（如混凝土裂缝、砌筑砖墙裂缝）、发生的部位（如楼层、梁、柱及其所在的具体位置）、分布状态及范围、严重程度（如裂缝长度、宽度、深度等）；质量事故发展变化的情况（其范围是否继续扩大，状态是否已经稳定等）；有关质量事故的观测记录、事故现场状态的照片或录像。

2）监理单位调查研究所获得的第一手资料

监理单位调查研究所获得的第一手资料的内容大致与承包单位调查报告中有关内容相似，可用来与承包单位所提供的情况对照、核实。

2. 有关合同及合同文件

（1）所涉及的合同文件可以是：工程承包合同、委托设计合同、设备与器材购销合同、委托监理合同等。

（2）有关合同和合同文件在处理质量事故中的作用：确定在施工过程中有关各方是否按照合同有关条款实施其活动，借以探寻产生质量事故的可能原因。此外，有关合同文件还是界定质量责任的重要依据。

3. 有关的技术文件和档案

1）有关的设计文件

如施工图纸和技术说明等，是施工的重要依据。在处理质量事故中，一方面可以对照设计文件核查施工质量是否完全符合设计的规定和要求，另一方面可以根据所发生的质量事故情况，核查设计是否存在问题或缺陷，是否是导致质量事故的一种原因。

2）与施工有关的技术文件、档案和资料

项目管理实施规划（施工组织设计、施工方案）；施工记录、施工日志等；有关建筑材料的质量证明材料；现场制备材料的质量证明资料；质量事故发生后，对事故状态的观测记录，试验记录或试验报告等；其他有关资料。

4. 相关的建设法规

1998年3月1日实施的《中华人民共和国建筑法》，为加强建设活动的监督管理、维护市场秩序、保护建筑工程质量提供了法律保障。这部工程建设和建筑业大法的实施，标志着我国工程建设和建筑业进入了法制管理的新时期。与工程质量及质量事故处理有关的建设法规有以下几类：

（1）设计、施工、监理等单位资质管理方面的法规。建设部于2001年发布的《建筑工程勘察设计企业资质管理规定》《建筑企业资质管理规定》和《工程监理企业资质管理规定》等。

（2）从业者资质管理方法的法规。1998年建设部、人事部颁发的《监理工程师考试和注册试行办法》等。

（3）建筑市场方面的法规。1999年1月1日施行的《中华人民共和国合同法》和于2000年1月1日施行的《中华人民共和国招标投标法》。2001年建设部与国家工商行政管理局共同发布的《建设工程勘察合同》《建设工程设计合同》《建设工程施工合同》和《建设工程委托监理合同》等示范文本。

（4）建筑施工方面的法规。以《建筑法》为基础，国务院于2000年颁布了《建设工程质量管理条例》，于2003年颁布了《建筑工程安全管理条例》。

（5）关于标准化管理方面的法规。国家质量技术监督局于2001年发布的国家标准《质量管理体系标准》（GB/T 19000、19001、19004—2000）等。

六、施工阶段项目监理机构质量控制

（一）工程质量控制原则

（1）以施工图纸、施工及验收技术规范、规章、质量验评标准等为依据，督促承包单位全面实现施工合同约定的工程质量标准。

（2）主动对工程项目施工的全过程实施质量控制，并以预控（预防）为重点。

（3）对工程的人、机、料、法、环（4M1E）等因素进行全面的质量监控，督促承包单位的质量保证体系落实到位，并正常发挥作用。

（4）要求承包单位严格执行材料试验、设备检验及施工试验等制度，对承包单位的实验室进行考核与批准。

（5）严格要求承包单位执行预检、隐检、分项及分部（子分部）工程的验收制度。

（6）坚持不合格的建筑材料、建筑构配件及设备不得用于工程。

（7）坚持本道工序未验收或质量不合格，不得进入下道工序。

（8）施工过程中严格监督承包单位执行已被批准的项目管理规划（施工组织设计、施工专项方案等），如需要调整、补充或变动时，应报项目监理机构审查审批。

（9）以工序质量保证分项（检验批）工程质量，以分项工程质量保证分部工程质量，以分部工程质量保证单位工程质量。

（10）工程质量是工程项目监理工作的核心，监理工程师应以自己的工作质量保证工程质量。

（二）工程质量控制方式

（1）按照项目监理规划及监理实施细则的规定，对施工全过程进行全面监控，及时纠正违规操作，清除质量隐患，跟踪质量问题，验证纠正效果。

(2)采用经常的巡视、检查、观察、测量和平行检验等手段,以验证施工质量。

(3)对关键部位和重要工序的施工过程进行旁站监理。

(4)严格执行现场见证取样和送检制度。

(5)对不合格的分包单位和不称职的承包单位人员建议予以撤换。

(6)监理人员发现重大工程质量事故或重大质量隐患时,应要求承包单位立即整改,必要时可下达工程暂停工令。

(三)事前控制

在施工准备阶段,监理人员应熟悉和掌握工程质量控制的依据与方式方法,并对承包人的施工准备工作进行全面的检查及控制。

1. 检查承包单位项目经理部组织机构和质量管理制度

落实项目经理部的机构设置、人员配备、职责分工情况;查验各级管理人员和专业操作人员的持证上岗情况;督促各级质量检查人员的配备及上岗情况;检查质量管理制度是否完备健全。对不符合要求的人员,监理人员有权要求撤换。有分包单位的还应审查分包单位资质及人员。

2. 审查施工方案、方法和工艺

审查承包人提交的施工组织设计或施工计划,以及施工质量保证措施。主要审查组织体系及质量保证体系是否健全;施工总体布置是否符合规定,是否能保证施工顺利进行,是否有利于保证质量,是否满足施工导流及防洪要求;审核基础工程、主体工程、设备安装工程的施工组织设计措施,是否具有针对性及可靠性,是否有预防措施,能否保证工程质量;审核施工单位提交的施工计划及施工方案、施工程序、施工方法是否合理可行,施工机械设备及人员配备与组织能否满足质量及进度的需要等。施工组织设计和专项施工方案经项目监理机构批准后监督执行。

3. 对原材料、构配件、半成品、设备器材等的质量控制

凡运到施工现场的原材料、构配件、半成品、设备器材,应有产品出厂合格证及技术说明书,施工单位应按规定及时进行检查、验收,向监理人员提交检验或试验报告,经监理人员审查并确认合格后,方准进场。对于大型设备应由厂方进行组装、调整和试验,经其自检合格后,再由项目法人复检,复检合格后方予以验收。对于进口产品,应会同国家商检部门进行。

4. 工程定位及标高基准控制

工程施工测量放线是工程建设由设计转化为实物的第一步,施工测量质量的好坏直接影响工程的最终质量及相关工序的质量。因而监理人员应要求承包人,对于给定的原基准点、基准线和参考高程控制点进行复核,经审核批准后承包人方能据以进行准确的测量放线。

5. 组织设计交底与图纸会审

设计图纸是监理单位和施工单位进行质量控制的重要依据。为使施工单位尽快熟悉图纸,同时也为了在施工前及时发现和减少图纸的错误,开工前,建设单位应组织设计单位、施工单位和监理单位进行设计交底与图纸会审。

6. 审查与核准工程试验条件

严格审查与核准承包单位的工地实验室、见证取样送检实验室，考察其资格等级证书，试验范围，试验设备的规格、型号、精度、性能，法定计量管理部门对试验设备出具的计量检定证明，管理制度，人员资格证书等，确认该实验室能满足本项目各项试验的要求，并建立定期或不定期的考核制度。见证取样送检实验室必须与承包单位无隶属关系。

7. 做好施工场地及道路条件的保证

为保证施工单位能尽早进入施工现场，监理工程师协调项目法人按照施工单位施工的需要，及时提供所需的场地和施工通道以及水、电供应等条件，以保证及时正常开工。

8. 监理工地例会

承包单位和项目监理机构进场后，工程开工前，总监理工程师主持第一次监理工地例会，建设单位、监理单位、承包单位相关人员参会，监理机构记录。第一次监理工地会议也是事前控制措施之一。

9. 其他措施

主动与当地政府建设工程或行业质量监督部门联系，以取得其指导与支持；要求承包单位编制成品保护方案，审核批准后监督执行等。

(四)事中控制

对施工过程的质量监控，必须以工序质量控制为基础和核心。工序是人员、材料、机械设备、施工方法和环境等因素对工程质量综合作用的过程，落实在各项工序的质量监控上，便是设置质量控制点，严格质量监控。

(1)制定现场巡视检查制度。专业监理工程师及监理员应对施工现场进行有目的的巡视检查，发现问题时先口头通知承包单位及时改正，必要时再发书面通知，并要求承包单位将整改结果书面回复，监理人员进行复查。

(2)严格工程验收程序，核查工程预检、隐检及分项(检验批)、分部工程验收。

(3)严格执行工程变更、工程洽商制度。施工过程中，勘察设计的原因，或外界自然条件的变化、施工现场的新情况，以及施工工艺方面的限制、建设单位要求的改变等，均会涉及工程变更，做好工程变更的控制工作，也是作业过程质量控制的一项重要内容。

(4)加强对施工现场的材料、构配件、设备质量的监理抽查，施工质量的监理抽检工作。

(5)加强见证取样送检工作的监控。见证取样是指对工程项目使用的材料、半成品、构配件的现场取样、工序活动效果的检查实施见证。监理人员应做好取样和送检记录。

(6)定期召开监理例会或工程质量专题会议，研究和改进工程质量。

(7)定期检查承包单位的作业技术交底的记录，参与承包单位对关键部位或技术难度大、施工复杂的检验批、分项工程的技术交底。

(8)针对工程的定位、轴线、标高、预留孔洞的位置和尺寸，混凝土的配合比等进行技术复核工作。

(9)督促承包单位建立真实、齐备、完整的工程资料，并要求与工程进度同步。

(10)对不称职的施工管理员、不合格的分包单位，坚决要求承包单位予以撤换。

(11)发生工程质量问题和质量事故应及时处理。

(12)必要时,总监理工程师可向承包单位下达“工程暂停令”。无论部分还是全部暂停施工前,都应征得建设单位同意。

(五)事后控制

对施工过程中已完成的产品质量的控制,是以工程验收和工程质量评定为中心进行的。

(1)对施工过程中出现的质量问题、质量事故,监理工程师要求承包单位分析原因,并提出整改要求。

(2)单位工程(子单位、群体工程、小区)全部施工完成达到竣工交验条件时,总监理工程师组织各专业监理工程师、监理员对各项专业工程的质量情况、使用功能及竣工技术资料进行全面检查,将发现影响竣工交验的问题向承包单位提出整改要求。

(3)需要进行功能试验(包括无负荷试车)时,监理工程师应督促承包单位及时进行试验。监理工程师应认真审核试验报告,对重要的试验项目,监理工程师应亲自在现场监督,必要时邀请建设、设计、设备制造单位参加。

(4)以上工作完成后,经验收合格,总监理工程师可组织竣工初验(预验收),建设单位组织正式验收。

七、工程质量保修期监理工作

(一)工程质量保修期工作概述

(1)委托监理合同中注明的监理工作范围包括工程质量保修期时,总监理工程师应负责工程质量保修期的监理工作。

(2)承包单位应按照有关法律、法规及国家关于工程质量保修的有关规定,对交付给建设单位的工程在质量保修期内承担保修责任。

(二)工程质量保修期的监理工作内容

(1)工程竣工验收之前,总监理工程师应协助建设单位与承包单位签订“工程质量保修书”。

(2)总监理工程师审批承包单位提交的工程质量保修期工作计划,并监督执行。

(3)总监理工程师定期指派监理工程师对建设单位进行回访,听取意见和要求,建立回访记录。

(4)总监理工程师对建设单位提出的工程质量缺陷进行检查记录,并分清责任;对承包单位进行修复的工程质量进行验收,合格者予以签认,并签发“保修完成证书”。

(5)对非承包单位原因造成的工程缺陷,如委托承包单位进行修复,监理人员应核实修复工程的费用和签署支付证明,报建设单位支付。

(6)保修期结束,总监理工程师协助建设单位确定保修工作完成情况,协助建设单位按照“工程质量保修书”的规定结算工程质量保修保留金(保证金)。

(7)总监理工程师组织监理工程师及时整理好工程质量保修期各项记录,作为监理资料存档,并编写工作总结报送建设单位。

任务3 建设工程资金控制

一、建设工程项目投资控制概述

(一)建设工程项目投资控制的概念

工程建设项目的“工程价款”控制,站在建设单位的角度,称为工程建设投资控制;站在承包单位的角度,称为工程建设成本控制。

《建设工程监理规范》(GB/T 50319—2013)中对建设工程项目的投资控制,称为“工程造价控制”;《水利工程施工监理规范》(SL 288—2014)中对建设工程项目的投资控制,称为“工程资金控制”。

目前,我国建设工程监理主要是在施工阶段,为了便于阐述、体现为业主服务和人们的惯性思维,在本任务的一、二、三知识点中,将其称为工程项目投资控制;在本任务四、五的施工阶段知识点中,采用水利工程施工监理规范的规定,称其为工程项目资金控制。

建设工程项目投资(资金)控制,指在建设工程项目的投资决策阶段、设计阶段、施工阶段以及竣工阶段,把建设工程投资控制在批准的投资限额以内,随时纠正发生的偏差,以保证项目投资管理目标的实现,以求在建设工程中合理使用人力、物力、财力,取得较好的投资效益和社会效益。

建设工程投资由设备工器具购置费、建设工程安装费及工程建设其他费用三部分组成。工程项目投资在满足工程进度、工程质量和安全等要求的前提下,应该是越少越好。

(二)投资控制的动态原理

监理工程师在工程项目的施工阶段进行投资控制的基本原理是把计划投资额作为投资控制的目标值,在施工过程中,定期进行投资实际值与目标值的比较,通过比较发现并找出实际支出额和投资目标值之间的偏差,然后分析产生偏差的原因,采取有效措施加以控制,以确保投资控制目标的实现。这种控制贯穿于项目建设的全过程,是动态的控制过程。

(三)投资控制的目标设置

建设项目投资的有效控制是工程建设管理中的重要任务之一。控制必须有目标,确定目标要有科学依据和实现可能性才能激发执行者努力去实现。为了更科学更合理地设置投资控制目标,应随工程项目建设实践不断深入而设置不同阶段、不同深度的投资控制目标。具体来说:投资估算是建设工程设计方案选择和进行初步设计的投资控制目标;设计概算是进行技术设计和施工图设计的投资控制目标;施工图预算或建安工程承包合同价则是施工阶段投资控制目标。各阶段投资控制目标是有机联系、相互制约、相互补充的,前者控制后者,后者补充前者。它们共同组成既有先进性又有实现可能性的建设工程投资控制目标系统。

(四)工程投资控制措施

经验证明,有效地控制建设工程的投资,应从组织、技术、经济、合同管理和信息管理多方面采取措施。

(1)组织措施:主要包括建立投资控制管理机构,明确投资控制人员的任务、职责及管理职能分工。

(2)技术措施:重视设计多方案选择,严格审查监督初步设计、技术设计、施工图设计、施工组织设计,深入到技术领域中研究节约投资的可能性。

(3)经济措施:编制资金使用计划,动态地比较投资的计划值与实际支出值,发现偏差,及时采取纠偏措施。严格执行投资费用支出,采取节约投资的各项措施等。

(4)合同管理和信息管理:做好工程施工记录,收集整理工程资料;严格控制合同变更,对各方提出的工程变更和设计变更要进行严格审查,加强索赔管理,公正地处理索赔等。

总之,要有效地控制工程项目投资,应从组织、技术、经济、合同管理与信息管理等方面采取措施,但技术与经济相结合是控制项目投资最有效的手段。要力求在技术先进条件下的经济合理,在经济合理基础上的技术先进,把主动控制工程项目投资观念渗透到各阶段中。

(五)工程投资控制的作用

(1)确保资金的合理使用,达到满意的投资效益。对工程建设项目实行投资控制,可以在管理上改善投资环境,实现对投资的有效监督,以确保资金合理有效的使用,达到满意的投资效益。

(2)促进施工企业内部管理体制改革,提高劳动生产率。实行投资控制可以有效地促进施工企业内部管理体制的变革,只有不断完善和提高管理水平、提高劳动生产率、加快进度、提高质量,才能降低成本,有利竞争。

(3)促进市场竞争和企业自身建设。实行投资控制,可以促进市场竞争合理有序的进行,促使参与市场竞争的企业加强自身建设,以好的质量、合理的价格占有市场。

(4)兼顾国家、集体、个人利益,克服不正之风。实行投资控制,辅以一定程度的奖罚制度,能充分调动参与工程建设的管理者、劳动者的积极性,使国家、集体、个人利益合理兼顾,在一定程度上还能克服不正之风的发生。

(5)促进我国工程建设技术人才知识结构的变化。投资控制可造就一批既懂专业技术,又懂经济和管理的高级人才,由他们组成智囊团(如咨询顾问公司),利用他们的专业知识和管理特长,帮助投资者进行项目的决策、计划、组织、控制和实施,往往能使投资者避免盲目投资、获得丰厚的利润。国外许多工程实践已经证明,这是一条成功有效的途径。这必将促进我国工程建设技术人才知识结构的重大变化,也必将造就一批高素质的专业人才。这是我国建设过程中监理向更高层次发展的必然趋势。

二、建设工程项目投资构成

(一)我国现行建设工程投资构成

我国现行建设工程投资构成见图2-1。

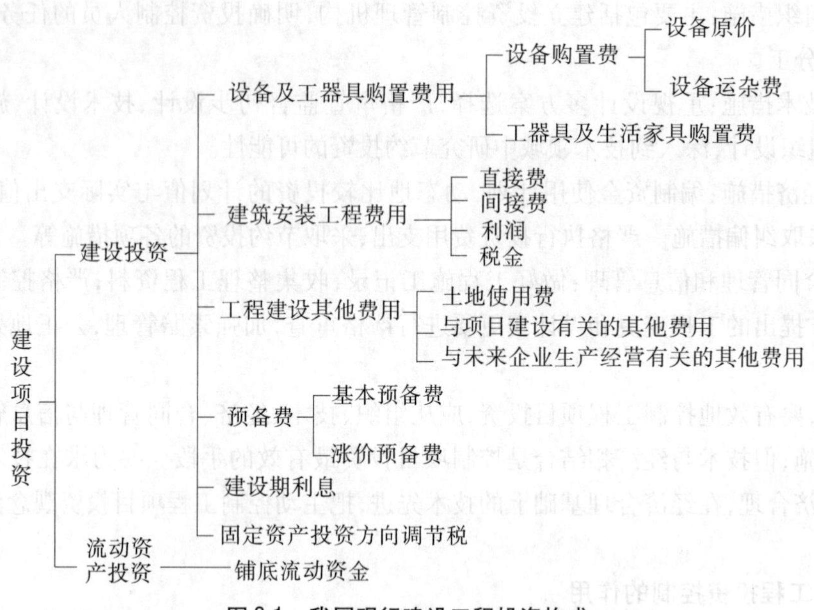

图 2-1 我国现行建设工程投资构成

(二)设备、工器具购置费用的构成

1. 设备购置费用的构成和计算

设备购置费是指为建设工程购置或制造的达到固定资产标准的设备、工具和器具费用。所谓固定资产,是指使用年限在一年以上,单价在国家或主管部门规定的限额以上的设备、工具和器具。其一般计算公式为:

设备购置费 = 设备原价或进口设备抵岸价 + 设备运杂费

式中的设备原价是指国产设备、非标准设备的原价;设备运杂费指设备中未包括的包装和包装材料费、运输费、装卸费、采购费,以及仓库保管费、供销部门手续费等。

2. 工器具及生产家具购置费的构成和计算

工器具及生产家具购置费是指新建项目或扩建项目初步设计规定所必须购置的不够固定资产标准的设备、仪器、工卡器具、器具、生产家具和备品备件费用。其一般计算公式为:

工器具及生产家具购置费 = 设备购置费 × 定额费率

(三)建筑安装工程费用的构成

1. 建筑安装工程直接工程费

建筑安装直接工程费由直接费、其他直接费和现场经费组成。

1)直接费

直接费是指施工过程中耗费的构成工程实体和有助于工程形成的各项费用,它包括人工费、材料费和施工机械使用费。

2)其他直接费

其他直接费是指直接费以外的施工过程中发生的其他费用,如冬、雨期施工增加费,材料二次搬运费,检验试验费等。同直接费相比有较大的弹性,就具体单位工程来讲,可能发生，也可能不发生。

其他直接费＝土建工程的直接费或安装工程的人工费×其他直接费率

3）现场经费

现场经费是为施工准备、组织施工生产和管理所需的费用，包括临时设施费和现场管理费两方面的内容。

现场经费＝土建工程的直接费或安装工程的人工费×现场经费费率

2.建筑安装工程间接费

建筑安装工程间接费是指虽不直接由施工的工艺过程所引起，却与工程的总体条件有关的建筑安装企业为组织施工和进行经营管理以及间接为建筑安装生产服务的各项费用。

1）间接费的组成内容

企业管理费：是指施工企业为组织施工生产经营活动所发生的管理费用。内容包括企业管理人员的工资和补贴、办公费、差旅交通费、工具用具使用费、职工教育经费、劳动和医疗保险费、保险费等。

财务费用：是指企业筹集资金而发生的各项费用，包括企业经营期间发生的贷款利息净支出、金融机构手续费，以及企业筹集资金发生的其他财务费用。

其他费用：是指按规定支付工程造价（定额）管理部门的定额编制管理费及劳动定额管理部门的定额测试费，以及按有关部门规定支付的上级管理费。

2）间接费的计算

间接费＝土建工程的直接工程费或安装工程的人工费×直接费用率

3.利润及税金

利润及税金是建筑安装企业职工为社会劳动所创造的那部分价值在建筑安装工程造价中的体现。

1）利润

利润是指按规定计入建筑安装造价中的利润，其计算式为：

土建工程：　利润＝（直接工程费＋间接费）×利润率

安装工程：　利润＝人工费×利润率

2）税金

税金是指国家税法规定的应计入建筑安装工程造价的营业税、城乡维护建设税及教育费附加。其计算式为：

营业税＝营业额×3%

城乡维护建筑税＝应纳营业税额×适用税率

教育费附加＝应纳营业税额×3%

（四）工程建设其他费用的构成

工程建设其他费用是指从工程筹建到工程竣工验收交付使用止的整个建设期间，除建筑安装工程费用和设备、工器具购置费以外的，为保证工程建筑顺利完成和交付使用后能够正常发挥效用而发生的一切费用。其内容可分为以下三类：

（1）土地使用费。农用土地征用费或取得国有土地使用费。

(2)与项目建设有关的其他费用。包括建设单位管理费、勘察设计费、研究试验费、临时设备费、工程监理费、工程保险费、供电贴费、施工机构迁移费、引进技术进口设备其他费用等。

(3)与未来企业生产经营有关的其他费用。包括联合试运转费、生产准备费、办公和生活家具购置费等。

三、建设工程投资确定依据

(一)建设工程投资确定依据的概念

建设工程投资确定依据是指进行建设工程投资确定所必需的基础数据和资料。一般而言,在建设工程开展施工之前,应预先对建设工程投资进行计算和确定。建设工程投资在不同阶段的具体表现形式为投资估算、设计概算、施工图预算、招标工程最高限价(标底)、投标报价、工程合同价等。建设工程投资表现形式多种多样,但确定的基本原理是相同的。采用何种建设工程投资的计算方法和表现形式主要取决于对建设工程的了解程度,应与建设工程和建设工作的深度相适应。建设工程投资确定依据,主要包括工程定额、工程量清单、要素市场价信息、工程技术文件、环境条件与工程建设实施组织和技术方案等。

(二)建设工程定额

1. 定额的概念

定额,即规定的额度,是人们根据不同的需要,对某一事物规定的数量标准。在现代经济和社会生活中,定额无处不在,因为人们需要利用其对社会经济中复杂多样的事物进行计划、调节、组织、预测、控制、咨询等一系列管理活动。

建设工程定额,即定额的建设工程的消耗量标准,是指按照国家有关的产品标准、设计规范和施工验收规范、质量评定标准,并参考行业、地方标准以及有代表性的工程设计、施工资料确定的工程建设过程中完成规定计量单位产品所消耗的人工、材料、机械等消耗量的标准。

2. 定额的产生

定额的产生与管理科学的产生和发展密切相关。社会化大生产的发展使劳动分工和协作越来越精细和复杂,因此产生了管理科学。管理科学的实质是提高劳动生产率和劳动效率,从而产生了工时定额。执行工时定额,提高了劳动效率,降低了生产成本,增大了企业盈利。执行定额不仅是一种强制制度,而且是一种激励机制。随着管理科学的发展,定额也不断地扩充、完善,使定额范围大大突破了工时控制的内容,逐渐形成了今天的建设工程定额等种类繁多的定额。

3. 定额的分类

按照反映的物质消耗内容分类,可分为人工消耗定额、材料消耗定额和机械消耗定额。

按照建设程序分类,可分为基础定额或预算定额、概算定额(指标)和估算指标(作为编制项目建议书,可行性研究报告投资估算的依据)。

按照建设工程特点分类,可分为建筑工程定额、安装工程定额、铁路工程定额、公路工程定额、水利工程定额等。

按照定额的适用范围分类,可分为国家定额、行业定额、地区定额和企业定额。

按照构成工程的成本和费用分类,可将定额分为构成直接成本的定额、构成间接费的定额,以及构成工程建设其他费用的定额。

(三)工程量清单

1. 工程量清单的概念

工程量清单是建设工程招标文件的重要组成部分,是指建设工程招标人发出的,对招标工程的全部项目,按统一的工程量计算规划、项目划分和计量单位计算出的工程数量列出的表格。工程量清单可由招标人自行编制,也可以由其他委托的有资质的招标代理机构或工程造价咨询单位编制。如果投标人中标并签订合同,工程量清单即可成为合同的组成部分。

2. 工程清单的作用

(1)为投标人提供一个公开、公平、公正的竞争环境。

(2)是计价和询标、评价的基础。

(3)为施工过程中支付工程进度款提供依据。

(4)为办理工程结算、竣工结算及工程索赔提供重要依据。

(5)设有标底价格的招标工程,招标人利用工程量清单编制标底价格,供评标时参考。

3. 工程量清单的内容

工程量清单的一个最基本的功能是作为信息的载体,以使投标人能对工程有全面充分的了解。从这个意义上讲,工程量清单的内容应全面准确。工程量清单包括两部分:

(1)工程量清单说明。主要是说明工程量清单编制的依据,并说明清单中工程量是招标人结算得出的,仅仅作为投标报价的基础,结算时应以招标人或由其授权的监理工程师核准的实际完成量为依据。另外,提示投标申请人重视清单,以及如何使用清单。

(2)工程量清单表。合理的清单项目设置和准确的工程数量是清单的前提和基础。在清单中列出了分部、单元(分项)工程的项目名称、计量单位和工程量。清单项目应在设计图纸的基础上,按照国家发布的统一的建筑、安装、市政工程的分部分项工程计量计算规则进行设置。

4. 工程量清单的编制原则

(1)遵守国家有关的法律、法规和相关政策。

(2)必须按照国家统一的项目划分、计量单位和工程量计量规则设置清单项目,计算工程量遵照"三统一"的规定。

(3)遵守招标文件的相关要求。

(4)清单的编制依据应齐全。

(5)编制力求准确合理,即工程量的计算应力求准确,清单项目的设置力求合理、不漏不重。

(四)建设工程投资的其他确定依据

1. 工程技术文件

工程技术文件包括项目建议书、可行性研究报告、初步设计文件、施工图设计文件、招标文件等反映建设工程项目的规模、内容、标准、功能等的文件。

2. 要素的市场价格信息

人工、材料、施工机械等,是影响建设工程投资的关键因素,要素的价格是由市场形成的。

3. 建设工程环境条件

建设工程所处的环境和条件的差异或变化,包括工程地质条件、气象条件、现场环境与周边条件,也包括工程建设的实施方案、组织方案、技术方案等,也会导致建设工程投资大小的变化。

4. 其他

国家对建设工程费用计算的有关规定,按国家税法规定需计取的相关税费等,都构成了建设工程投资确定的依据。

四、建设工程施工阶段资金控制

(一)施工阶段资金目标控制

监理工程师在施工阶段进行资金控制的基本原理,是把计划资金额作为资金控制的目标值,在工程施工过程中定期地进行资金实际值与目标值的比较,通过比较发现并找出实际支出额与资金控制目标值之间的偏差,分析产生偏差的原因,并采取有效的措施加以控制,以保证资金控制目标的实现。

(二)施工阶段资金控制的措施

建设工程的资金投入主要发生在施工阶段,因此精心地组织施工、挖掘各方面潜力、节约资源消耗,可以收到资金投入的效果。对施工阶段的资金控制,仅靠控制工程款的支付是不够的,应从组织、技术、经济、合同等多方面采取措施,控制资金投入。

1. 组织措施

(1)在项目管理机构中落实资金控制人员,从资金控制角度进行施工跟踪。

(2)编制施工阶段资金控制工作计划和详细实施步骤。

2. 技术措施

(1)对设计变更进行技术经济比较,严格控制设计变更。

(2)继续寻找通过设计优化节约资金投入的可能性。

(3)审核承包单位编制的项目管理实施规划,对主要的施工方案进行技术经济分析。

3. 经济措施

(1)编制资金使用计划,确定、分解资金控制目标,对工程项目资金目标进行风险分析,并制定防范性对象。

(2)进行工程计量。

(3)复核工程付款账单,签发付款证书。

(4)在施工过程中进行资金跟踪控制,定期地进行资金实际支出值与计算目标值的比较;发生偏差,分析产生偏差的原因,采取纠偏措施。

(5)协商确定工程变更的价款,审核竣工结算。

(6)对工程施工过程中的资金支出做好分析与预测,经常或定期向建设单位提交项目资金控制及存在问题的报告。

4.合同措施

(1)做好工程施工记录,保存各种文件图纸,特别是注有实际施工变更情况的图纸;注意积累素材,为正确处理可能发生的索赔提供依据;参与处理索赔事件。

(2)参与合同修改、补充工作,着重考虑对资金控制的影响。

(三)工程计量

1.工程计量的重要性

1)计量是控制项目资金支出的关键环节

工程计量是指根据设计文件及施工合同中关于工程计量计算规定,项目监理机构对承包单位申报的已完工程的工程量进行核验。合同条件中明确规定工程量表中开列的工程量是该工程的估算工程量,不能作为承包单位完成的实际和确切的工程量。经过项目监理机构计量所确定的数量是向承包单位支付工程款项的凭证。

2)计量是约束承包单位履行合同义务的手段

计量不仅是控制项目资金支出的关键环节,也是约束承包单位履行合同义务、强化承包单位合同意识的手段。建设单位对承包单位的付款,是以监理工程师批准的付款凭证书为凭证的,监理工程师对计量支付有充分的批准权和否决权。对不合格的工作和工程,监理工程师可以拒绝计量。同时,通过计量,监理工程师还可以及时掌握承包单位工程的进度和工作情况。当发现工程进度严重偏离计划目标时,可要求承包单位及时分析原因,采取措施纠正。

2.工程计量的程序

1)施工合同(示范文本)约定的程序

承包单位应按专用条款约定的时间,向项目监理机构提交已完成工程量的报告;项目监理人员接到报告后7天内按设计图纸审核已完工程量,并在计量前24小时通知承包单位;承包单位为计量提供便利条件并派人参加;承包单位收到通知后不参加计量,计量结果有效,作为工程价款支付的依据;项目监理机构收到承包单位报告后7天内未进行计量,从第8天起,承包单位报告中开列的工程量即视为已被确认,作为工程价款支付的依据;项目监理机构不按约定时间通知承包单位,使承包单位不能参加计量,计量结果无效;承包单位超出设计图纸范围和因承包单位原因造成返工的工程量,项目监理机构不予计量。

2)《水利工程施工监理规范》(SL 288—2014)规定的程序

工程项目开工前,监理机构应监督承包人按有关规定或施工合同约定完成原始地形的测绘,并审核测绘成果;在接到承包人提交的工程计量报验单和有关计量资料后,监理机构应在合同约定时间内进行复核,确定结算工程量,据此计算工程价款;当工程计量数据有异议时,监理机构可要求与承包人共同复核或抽样复测;承包人未按监理机构要求参加复核,监理机构复核或修正的工程量视为结算工程量;监理机构认为有必要时,可通知发包人和承包人共同联合计量。

3. 工程计量的依据

(1)质量合格证书。对于承包单位已完的工程,只有质量达到合同标准的工程予以计量,所以工程计量必须与质量监理密切配合,经过专业监理工程师检验工程质量达到合同规定的标准后,并签署报验申请表(质量合格证书),即只有质量合格工程才予以计量,可以说质量监理是计量监理的基础。

(2)工程量清单前言和技术规范。工程量清单前言和技术规范的"计量支付"条款规定了清单中每一项工程的计量方法,同时还规定了按规定的计量方法确定的单价所包括的工作内容和范围。

(3)设计图纸。单价合同以实际完成的工程量进行结算,计量范围应以图纸为依据,监理工程师对承包单位超过设计图纸要求增加的工程量和自身原因造成返工的工程量,不予计量。

(四)工程变更价款的确定

1. 工程价款变更的原因

在工程项目施工过程中,由于工程变更所引起的工程量的变化、承包单位的索赔等,都有可能使项目资金投入超出原来的预算,监理工程师必须严格予以控制,密切注意其对未完工程资金支出的影响及对工期的影响。

2. 项目监理机构对工程变更的管理

工程变更可分为设计变更与工程洽商两类,分别予以处理。

(1)设计变更。是指在设计交底后的施工过程中,如建设单位、设计单位或承包单位对工程的材料、工艺、功能、构造、尺寸、技术标准及施工方法等提出对设计进行修改与变更,需要设计单位审查同意。

(2)工程洽商。是对施工中工程做法的改变、工程量的增减、临时用工等问题,由建设单位与承包单位之间达成的协议,一般不涉及设计单位,或涉及设计单位但尚不构成设计变更的。

该部分内容将在任务6中"施工阶段项目监理机构合同管理"详细讲解。

3. 工程变更价款的确定方法

1)《建设工程施工合同(示范文本)》规定的工程变更价款确定方法

合同中已有适用于变更工程的价格,按合同已有价格变更合同价款;合同中有类似于变更工程的价格,可以参照类似价格变更合同价款;合同中没有适用或类似变更工程的价格,由承包单位提出适当的变更价格,经项目监理机构确认后执行。

2)采用合同中工程量清单的单价和价格

合同中工程量清单的单价和价格由承包单位投标时提供,用于变更工程,容易被建设、承包、监理单位所接受,从合同意义上讲也是比较公平的。

3)协商单价和价格

协商单价和价格是基于合同中没有或者有但不合适的情况下采取的一种方法。

(五)索赔控制

1. 索赔产生的原因

索赔是工程承包中经常发生并随处可见的正常现象。施工现场条件、气候条件的变化,施工进度的变化,以及合同条款、规范、标准文件和施工图纸的变更、差异、延误等因素的影响,使得工程承包中不可避免的出现索赔,进而导致项目资金投入发生变化。因此,索赔的控制将是建设工程施工阶段资金控制的重要手段。

2. 项目监理机构对费用索赔的处理

监理工程师应按照预控原则,尽量控制不发生或少发生索赔事件,减轻建设单位的损失。如采取预测和防范措施,防止干扰合同管理情况的发生,已发生时应采取措施减少影响与损失。

该部分内容将在任务6中"施工阶段项目监理机构合同管理"详细讲解。

3. 索赔费用的计算

索赔费用的主要组成部分,同工程款的计价内容相似。按我国现行规定,建筑安装工程合同价包括直接工程费、间接费、计划利润、税金。从原则上说,承包单位有权索赔的工程成本增加,都是可以索赔的费用。这些费用都是承包单位为了完成额外的施工任务而增加的开支。但是不同原因引起的索赔,承包单位可以索赔的具体费用内容不是完全一样的。哪些内容可以索赔,要按照各项费用的特点、条件进行分析论证。

(六)工程结算

1. 工程价款的主要结算方式

按现行规定,工程价款结算可以根据不同情况采取多种方式。

(1)按月结算。先付工程备料款,在施工过程中按月结算工程进度款,竣工后进行竣工结算。我国实际建筑安装工程价款结算中,相当一部分是实行这种按月结算方式。

(2)竣工后一次结算。建设项目或单项工程全部建筑安装工程建设期在12个月内,或者工程承包合同价值在100万元以下的,可以实行工程款按月预支,竣工后一次结算。

(3)分段结算。当年开工,当年不能竣工的单项工程或单位工程按照工程形象进度,划分不同阶段进行计算,分段结算可以按月预支工程款。

实行竣工后一次结算和分段结算的工程,当年结算的工程款应与分年度的工作量是一致,年终不另清算。

(4)双方约定的其他结算方式。

2. 工程预付款

(1)工程预付款是建设工程施工合同订立后由发包人按照合同约定,在正式开工前预先支付给承包人的工程款。它是施工准备和所需材料、构配件等流动资金的主要来源,国内习惯上又称为预付备料款。预付工程款的具体事宜由发承包双方根据建设行政主管部门的规定,结合工程款、建设工期和包工包料情况在合同中约定。

(2)工程预付款的扣回。发包人付给承包人的工程预付款,其性质是预支。随着工程进度的推进,拨付的工程进度款数额不断增加,工程所需主要材料、构配件的用量逐渐减少,原已支付的预付款应以抵扣的方式予以陆续扣回。扣款的方式可由双方用合同的方式通过协商后予以确定。

3. 工程进度款

1) 工程进度款的计算

《建设工程施工合同(示范文本)》关于工程款的支付作出了相应的约定:“在确认计量结果后14天内,发包人应向承包人支付工程款(进度款)”。发包人超过约定的支付时间不支付工程款(进度款),承包人可向发包人发出要求付款的通知,发包人接到通知后仍不付款的,应承担违约责任。

工程进度款的计算,主要涉及两个方面:一是工程计量的计算,二是单价的计算方法。单价的计算方法,主要根据发包人和承包人事先约定的工程价格的计价方法决定。

2) 工程进度款的支付

工程进度款的支付,一般按当月实际完成工程量进行结算,工程竣工后办理竣工结算。在工程竣工前,承包人收取的工程预付款和进度款的总额一般不超过合同总额(包括工程合同签订后经发包人签证认可的增减工程款)的95%,其余5%尾款,在工程竣工结算时扣除保修金外一并清算。

4. 竣工结算

工程竣工验收报告经发包人认可后28天内,承包人向发包人递交竣工结算报告及完整的结算资料,双方按照协议书约定的合同价款及专用条款约定的合同价款调整内容,进行工程竣工结算。专业监理工程师审核承包人报送的竣工结算报表,总监理工程师审定竣工结算报表,与发包人、承包人协商一致后,签发竣工结算文件和最终的工程款支付证书。

5. 保修金的返还

工程保修金一般为施工合同价款的3%。在专用条款中规定,发包人在质量保修期到期后14天内,将剩余保修金和利息返还给承包人。

五、施工阶段项目监理机构资金控制

(一)工程资金控制的依据

(1)工程项目的施工图及其说明文件。

(2)工程设计变更和工程洽商文件。

(3)工程项目的施工合同及其变动协议文件。

(4)国家及当地政府发布的、现行的有关工程造价的法规及规定。

(5)当地政府发布的现行的工程概(预)算定额、取费标准、工期定额等。

(6)本工程项目的“分部、单元(分项)工程报验申请表”。

(7)本工程项目发生的索赔文件。

(8)市场价格信息。

(9)其他涉及工程造价的资料。

(二)工程资金控制的原则

(1)严格执行施工合同中确定的合同价、单价和约定的工程款支付方式。

(2)在报验资料不全,与合同约定不符,未经质量检验签认合格,或超出设计图纸范围,或有违约行为时,监理工程师不予审核及计量。

(3)工程量与工作量的计算应按施工合同的约定,并符合有关的计量规则。

(4)处理由于设计变更、工程洽商、合同变更及违约索赔等引起的工程资金增减时,监理工程师应坚持公正、公平、合理的原则。

(5)有争议的工程量计量和工程款,应采取协商的方式解决,协商不成时,应按施工合同关于双方争议的处理办法解决。

(6)对工程量的审核、工程款的审核与支付,监理人员及建设单位均应在施工合同规定的时限进行。

(三)事前控制

(1)审查招标文件及施工合同中关于工程资金控制的条款,并熟悉。

(2)承包单位编制施工总概算,在施工过程中进行动态控制。

(3)承包单位编制年、季、月度资金使用计划,由项目监理机构控制并执行。此项资金使用计划应与工程进度计划、材料设备购置订货计划、索赔及不可预见事件预测资金等一致。

(4)从设计图纸、设计要求、招标投标文件、施工合同、材料设备订货合同中找出容易被突破的环节,做出风险分析及减轻风险的措施,并以此作为工程资金控制重点。

(5)尽可能减少承包单位的索赔,具体措施有:按施工合同规定的日期提供施工现场及其他条件;按施工合同规定日期提供施工图纸;按施工合同规定日期、款额支付工程款;按施工合同规定日期提供合同中由建设单位提供的材料、设备;预先处理好扰民问题,避免因此造成的干扰向承包单位支付赔偿金;尽可能减少工程变更,必须变更时,应于变更实施前与建设单位、承包单位尽早达成工程变更后工程价款调整的协议。

(四)事中控制

1. 控制措施

(1)加强对工程造价的动态控制:按月按时支付工程进度款,与完成的工程量对应;建立台账,进行已付工程款与完成量比较,如发现工程款有超支,及时纠正;严格控制设计变更、工程索赔,特别是因此增加工程造价的。

(2)尽量减少发生索赔事件,不发生违约事件。监理工程师应及时收集、整理有关资料,为公正地处理索赔提供证据。

(3)提出降低工程造价的合理化建议。如采用新材料、新技术、新工艺,在保证工程质量和使用功能的前提下,降低工程造价或缩短工期。

(4)严格对工程款支付申请进行签认,监理工程师认真审核后,由总监理工程师签认。

(5)及时掌握市场信息,了解材料、构配件及设备的价格变动情况,以及政府有关部门规定的价格调价范围与幅度。

(6)严格审核施工、材料设备订货等合同中涉及资金控制的条款,做好合同管理。

2. 工程量计量

(1)工程量计量工作原则上每月一次,计量周期为上月26日至本月25日。

(2)承包单位于每月26日前,根据工程实际进度和经过监理工程师签认的“分部、单元(分项)工程报验申请表”,将当月完成的工程量报监理机构审核。

(3)监理工程师应对承包单位申报的工程量进行现场核查,核查时应提前通知承包单位派代表共同参加现场计量核查工作,并共同在核查结果上签字。如果承包单位不按时派代表参加,即可认为同意监理工程师的核查结果。总监理工程师对核查结果审核后予以签认。

(4)某些特定的分项工程、单元(分部)工程的计量方法,可由项目监理机构、建设单位与承包单位共同协商确定。

(5)专业监理工程师应及时建立月完成工程量统计台账,对实际完成量与计划完成量进行对比、分析,制定调整措施。

3. 工程款支付

(1)工程预付款:应按施工合同有关条款规定日期、款额支付,一般为工程合同造价的10% ~15%;应于工程进展到一定时期后开始扣还,一般是已付的工程进度款的总额达到工程合同造价60%的月份开始扣还,并于合同规定的竣工日期前3个月扣清。

(2)月支付工程款(进度款):合同内项目的月工程进度款,由承包单位根据监理工程师签认的工程量核算后申请支付;合同外项目付款,经协商后也可在支付月工程进度款时同时支付,如近一时期的由于设计变更、工程洽商、材料调价、计时工,以及承包单位提出后经过核准的费用索赔等应向承包单位支付的工程款。

(3)竣工结算款:工程竣工验收合格,监理单位、建设单位、承包单位已分别在竣工移交文件上签字后,承包单位可与建设单位进行竣工结算。承包单位提出的竣工结算文件经过监理工程师审核后由总监理工程师签认。

(4)保修保留金(保证金):为保证承包单位于工程质量保修期仍能履行合同,在施工合同中可规定于每月支付工程款时,或最后几个月支付工程款时扣留一部分款作为保修保留金。一般保修保留金的总额不超过工程合同造价的3% ~5%。

(5)工程预付款、月支付工程款、合同外项目付款及竣工结算款的支付,承包单位应按施工合同有关条款的规定及双方协商达成的协议,并按工程的实际进度提出申请。申请时应填报“工程款支付申请表”,并附必要的附件,报送项目监理机构审核,经审核批准后,总监理工程师签发“工程款支付证书”,由建设单位支付。

(6)保修保留金的退还:工程质量保修期满,承包单位完成保修任务,经监理单位、建设单位验收合格并签发“保修完成证书”后,建设单位将保修保留金退还给承包单位。

(7)专业监理工程师应及时建立工程款支付的统计台账,每月(年、季)对实际完成的工作量与计划完成量进行比较、分析,制定调整措施,并在监理月报中向建设单位报告。

(五)事后控制

(1)审核承包单位提交的工程竣工结算文件,并于建设单位、承包单位进行协商与协调,取得一致意见后,总监理工程师签发“工程款支付证书”,由建设单位支付。

(2)处理好建设单位与承包单位之间的索赔事件,以及其他双方之间尚未解决的经济问题。

任务4 建设工程进度控制

一、建设工程进度控制概述

(一)进度控制的概念

建设工程进度控制是指对工程项目建设各阶段的工作内容、工作程序、持续时间和衔接关系,根据进度总目标及资源优化配置的原则,编制计划并付诸实施,然后在进度计划实施过程中经常性检查实际进度是否按照计划要求进行,对出现的偏差情况进行分析,采取补救措施或调整、修改原计划后再付诸实施,如此循环,直到工程建设竣工验收交付使用。

建设工程进度控制的最终目的是确保建设项目按预定的时间交付使用或提前交付使用。建设工程进度控制的总目标是建设工期。

(二)影响工程进度的因素

影响建设工程进度的因素数量众多,如人为因素,材料、设备与构配件因素,机具因素,技术因素,资金因素,水文、地质与气象因素,以及其他自然与社会环境等方面的因素以。其中,人为因素是最大的干扰因素。在工程建设过程中,常见的影响建设工程进度的人为因素有:

(1)建设单位因素。如建设单位因使用要求改变而进行设计变更,不能及时提供建设场地以满足工程施工的需要,不能及时向承包单位、材料供应单位付款等。

(2)勘察设计因素。如勘察资料不准确,特别是地质资料有错误或遗漏,设计有缺陷或错误,设计对施工考虑不周,设计图供应不及时,应用不可靠的技术等。

(3)施工技术因素。如施工工艺错误,施工方案不合理,施工安全措施不当,应用不可靠的技术等。

(4)自然环境因素。如复杂的工程地质条件,地下埋藏文物的保护处理,洪水、地震、台风等不可抗力。

(5)社会环境因素。如临近工程施工的干扰,停水、停电、断路,法律及制度的变化,战争、骚乱、罢工、企业倒闭等。

(6)组织管理因素。如向有关部门提出申请审批手续的延误;计划安排不周密,组织协调不力,导致停工待料、相关作业脱节;领导不力、指挥失当,使参加工程建设的各单位、各专业、各施工过程之间,交接配合上发生矛盾等。

(7)材料、设备因素。如材料、构配件、机具、设备供应环节的差错,特殊材料及新材料的不合理使用;施工设备不配套、选型不当、安装失误、有故障等。

(8)资金因素。如有关方拖欠资金、资金不到位、资金短缺等。

(三)进度控制措施

1.组织措施

(1)建立进度控制目标体系,明确工程现场监理机构进度控制人员及其职责分工。

(2)建立工程进度报告制度及进度信息沟通网络。

(3)建立进度计划审核制度和进度计划实施中的检查分析制度。

(4)建立进度协调会议制度,包括协调会议举行的时间、地点、参加人员等。

(5)建立图纸审查、工程变更和设计变更管理制度。

2. 技术措施

(1)审查承包商提交的进度计划,使承包商能在合理的状态下施工。

(2)编制进度控制监理工作细则,指导监理人员实施进度控制。

(3)采用网络计划技术及其他科学适用的计划方法,并结合计算机的应用,对工程建设进度实施动态控制。

3. 经济措施

(1)及时办理工程预付款及工程进度款支付手续。

(2)对于需要赶工的工程给予相应的赶工费用。

(3)对工期提前给予奖励。

(4)对工程延误收取误期损失赔偿金。

(5)加强索赔管理,公正地处理索赔。

4. 合同措施

(1)对工程建设实行分段设计、分段发包和分段施工。

(2)加强合同管理,协调合同工期与进度计划之间的关系,保证合同中进度目标的实现。

(3)严格控制合同变更,对各方提出的工程变更和设计变更,监理工程师应严格审查后再补入合同文件之中。

(4)加强风险管理,在合同中应充分考虑风险因素及其对进度的影响,以及相应的处理方法。

(四)施工阶段进度控制的任务

(1)编制施工总进度控制计划,并控制其执行。

(2)编制单位工程施工控制计划,并控制其执行。

(3)编制工程年、季、月实施控制计划,并控制其执行。

工程建设进度计划通常需借助两种方式表示,即文字说明和各种进度计划图表。

在工程项目施工阶段,监理工程师不仅要审核施工单位提交的进度计划,更重要的是要编制监理进度控制计划,以确保进度控制目标的实现。

二、建设工程施工阶段进度控制

(一)工程施工进度计划的分类

工程施工进度计划一般分为三个不同的层次,即按合同工期目标控制的施工总进度计划,按单位工程或按承包单位划分的分目标计划,按不同计划期(年、季、月、周)制订的施工计划。

(二)施工进度控制的工作内容

1. 熟悉工程项目情况

项目监理机构进场后,总监理工程师组织全体监理人员尽快了解工程概况及工程特点、承包单位的资质、企业的信誉、组织结构、现场项目经理部管理体系、安全质量保证体系、管理水平、各类人员素质、劳动力来源、主要投入的机械设备等情况。

2. 项目监理机构编制施工总进度控制计划

(1)项目监理机构必须在开工前认真熟悉设计图纸，掌握工程特点、结构类型、难易程度，周密分析施工部署、施工承包的模式，依据施工合同中工期约定，对进度目标进行风险分析，依据合同确定的工期目标，编制工程施工总进度控制计划、里程碑目标控制计划，由总监理工程师审定。

(2)项目监理机构应将编制的总进度控制计划报送建设单位。

(3)施工总进度控制计划将作为总监理工程师审批承包单位报送的施工总进度计划的重要依据，尤其是当工程项目由两个以上的承包单位承包时，编制好施工总进度控制计划至关重要。

(4)施工总进度控制计划也是建设单位编制资源供应计划的依据之一。

3. 督促承包单位编制各项施工计划

督促承包单位按施工合同约定的竣工日期编制留有余地的施工总进度计划，年度施工计划，以及工程里程碑目标计划；根据施工进度编制季度、月、周施工计划。

4. 项目监理机构进行工程进度控制的内容

(1)审查承包单位编制的施工总进度计划的合理性、可行性，总工期与合同约定是否相符，项目划分(阶段划分或分段流水)是否合理，是否有漏项。

(2)审查年、季、月进度计划，其划分是否与总进度计划相符，为完成进度计划而投入的劳动力数量、设备以及物力能否满足进度要求。

(3)审查单位工程、分部工程、单元(分项)工程的施工计划安排是否合理，分段流水的组织、时间间隔是否恰当，不窝工、不返工。

(4)为控制月计划的实现，关键是控制周计划；在每周的监理例会上，承包单位应汇报上周计划完成情况，是否有滞后的问题，并进行原因分析，定出下周计划，采取什么调整措施等。在例会上，建设单位、监理单位针对施工进度问题，对承包单位提出要求。

(5)月末例会检查月计划完成情况，检查每周例会决议事项的完成情况(每周例会也应检查)及采取措施的效果如何，找出与原计划进度的差距，分析原因并采取针对性的措施。

(6)检查每月完成实物工程，并与计划完成工程量进行比较；当实际进度符合计划进度时，应要求承包单位编制下一期进度计划；实际进度滞后于计划进度时，专业监理工程师应书面通知承包单位采取纠偏措施并监督实施。

(7)利用计算机辅助动态控制工程进度计划，做到按日检查记录，按周统计分析，按月总结调整，确保关键线路实施；项目监理机构根据收集的施工进度信息，进行统计、分析、预测和编写进度报告，按时向建设单位提交周报、月报和专题分析报告。

5. 总监理工程师审批承包单位的施工总进度计划

(1)总监理工程师应指派项目监理机构有关监理工程师审查承包单位报送的施工总进度计划的内容是否全面、符合要求。一般包括编制说明，施工总进度计划表，分别分批施工工程的开工日期、完工日期及工期一览表，资源需要量及供应平衡表等。

(2)审查承包单位的施工总进度计划是否符合施工合同约定的施工工期的要求;是否与项目监理机构编制的施工总进度控制计划相符;施工布置是否合理;资源的需要量及供应是否合理、保证进度,以及是否均衡。

(3)总监理工程师审批承包单位报送的施工总进度计划,并报送建设单位。

群体工程中单位工程分期进行施工的,承包单位按照建设单位提供图纸及有关资料的时间(由施工合同约定),按单位工程编制进度计划报总监理工程师审批。

6.总监理工程师审批承包单位编制的年、季、月度施工进度计划

(1)承包单位编制的施工进度计划是针对新承包的工程项目建设所包含的群体单位工程的施工而编制的施工进度计划,因此具有控制性、综合性;在此基础上编制单位工程施工进度计划,并依据它编制年、季、月度施工进度计划,具有具体实施性。

(2)项目监理机构审查承包单位编制的年、季、月度(单位工程)施工进度计划,包括:编制说明,进度计划表,资源需要量及供应平衡表,施工进度计划的风险分析及控制措施等。

(3)施工进度计划采用工程网络技术编制时,应符合国家及行业的有关标准的要求,也可采用横道图的表示形式。

(4)施工进度计划审查的主要内容:施工进度安排是否符合合同的总工期要求,是否符合合同约定的开工日期、竣工日期的规定,或阶段性工期目标、里程碑工期目标的要求;年、季、月度计划是否与施工总进度计划的安排和要求相一致;进度计划中是否有漏项;分期施工是否满足分批使用的需要和配套使用的要求;总承包单位、分包单位分别编制的各单位工程进度计划之间是否相协调,专业分包工程的衔接是否满足合理工艺的搭接要求;重要分部分项工程的进度及各施工工艺的逻辑关系是否合理;施工顺序的安排是否符合施工工艺的要求;工期是否进行了优化,关键线路进度安排是否合理;劳动力、原材料、构配件、设备、施工机具及加工订货的供应计划和配置能否满足进度计划的实现和保证平衡,连续施工、高峰时需求能否有足够资源满足实现计划的需求;建设单位提供的施工条件(资金、场地、施工图纸、临时水电、采供的物资等)是否按计划到位,承包单位在施工进度计划中所提出的各种材料、设备、构配件等的供应时间和数量是否明确、合理,是否存在因建设单位违约而导致工程延误和费用索赔的可能性。

(5)总监理工程师审批承包单位编制的年、季、月度施工进度计划,并报送建设单位。

(6)项目监理机构在审核中如果发现施工进度的安排存在问题,应及时向承包单位提出书面修改意见或发监理工程师通知单令其修改,其中的重大问题应及时向建设单位汇报。

(7)编制和实施施工进度计划是承包单位的责任,项目监理机构对施工进度计划的审查和批准,并不解除总承包单位对施工进度计划应负的责任和义务。

(三)进度控制的基本措施和方法

1.严格审批总进度计划

项目监理机构在审批总进度计划时,对进度计划实施的可行性、科学性和合理性要进行认真的研究和分析,包括召开施工进度计划研讨会(邀请建设单位、承包单位、监理单位的有关专家、顾问,以及社会上的专家和顾问等),对承包单位报送的施工总进度计划

进行全面的讨论,使进度计划符合客观实际,切实可行,并符合施工合同的约定。

2. 对施工总进度控制目标进行分解

根据工程规模、特点,可先对分解的单位(子单位)、分部(或分项)工程的施工进度进行研究,并提出分阶段里程碑目标。

3. 计划实施过程中执行动态控制

在进度计划实施过程中,总监理工程师应指派专业监理工程师根据其专业的特点进行跟踪控制,实施动态控制,及时对工程实际完成情况进行记录,并与经过审批的进度计划(包括年、季、月、周)进行对比,分析工程进度可能滞后的原因,提出初步建议,然后由总监理工程师组织有关各方分析研究,并督促承包单位采取纠偏措施。

4. 召开工地监理例会进行现场协调

(1)监理工程师应定期召开工地监理例会,检查分析工程项目进度计划完成情况及存在问题,提出下一阶段进度目标及落实措施;对于工期延误,应要求承包单位采取有效的纠偏措施。

(2)定期或不定期召开现场协调会,特别要注意解决、协调施工高峰期间搭接和专业交叉施工的进度安排问题,以求调动各方的积极性,合理配合达到最大有效空间的利用率。

(3)在工程施工高峰期,项目监理机构应要求承包单位报周计划,并在周例会上针对施工进度,要求承包单位着重汇报上周施工完成情况,并与周计划进行对比,对于周计划的未完成部分,要找出原因,并提出在下周计划内补救的措施。

(4)在每月末的周例会上,应要求承包单位将本月进度计划的完成情况与经过批准的月进度计划进行分析比较,如果滞后,分析滞后的原因,并提出下月纠偏的具体措施。

5. 下达监理指令

在施工过程中,当专业监理工程师发现施工实际进度滞后于进度计划时,应签发“监理工程师通知单”指令承包单位采取有效调整措施。

(四)进度计划实施的检查与调整

(1)总监理工程师应指派专业监理工程师监督、检查承包单位施工进度计划的实施情况:①检查实际进度完成情况,并详细记录;②检查和分析劳动力、材料、构配件以及施工机具、设备、施工图纸等生产要求的投入情况;③检查并记录承包单位的施工管理体系、安全管理体系的管理人员到岗情况;④施工方案的实施情况。

(2)项目监理机构应督促承包单位项目经理部加强对进度的管理,做好生产调度、施工进度安排与调整等各项工作,切实做到以工程质量促施工进度,确保合同工期。

(3)项目监理机构应督促承包单位按已批准的施工进度计划合理组织安排施工,确保施工资源投入,做好施工组织与准备,做到按章作业、均衡施工、文明施工、安全施工、避免出现突击抢工、赶工的局面和发生工伤事故。

(4)项目监理机构应重点控制关键线路上的项目和里程碑项目的进展;随施工进展,逐月检查施工准备、施工条件和施工计划的实施情况,及时发现和解决影响工程进展的外部条件和干扰因素,促进工程施工的顺利进行。

(5)由于承包单位的责任或原因,施工进度发生滞后时,项目监理机构通过下达监理指令、召开工地监理例会和各层次的协调会议，督促承包单位采取有效措施和加快工程进展，按期完成进度计划。

(6)当专业监理工程师发现承包单位施工实际进度严重滞后于计划进度时，应及时报告总监理工程师；总监理工程师应下达指令要求承包单位调整进度计划，采取有效的纠偏措施，保证合同约定的工期目标的实现；必要时由总监理工程师与建设单位协商采取进一步措施。

(7)总监理工程师应在监理月报中向建设单位报告工程进度和所采取进度控制措施的执行情况，并提出合理预防由于建设单位原因导致工程延期，以及避免由此发生费用索赔事件的有关意见和建议。

三、施工阶段项目监理机构进度控制

(一)工程进度控制的原则

(1)按照施工合同规定的工期目标控制工程进度。

(2)抢工程进度不得有损工程质量和施工安全。

(3)项目监理机构应监督、跟踪、掌握施工现场的实际进度情况。

(4)应采用动态控制方法控制工程进度。

(二)事前控制

(1)审查承包单位编制的工程总进度计划。总进度计划应符合施工合同中开工日期、竣工日期的规定，可以用横道图或网络图表示，并附有文字说明。通常总进度计划是项目管理实施规划(施工组织设计)的一个组成部分。

监理工程师应对总进度计划进行分析研究，关注网络图中的关键线路；分析时应根据本工程项目的具体情况(工程规模、特点、施工条件、质量目标、工艺复杂程度、承包单位的资质及能力等)，全面分析总进度计划的可行性、合理性，并编制控制方案和风险分析(如发生安全事故的风险、质量问题或质量事故的风险、资源供应的风险、社会风险、资金的风险、自然灾害的风险等)，需要时可要求承包单位对总进度计划进行修正与调整，涉及重大问题的应及时向业主汇报。

(2)审查承包单位编制的月(季)度工程进度计划。月(季)度工程进度计划应符合总进度计划，审查时应结合施工现场条件(施工部位、施工机具、劳动配备、材料设备供应情况、天气状况、水电暖供应情况、施工现场障碍物的清除等)进行其可行性、合理性的分析，需要时可要求承包单位进行修正与调整。

(3)监理工程师应将总进度计划的工期与本工程项目的定额工期(根据当地政府建设行政主管部门发布的工期定额计算)进行比较与分析。

(4)工程进度计划在总监理工程师审批签认后由承包单位执行。

(三)事中控制

(1)工程进度计划实施中，项目监理机构应对承包单位的实际施工进度进行跟踪监督检查，实施动态控制。

(2)每月中旬，项目监理机构应检查一次实际施工进度，主要检查内容：当月实际进度与月计划进度的比较；形象进度、实际工程量与工作量指标的完成情况。

(3)项目监理机构应对检查结果进行分析评价,如实际进度滞后于计划进度,应签发"监理工程师通知单",向承包单位发出警告,指令承包单位采取赶工措施,并在近期监理例会上讨论。

(四)事后控制

(1)每月(季)末应对工程实际进度进行检查与核定,如与计划进度有较大差异,应分析原因,采取纠正措施。

(2)如由于资金、材料、设备、施工力量等不能按计划到位,造成工程进度滞后,应由责任方积极予以纠正。

(3)还可采取以下措施:

①组织措施:增加劳动力,调换技术水平高的操作工人,增加班次等。

②经济措施:调高劳动酬金,实行计件工资,提高奖金等。

③技术措施:改变工艺或操作程序,缩短操作间歇时间,实行交叉作业等。

④其他措施:改善外部配合条件,改善劳动条件,加强调度等。

监理机构应在监理月报中定期向建设单位报告工程进度及工程进度控制采取措施的执行情况,并向建设单位提出防止由于建设单位原因造成工期延误而发生费用索赔。

(五)对工程总进度计划的检查与调整

对工程总进度计划也应根据动态控制原则,勤检查、常调整,使实际进度符合计划进度;当实际进度严重滞后,将影响执行施工合同对工期的约定时,总监理工程师应与建设单位商定采用进一步措施。此时,项目监理机构应组织建设单位、承包单位共同制订总工期被突破后的补救措施计划,相应地调整施工进度计划、材料设备供应计划、资金供应计划,并取得新的协调与平衡,作为进度控制的新依据。

(六)监理月报中应反映的内容

总监理工程师在监理月报中定期向建设单位报告工程进度,以及工程进度控制所采取措施的执行情况,并向建设单位提出防止由于建设单位原因造成工期延误而发生费用索赔。

(七)承包单位申请延长工期的程序

(1)发生工期延期事件,并有持续影响时,承包单位提出工期顺延申请,说明延期原因、依据及工期计算,在延期事件持续期间陆续补充详细资料。

(2)监理机构初步审查,同意并签发审批表;不同意或指令修改后重新申报。

(3)同意时及时协商建设单位,并取得建设单位同意,转报有关资料,提出建议。

(4)延期事件结束,承包单位提出最终工程延期申请,并附相关资料。

(5)监理机构认为属实、有依据,由总监理工程师签发工程最终延期审批表;认为理由不充分,资料不全或延长工程日数计算不当,不同意,指令修改后再报。

(6)监理机构同意后,建设单位与承包单位签订新的工期协议,承包单位制定新的进度计划。

任务5 建设工程安全管理

一、施工现场安全文明施工概述

（一）施工现场安全管理的概念

1. 安全生产的概念

安全生产是为了使生产过程在符合物质条件和工作秩序下进行的，防止发生人身伤亡和财产损失等生产事故，消除或控制危险、有害因素，保障人身安全与健康、设备和设施免受损坏、环境免遭破坏的总称。

环境破坏指生产中的高温、粉尘、振动、噪声、毒物以及水土流失、环境污染等。环境保护指通过防护、医疗、保健、整治等措施，防止劳动者的安全与健康受到有害因素的危害，以及避免水土流失和环境免遭破坏。

2. 施工现场安全管理的含义

安全管理是指通过对生产过程中涉及的计划、组织、监控、调节和改进等一系列致力于满足生产安全所进行的生产管理活动，是一动态管理过程。

施工现场的安全管理，一是指工程建筑物本身的安全，即是工程建筑物的质量是否达到合同的要求，能否在设计规定的年限内安全使用；二是指工程施工过程中人员的安全与健康，特别是与工程项目建设有关各方在施工现场中人员的生命安全。

国务院、建设行政主管部门和各地方政府发布了多项重要的有关安全的法令、法规，其重点是工程项目施工过程中人身安全的问题，也涉及工程本身以及材料、设备、操作等方面的问题。本部分着重阐述工程监理单位和工程监理人员对工程项目施工过程中安全生产的监督管理。

（二）施工现场安全管理的依据

凡是国务院、建设行政主管部门及有关部门，以及各级地方政府颁布的法令、法规、规范等文件中涉及监理单位、监理人员等依法应承担的工程安全生产责任，以及监督管理职责均应严格遵守和执行。

建设工程施工现场安全管理的依据主要有：《中华人民共和国安全生产法》《中华人民共和国建筑法》《中华人民共和国消防法》《中华人民共和国劳动法》《建筑安装工程安全技术规程》《企业职工伤亡事故报告和处理规定》等；有关安全技术的国家标准、有关建筑施工安全强制性标准条文、安全技术行业标准等。其中，最为重要的是国务院于2003年11月24日393号令发布的《建筑工程安全生产管理条例》，它是为了加强建设工程安全生产监督管理，保障人民群众生命和财产安全，根据《中华人民共和国建筑法》《中华人民共和国安全生产法》制定的。凡是在我国境内从事建设工程的新建、扩建、改建和拆除等有关活动及实施对建设工程安全生产的监督管理，必须遵守《建筑工程安全生产管理条例》。

（三）施工现场安全管理的方针

施工项目安全管理的方针是“安全第一、预防为主、综合治理”。“安全第一”是把人身的安全放在首位，安全为了生产，生产必须保证人身安全，充分体现了“以人为本”的理念。"预防为主"是实现安全第一的重要手段,采取正确的措施和方法进行安全控制,从而减少甚至消除事故隐患,尽量把事故消灭在萌芽状态,它是实现安全生产的基础。"综合治理"是将施工现场的安全、文明施工、职业健康和环境保护进行统筹管理,强化和落实生产经营单位的安全生产主体责任,建立生产经营单位负责、职工参与、政府监管、行业自律和社会监督的安全生产管理机制。

(四)施工现场安全生产的原则

(1)"管生产必须管安全"的原则。施工项目的各级领导和全体员工在生产工作中必须坚持在抓生产的同时必须抓好安全工作,实行"一岗双责"。生产和安全是一个有机的整体,两者不能分割,更不能对立起来,安全工作应寓于生产之中。

(2)"安全具有否决权"的原则。安全生产工作是衡量施工项目管理的一项基本内容,对工程建设项目各项指标考核、评优创先时,首先必须考虑安全指标的完成情况。安全指标没有实现,即使其他指标已顺利完成,仍无法实现工程建设项目的最优化,安全生产具有一票否决权。

(3)职业安全卫生"三同时"的原则。一切生产性的基本建设和技术改造工程建设项目,必须符合国家的职业安全卫生方面的法律法规和标准。职业安全卫生技术措施及设施应与主体工程同时设计、同时施工、同时投入使用,以确保工程建设项目投产后符合职业安全卫生要求。

(4)事故处理"四不放过"的原则。在处理安全事故时必须坚持"四不放过"的原则,即事故原因没有查清楚不放过,事故责任者没有受到处理不放过,没有防范措施不放过,职工群众没有受到教育不放过。这四条原则互相联系,相辅相成,成为一个预防事故再次发生的防范系统。

(五)施工现场文明施工概述

1. 文明施工的概念

文明施工是保持施工现场的良好的作业环境、卫生环境和工作秩序。文明施工主要包括以下几方面的工作:规范施工现场的场容,保持作业环境的整洁卫生;科学组织施工,使生产有序进行;减少施工对周围居民环境的影响;保证职工的安全和身体健康。

文明施工是安全生产的保障,环境保护也是文明施工的重要内容之一。

2. 文明施工标准化建设

统一化、规范化、通用化是文明施工标准化的重要表现形式,促进文明施工标准化建设,是提高工程质量、保证施工安全的重要措施,是提升企业施工现场管理能力的体现。

二、项目监理机构安全管理体系

(一)安全监理组织机构

监理单位应建立安全监理管理体系,制定安全监理规章制度,检查指导项目监理机构的安全监理工作。

项目监理机构应依据委托监理合同和被监理的建设工程项目的特点设置相应的专职或兼职的安全监理人员。

(二)监理人员安全监理工作职责

(1)总监理工程师。对所监理的建设工程项目的安全监理工作全面负责;确定项目监理机构的安全监理人员,明确其工作职责;主持编写项目监理规划中的安全监理方案,审批安全监理实施细则;审核并签发有关安全监理的“监理工程师通知单”和安全监理专题报告;审批项目管理实施细则(施工组织设计)和专项施工方案;审批承包单位提出的安全技术措施及工程项目生产安全事故应急预案;审批有关起重机械拆装和验收核实报表;签署有关安全防护、文明施工措施费用支付的审批表格;签发工程暂停令,必要时应向有关部门报告;检查安全监理工作的落实情况。

(2)副总监理工程师(总监代表)。根据总监理工程师的授权,行使总监理工程师的部分职责和权力。总监理工程师不得将下列工作委托给副总监理工程师(总监代表):对所监理的建设工程项目的安全监理工作全面负责;主持编写项目监理规划中的安全监理方案,审批安全监理实施细则;签署有关安全防护、文明施工措施费用支付的审批表格;签发安全监理专题报告;签发工程暂停令,必要时应向有关部门报告。

(3)安全监理人员(安全监督员)。编写安全监理方案和安全监理实施细则;审查承包单位的营业执照、企业资质和安全生产许可证;审查承包单位安全生产管理的组织机构,查验安全生产管理人员的安全生产考核合格证书、各级管理人员和特种作业人员上岗资格证书;审核项目管理实施规划(施工组织设计)中的安全技术措施和专项施工方案;检查承包单位安全培训教育记录和安全技术措施的交底情况;检查承包单位制定的安全生产责任制度、安全监测制度和安全事故报告制度的执行情况;检查施工起重机械设备的进场验收手续,签署相应表格;核查中小型机械设备的进场验收手续,签署相应表格;对施工现场进行安全巡视检查,填写监理日志,发现问题时及时向专业监理工程师通报,并向总监理工程师或副总监理工程师(总监代表)报告;主持召开安全生产专题监理会议;起草并经总监理工程师授权签发有关安全监理的“监理工程师通知单”;编制监理月报中的安全监理工作内容。

(4)专业监理工程师。参与编写安全监理实施细则;审核项目管理实施规划(施工组织设计)或施工方案中本专业的安全技术措施;审核本专业的危险性较大分部分项工程的专项施工方案;检查本专业施工安全情况,对安全事故隐患要求施工单位及时整改,必要时向安全监理人员通报或向总监理工程师报告;参建本专业安全防护设施检查、验收并在相应表格上签署意见。

(5)监理员。检查施工现场的安全状况,发现问题予以纠正,并及时向专业监理工程师或安全监理人员或总监理工程师报告。

(三)安全监理方案

(1)监理规划中应包括安全监理方案。

(2)安全监理方案应根据法律、法规的要求、工程项目特点以及施工现场的实际情况,确定安全监理工作的目标、重点、制度、方法和措施,并明确给出应编制安全监理实施细则的分部分项工程或施工部位。安全监理方案应具有针对性。

(3)安全监理方案的编制应由总监理工程师主持,专职(兼职)安全监理人员和专业监理工程师参加,安全监理方案由监理单位技术负责人审批后实施。

(4)安全监理方案应根据工程的变化予以补充、修改和完善,并按规定程序报批。

(四)安全监理实施细则

(1)项目监理机构应按照安全监理方案的要求编制安全监理实施细则,安全监理实施细则应具有可操作性。

(2)危险性较大的分部分项工程施工前,必须编制安全监理实施细则。

(3)安全监理实施细则应针对承包单位编制的专项施工方案和现场实际情况,依据安全监理方案提出的工作目标和管理要求,明确监理人员的分工和职责、安全监理工作的方法和手段、安全监理检查重点、检查频率和检查记录的要求。

(4)安全监理实施细则的编制应由总监理工程师主持,专职(兼职)安全监理人员和专业监理工程师参加,安全监理实施细则由总监理工程师审批后实施。

(5)安全监理实施细则根据工程的变化予以补充、修改和完善,并按规定程序报批。

(五)安全监理培训

(1)监理单位应制订监理人员培训计划,按计划对监理人员进行安全监理业务培训并保留培训记录。

(2)总监理工程师应及时组织项目监理人员学习有关安全生产的法律、法规、标准、规范和规程等。

三、项目监理机构施工安全管理

(一)施工准备阶段安全管理

1. 施工准备阶段安全管理工作的内容

(1)审查施工现场及毗邻建筑物、构筑物和地下管线的专项保护措施。

监理工程师应参加建设单位向承包单位提供施工现场及毗邻区域内地上、地下管线资料和相邻建筑物、构筑物、地下工程的有关资料的移交,并在移交单上签字。

开工前,监理工程师应审查承包单位制定的对毗邻建筑物、构筑物和地下管线等专项保护措施,总监理工程师在报送该文件的“报验申请表”上签署意见。当专项保护措施不满足要求时,总监理工程师应要求承包单位修改后重新报批。

(2)核查承包单位的企业资质和安全生产许可证,检查总承包单位与分包单位的安全协议签订情况。

(3)审查项目管理实施规划(施工组织设计)中的安全措施,主要审查内容有:安全技术措施的内容应符合工程建设强制性标准;应编制危险性较大的分部分项工程一览表及相应的专项施工方案,并且符合有关规定;如果分阶段编写,应有编写计划;生产安全事故应急预案的编制情况;冬期、雨期等季节性安全施工方案的制订应符合规范要求;度汛方案中对洪水、暴雨、台风等自然灾害的防护措施和应急措施;施工总平面布置应符合有关安全、消防的要求;总监理工程师认为应审核的其他内容。

(4)审查危险性较大的分部分项工程的专项施工方案,主要审查内容有:专项施工方案的编制、审核、批准签署齐全有效;专项施工方案的内容应符合工程建设强制性标准;组织专家论证的,已有专家书面论证审查报告,论证报告的签署齐全有效;专项施工方案应根据专家论证审查报告中提出的结论性意见进行完善。

按照《水利工程建设安全生产管理规定》提交的专项施工方案包括达到一定规模的基坑支护与降水工程、土方和石方开挖工程、模板工程、起重吊装工程、脚手架工程、拆除爆破工程、围堰工程和其他危险性较大的工程专项施工方案。监理机构在审批及高边坡、深基坑、地下暗挖工程、高大模板工程的专项施工方案前,需要求承包人组织专家进行论证、审查。

(5)检查施工现场安全生产保证体系。承包单位现场安全生产管理机构的建立应符合有关规定,安全管理目标应明确并符合合同的约定;承包单位应建立健全施工安全生产责任制度、安全检查制度和事故报告制度;承包单位项目负责人的执业资格证书和安全生产考核合格证书应齐全有效;承包单位专职安全生产管理人员的配备数量应符合建设行政主管部门的规定,其执业资格证和安全生产考核合格证应齐全有效。

工程项目应当成立由项目经理负责的安全生产管理小组,成员应包括企业派驻到项目的专职安全生产管理人员。施工作业班组应设置兼职安全巡查员,对本班组的作业场所进行安全监督检查。

(6)检查承包单位现场人员安全教育培训记录。

2. 第一次监理工地会议

第一次监理工地会议应有建设单位、监理单位、承包单位负责现场安全管理的人员参加。承包单位项目经理汇报施工准备工作时,应包括现场的安全生产准备情况。

3. 安全监理交底

安全监理交底应由总监理工程师主持。安全监理交底可于第一次工地会议时与总监理工程师介绍项目监理规划合并进行。

总承包单位和分包单位的专职及兼职安全生产管理人员均应当参加安全监理交底。

安全监理交底的主要内容有:明确本工程适用的国家和本地区有关工程建设安全生产的法律、法规和技术标准;阐明合同约定的参加工程项目建设各方的安全生产责任、权利和义务;介绍施工阶段安全监理工作的内容;介绍施工阶段安全监理工作的基本程序和方法;提出有关施工安全资料报审及管理要求。

项目监理机构负责编写的第一次工地会议纪要中应包括安全监理交底会议纪要内容,会议纪要经与会各方签认后及时发出。

4. 检查开工条件

项目监理机构核查开工条件时,安全监理人员应检查承包单位的安全生产准备工作是否达到开工条件,并在承包单位报送的“工程开工/复工报审表”中审查意见一栏签署意见。

(二)施工阶段的安全管理

1. 施工过程中安全管理的方法及要求

(1)日常巡视。监理人员每日对施工现场巡视时,应检查安全防护情况并做好记录,针对发现的安全问题,按其严重程度及时向承包单位发出相应的监理指令,责令其消除安全事故隐患。

(2)安全检查。安全监理人员应按照安全监理方案定期进行安全检查,检查结果应写入项目监理日志;项目监理机构应要求承包单位每周组织施工现场的安全防护、临时用电、起重机械、脚手架、施工防汛、消防设施等安全检查，并派人参加；项目监理机构应组织相关单位进行有针对性的安全专项检查，每月不少于1次；对发现的安全事故隐患，项目监理机构应及时发出书面监理指令。

(3)监理例会。在定期召开的监理例会上，应检查上次例会有关安全生产决议事项的落实情况，分析未落实事项的原因，确定下一阶段施工管理工作的内容，明确重点监理的措施和施工部位，并针对存在的问题提出意见。

(4)安全专题会议。总监理工程师必要时应召开安全专题会议，由总监理工程师或安全监理人员主持，承包单位的项目负责人、现场技术负责人、现场安全管理人员及相关单位人员参加；监理人员应做好会记录，及时整理会议纪要；会议纪要应要求与会各方会签，及时发至相关各方；并有签收手续。

(5)监理指令。在施工安全监理工作中，监理人员通过日常巡视及安全检查，发现违规施工和存在安全事故隐患时，应立即发出监理指令。监理指令分为口头指令、监理工程师通知单、工程暂停令三种形式。

口头指令：监理人员在日常巡视中发现施工现场的一般安全事故隐患，凡立即整改能够消除的，可向承包单位管理人员发出指令，责令并监督其整改，并在监理日记中记录。

监理工程师通知单：如口头指令发出后，承包单位未能及时消除安全事故隐患，或当发现安全事故隐患后，安全监理人员认为有必要时总监理工程师或安全监理人员应及时签发有关安全的"监理工程师通知单"，要求承包单位限期整改并限时书面回复，安全监理人员按时复查整改结果。监理工程师通知单应抄送建设单位。

工程暂停令：当发现施工现场存在重大安全隐患时，总监理工程师应及时签发"工程暂停令"，暂停部分或全部在建工程的施工，并责令承包单位限期整改。经安全监理人员复查合格后，承包单位按照申请复工程序，经总监理工程师批准后方可复工。

(6)监理报告。项目监理机构每月总结施工现场安全施工的情况，并写入监理月报，向建设单位报告；总监理工程师在签发"工程暂停令"后应及时向建设单位报告；对承包单位不执行的"工程暂停令"，总监理工程师应向建设单位及本监理单位报告，必要时可向工程所在区域的建设行政主管部门报告，并同时报告建设单位；在安全监理工作中，针对施工现场的安全生产状况，结合发出监理指令的情况，总监理工程师认为有必要时，可编写安全监理专题报告，报送建设单位和建设行政主管部门。

2.施工阶段安全监理工作的主要内容

(1)检查承包单位现场安全生产保证体系的运行，并将检查情况记入项目监理日志。

每天检查承包单位专职安全生产管理人员的到岗情况；抽查特种作业人员及其他作业人员的上岗资格；检查施工现场安全生产责任制、安全检查制度和事故报告制度的执行情况；检查承包单位对进场作业人员的安全教育培训记录；抽查施工前工程技术人员对作业人员进行安全技术交底的记录。

(2)检查施工安全技术措施和专项施工方案的落实情况。

(3)检查承包单位执行工程建设强制性标准的情况。

(4)施工现场发生安全事故时应按规定程序上报。

3. 危险性较大的分部分项工程的安全监理

(1)项目监理机构应指派专人负责危险性较大的分部分项工程的安全监督。

(2)监理工程师应依据专项施工方案及工程建设强制性标准对危险性较大的分部分项工程进行检查。

(3)专业监理工程师或安全监理人员应按照安全监理实施细则中明确的检查项目和频率进行安全检查,每周不少于2次;监理员每日应重点进行巡视检查,监理人员应详细记录检查过程。

(4)监理人员对发现的安全事故隐患应及时发出监理指令并督促承包单位整改,必要时向总监理工程师报告。

4. 施工机械及安全设施的安全监理

(1)施工现场起重机械拆装前,监理人员应核查拆装单位的企业资质、租赁合同、设备的定期检测报告及特种作业人员上岗证,并在相应的表格上签字;监理人员应检查其是否编制了专项拆装方案;安装完毕后,监理人员应该检查承包单位的安装验收手续,并在相应的表格上签字。

(2)监理工程师和安全监理人员应检查施工机械设备的进场安装验收手续,并在相应的验收表上签字。

(3)监理工程师和安全监理人员参加施工现场模板支撑体系的验收并签署意见;对工具式脚手架、落地式脚手架、临时用电、基坑支护等安全设施的验收资料和实物进行检查并签署意见。

5. 施工现场安全防护(包括可视安全设施)监理工作

巡视检查施工现场各种安全标志和安全防护措施是否符合工程建设标准强制性条文及相关规定的要求,发现问题要求及时整改。

四、项目监理机构文明施工管理

文明施工检查评定应符合现行国家标准《建设工程施工现场消防安全技术规范》(GB 50720—2011)和现行行业标准《建设工程施工现场环境与卫生标准》(JGJ 146—2013)、《施工现场临时建筑物技术规范》(JGJ/T 188—2009)的规定。

文明施工检查评定保证项目应包括现场围挡、封闭管理、施工场地、材料管理、现场办公与住宿、现场防火。一般项目应包括综合治理、公示标牌、生活设施、社区服务。

监理机构要结合行业检查评定标准、地方检查评定标准,制定评分细则,实行时常检查,每月评定一次,并建立文明施工监理台账,特别是加强保证项目的检查与落实。

(一)文明施工保证项目的检查评定

文明施工保证项目的检查评定应符合下列规定。

1. 现场围挡

(1)市区主要路段的工地应设置高度不小于2.5 m的封闭围挡。

(2)一般路段的工地应设置高度不小于1.8 m的封闭围挡。

(3)围挡应坚固、稳定、整洁、美观。

2. 封闭管理

(1)施工现场进出口应设置大门,并应设置门卫值班室。

(2)应建立门卫职守管理制度,并应配备门卫职守人员。

(3)施工人员进入施工现场应佩戴工作证(卡)。

(4)施工现场出入口应标有企业名称或标识,并应设置车辆冲洗设施。

3. 施工场地

(1)施工现场的主要道路及材料加工区地面应进行硬化处理。

(2)施工现场道路应畅通,路面应平整坚实。

(3)施工现场应有防止扬尘措施。

(4)施工现场应设置排水设施,且排水通畅无积水。

(5)施工现场应有防止泥浆、污水、废水污染环境的措施。

(6)施工现场应设置专门的吸烟处,严禁随意吸烟。

(7)温暖季节应有绿化布置。

4. 材料管理

(1)建筑材料、构件、料具应按总平面布局进行码放。

(2)材料应码放整齐,并应标明名称、规格等。

(3)施工现场材料码放应采取防火、防锈蚀、防雨等措施。

(4)建筑物内施工垃圾的清运,应采用器具或管道运输,严禁随意抛掷。

(5)易燃易爆物品应分类储藏在专用库房内,并应制定防火措施。

5. 现场办公与住宿

(1)施工作业、材料存放区与办公、生活区应划分清晰,并应采取相应的隔离措施。

(2)在施工程、伙房、库房不得兼作宿舍。

(3)宿舍、办公用房的防火等级应符合规范要求。

(4)宿舍应设置可开启式窗户,床铺不得超过2层,通道宽度不应小于0.9 m。

(5)宿舍内住宿人员人均面积不应小于2.5 m^2,且不得超过16人。

(6)冬季宿舍内应有采暖和防一氧化碳中毒措施。

(7)夏季宿舍内应有防暑降温和防蚊蝇措施。

(8)生活用品应摆放整齐,环境卫生应良好。

6. 现场防火

(1)施工现场应建立消防安全管理制度、制定消防措施。

(2)施工现场临时用房和作业场所的防火设计应符合规范要求。

(3)施工现场应设置消防通道、消防水源,并应符合规范要求。

(4)施工现场灭火器材应保证可靠有效,布局配置应符合规范要求。

(5)明火作业应履行动火审批手续,配备动火监护人员。

(二)文明施工一般项目的检查评定

文明施工一般项目的检查评定应符合下列规定。

1. 综合治理

(1)生活区内应设置供作业人员学习和娱乐的场所。

(2)施工现场应建立治安保卫制度、责任分解落实到人。

(3)施工现场应制定治安防范措施。

2. 公示标牌

(1)大门口处应设置公示标牌,主要内容应包括工程概况牌、消防保卫牌、安全生产牌、文明施工牌、管理人员名单及监督电话牌、施工现场总平面图。

(2)标牌应规范、整齐、统一。

(3)施工现场应有安全标语。

(4)应有宣传栏、读报栏、黑板报。

3. 生活设施

(1)应建立卫生责任制度并落实到人。

(2)食堂与厕所、垃圾站、有毒有害场所等污染源的距离应符合规范要求。

(3)食堂必须有卫生许可证,炊事人员必须持身体健康证上岗。

(4)食堂使用的燃气罐应单独设置存放间,存放间应通风良好,并严禁存放其他物品。

(5)食堂的卫生环境应良好,且应配备必要的排风、冷藏、消毒、防鼠、防蚊蝇等设施。

(6)厕所内的设施数量和布局应符合规范要求。

(7)厕所必须符合卫生要求。

(8)必须保证现场人员卫生饮水。

(9)应设置淋浴室,且能满足现场人员需求。

(10)生活垃圾应装入密闭式容器内,并应及时清理。

4. 社区服务

(1)夜间施工前,必须经批准后方可进行施工。

(2)施工现场严禁焚烧各类废弃物。

(3)施工现场应制定防粉尘、防噪声、防光污染等措施。

(4)应制定施工不扰民措施。

任务6 建设工程合同管理

一、建设工程合同管理概述

(一)合同与项目合同管理

(1)合同是平等主体的自然人、法人、其他组织之间设立变更、终止民事权利义务关系的协议。各国的合同法规范的都是债权合同,它是市场经济条件下规范财产流转关系的基本依据。因此,合同是市场经济中广泛进行的法律行为。

(2)建筑市场中的各方主体,包括建设单位、勘察设计单位、施工承包单位、咨询监理单位、材料设备供应单位等,他们相互之间都没有隶属关系,相互之间主要依靠合同来规范和约束。

(3)建设工程合同是指承包人进行工程建设,发包人支付价款的合同。建设工程合同包括工程勘察、设计、施工、监理合同等。

(4)对于建设工程项目,标的大、履行时间长、协调关系多,合同尤为重要。因此,《中华人民共和国合同法》(简称《合同法》)第二百七十条明确规定,建设工程合同应当采用书面形式。

(5)合同是工程监理工作中最重要的法律文件。订立合同是为了证明一方向另一方应提供货物或劳务,它是订立双方责、权、利的证明文件。

(6)项目合同管理是确保订立合同双方(如建设单位与承包单位或供货单位)提供合格的货物或劳务的过程。项目合同管理的关键是管理好双方的履约行为。

(二)建设工程合同管理相关的法律体系

建设工程项目的管理应严格按照法律和合同进行。目前,我国关于规范建设工程合同管理的法律体系已基本完善。主要涉及建设工程合同管理的法律主要有以下几部。

1.《民法通则》

它是调整平等主体的公民之间、法人之间、公民与法人之间的财产关系和人身关系的基本法律。合同关系也是一种财产(债)关系,因此《民法通则》对规范合同关系作了原则性的规定。

2.《合同法》

它是规范我国市场经济财产流转关系的基本法,建设工程合同的订立和履行也要遵守其基本规定。在建设工程合同的履行过程中,由于会涉及大量的其他合同,如买卖合同等,也要遵守《合同法》的规定。

3.《招标投标法》

它是规范建筑市场竞争的主要法律。招标投标是通过竞争择优确定承包人的主要方式,能够有效地实现建筑市场公开、公平、公正的竞争。有些建设项目必须通过招标投标确定承包人。

4.《建筑法》

它是规范建筑活动的基本法律,建设工程合同的订立和履行也是一种建筑活动,合同的内容也必须遵守《建筑法》的规定。

5.其他法律

其他建设工程合同的订立和履行中涉及的法律,主要有《担保法》《保险法》《劳动法》《仲裁法》《民事诉讼法》等。

6.合同文本

为了对建设工程合同在订立和履行中有可能涉及的各种问题给出较为公正的解决方法,能够有效减少合同的争议,建设部和国家工商行政管理局联合颁布了《建设工程施工合同(示范文本)》《建设工程委托监理合同(示范文本)》等多种涉及建设工程合同的示范文本,这对完善建设工程合同管理制度起到了极大的推动作用。合同的示范文本不属于法律法规,是推荐使用的文件。

(三)建设工程合同的特征

1.合同主体的严格性

建设工程的主体一般只能是法人,发包人、承包人必须具备一定的资格,才能成为建设工程合同的合法当事人;否则,建设工程合同可能因主体不合格而导致无效。发包人对需要建设的工程,应经过计划管理部门审批,落实投资计划,并且应当具备相应的协调能力。承包人应当是具备相应的勘察、设计、施工等资质的企业,且资质等级低的,不能越级承包工程。

2. 形式和程序的严谨性

一般合同当事人就合同条款达成一致,合同即告成立,不必一律采用书面形式。建设工程合同履行期限长,工作环节多,涉及面广,应当采取书面形式,双方权利、义务应通过书面合同形式予以确定。此外,由于工程建设对国家经济发展、公民工作生活有重大影响,国家对建设工程的投资和程序有严格的管理程序,建设工程合同的订立和履行也必须遵守国家关于基本建设程序的规定。

3. 合同标的的特殊性

建设工程合同的标的是各类建筑产品,建筑产品是不动产,与地基相连,不能移动,这就决定了每项工程的合同的标的物都是特殊的,相互间不同,并且不可替代。另外,建筑产品的类别庞杂,其外观、结构、使用目的、使用人都各不相同,这就要求每一个建筑产品都需单独设计和施工,建筑产品单体性生产也决定了建设工程合同标的的特殊性。

4. 合同履行的长期性

建设工程由于结构复杂、体积大、建筑材料类型多、工作量大,使得合同履行期限都较长。而且,建设工程合同的订立和履行一般都需要较长的准备期,在合同的履行过程中,还可能因为不可抗力、工程变更、材料供应不及时等原因而导致合同期限顺延。所有这些情况,决定了建设工程合同的履行期限具有长期性。

二、合同争议的解决

合同争议也称合同纠纷,是指合同当事人对合同规定的权利和义务产生了不同的理解。合同争议的解决方式有协商、调解、仲裁、诉讼四种。其中,协商和调解的结果没有强制执行的法律效力,要靠当事人自觉履行。这里所说的协商和调解是狭义的,如果是在仲裁庭和法院主持下的协商和调解,属于法定程序,仍有强制执行的法律效力。

(一)协商

协商是指当事人在自愿互谅的基础上,就已经发生的争议进行协商并达成协议,自行解决争议的一种方式。协商能够节省大量费用和时间,从而使当事人之间的争议得以较为经济和及时的解决。

(二)调解

调解是指第三人(即调解人)应纠纷当事人的请求,依法或依合同约定,对双方当事人进行说服教育,居中调停,使其在互相谅解、互相让步的基础上解决其纠纷的一种途径。

(三)仲裁

仲裁作为一个法律概念有其特定的含义,即指发生争议的当事人(申请人与被申请人),根据其达成的仲裁协议,自愿将该争议提交中立的第三者(仲裁机构)进行裁判的争议解决制度。

仲裁的原则有以下几条:

(1)自愿原则。解决合同争议是否选择仲裁方式,以及选择仲裁机构本身并无强制力。

应当贯彻双方自愿原则,如果有一方不同意进行仲裁,仲裁机构即无权受理合同纠纷。

(2)公平合理原则。仲裁的公平合理是仲裁制度的生命力所在。这一原则要求仲裁机构要充分收集证据,听取纠纷双方的意见。仲裁应当根据事实,符合法律规定。

(3)仲裁依法独立进行原则。仲裁机构是独立的组织,相互间无隶属关系。仲裁依法独立进行,不受行政机关、社会团体和个人的干涉。

(4)一裁终局原则。由于仲裁是当事人基于对仲裁机构的信任作出的选择,因此其裁决是立即生效的。裁决做出后,当事人就同一纠纷再申请仲裁或向法院起诉的,将不予受理。

(四)诉讼

如果当事人没有在合同中约定通过仲裁解决争议,则只能通过诉讼作为解决争议的最终方式。诉讼是指人民法院在当事人和其他诉讼参与人的参加下,以审理、裁判、执行等方式解决民事纠纷的活动,以及由此产生的各种诉讼关系的总和。人民法院受理民事案件,依照法律实行合议、回避、公开审判和两审终审制度。

三、建设工程委托监理合同

(一)建设工程委托监理合同概述

1. 委托监理合同的概念和特征

建设工程委托监理合同简称监理合同,是委托人与监理人就委托的工程项目管理内容签订明确双方权利、义务的协议。监理合同是合同的一种,除具有委托合同的共同特点外,还具有以下特点:

(1)监理合同的当事人双方应当是具有民事权利能力和民事行为能力、取得法人资格的企事业单位、其他社会组织,个人在法律允许的范围内也可以成为当事人。而委托人必须是具有国家批准的建设项目,落实资金计划的企事业单位、其他社会组织及个人,作为受托人必须是依法成为具有法人资格的监理企业,并且所承担的工程监理业务应与企业资质等级和业务范围相符合。

(2)监理合同委托的工作内容必须符合工程项目建设程序,遵守有关法律、行政法规。

(3)委托监理合同的标的是服务。即监理工程师凭自己的知识、经验、技能受建设单位委托,为其所签订的其他合同的履行实施监督和管理。

2. 建设工程委托监理合同示范文本

《建设工程委托监理合同(示范文本)》是由建设部与国家工商行政管理局联合制定并颁布,要求在全国范围内实行的格式文件。使用示范文本以后,使当事人订立合同时更加认真、更加规范,对于当事人在订立合同时明确各自的权利义务、减少合同约定缺款少项、防止合同纠纷,起到积极作用。

《建设工程委托监理合同(示范文本)》由以下三部分组成:

(1)工程建设委托监理合同(下称"合同")。"合同"是一个总的协议,是纲领性的法律文件。其中明确了当事人双方确定的委托监理工程的概况(工程名称、地点、工程规模、总投资);委托人向监理人支付报酬的期限和方式;合同签订、生效、完成日期;双方愿意履行约定的各项义务的表示。经双方当事人在合同上填写具体规定的内容并签字盖章后,即发生法律效力。

(2)建设工程委托监理合同标准条件。标准条件的内容涵盖了合同中所用词语和定义,适用范围和法规,签约双方的责任、权利和义务,合同生效、变更与终止,监理报酬,争议的解决以及其他一些事项。它是委托监理合同的通用文件,适用于各类建设工程项目管理,各个委托人、监理人都应遵守。

(3)建设工程委托监理合同专用条件。专用条件是对标准条件的补充和修正。由于标准条件适用于各种专业和专业项目的建设工程监理,其中某些条款规定的比较笼统,需要在签订具体工程项目监理合同时,结合地域特点、专业特点和工程项目的特点,对标准条件的某些条款进行补充和修改。

所谓"补充",是指对标准条件中某些条款,在条款确定的原则下,在专用条件的条款中进一步明确具体内容,使两个条件中相同序号的条款共同组成一条内容完备的条款。所谓"修改",是指标准条件中规定的程序方面的内容,如果双方认为不合适,可以协议进行修改。

(二)监理合同的订立

1. 委托工作的范围

委托人委托监理业务的范围可以非常广泛。从工程建设各阶级来说,可以包括建设前期与决策阶段的咨询服务,勘察设计阶段、施工准备阶段、施工阶段、项目收尾阶段和保修阶段的全过程的项目管理工作或某些阶段的监理工作。在某一阶段内,又可以进行投资、质量、工期的三大控制及信息、合同、安全的三项管理,以及对参加建设项目的有关方之间进行组织与协调(三控、三管、一协调)。但就具体项目而言,要根据工程的特点、监理人的能力、建设不同阶段的监理等诸方面因素,将委托的监理任务详细写入合同的专用条件。

2. 对监理工作的要求

在监理合同中明确约定的监理人执行监理工作的要求,应当符合《建设工程监理规范》的规定,以及行业监理规范的规定。如水利工程还有符合《水利工程施工监理规范》的规定。

3. 监理合同的履行期限、地点和方式

订立监理合同时约定的履行期限、地点和方式是指合同中规定的当事人履行自己的义务,完成工作的时间、地点以及结算酬金。在双方签订监理合同时必须商定监理期限,标明开始日期和完成时期,日期是根据工程情况估算而得。合同约定的监理酬金是根据上述日期估算的。如果委托人增加了委托工作范围或内容,导致延长合同期限,双方经过协商另行签订补充协议。监理酬金的支付方式(首期支付多少,每月等额支付还是根据工程形象进度支付,支付的币种等)也必须明确。

4. 双方的权利

1)委托人的权利

根据监理合同的规定,监理人对委托人与第三方签订的各种承包合同的履行实施监理,因此委托人应向监理人授权。监理人可在监理合同规定的范围内自主地采取各种措施进行监督、管理和协调。如果超过权限,应取得委托人的同意。

对其他合同承包人的选定权。委托人是建设资金的持有者和建筑产品的所有人,因此对设计、施工、加工制造等合同,承包单位有选定权和订立合同的签字权。监理人在选定其他承包单位时仅有建议权。

委托监理工程重大事项的决定权。委托人有对工程规模、规划设计、生产工艺设计、设计标准和使用功能要求的认定权、工程设计变更审批权。

对监理人履行合同的监督控制权。委托人对监理人履行合同的监督权力体现在以下三个方面:对监理合同转让和分包的监督,除支付款的转让外,未经委托人同意监理人不得将涉及的利益或规定的义务转让给第三方;监理人员的控制监督,在合同专用条款或监理人的投标书内,应明确总监理工程师人选及项目监理机构派驻人员计划,合同履行时应向委托人报送人员名单,当需要调换总监理工程师时,需要委托人同意;对合同履行的监督权,有义务按时或按委托人要求提交监理报告或专题报告,供委托人检查监理工作执行情况,委托人如发现监理员不按监理合同履行职责或与承包单位串通给工程造成损失的,有权要求更换监理人员,直至终止合同并承担相应赔偿责任。

2)监理人权利

委托监理合同中赋予监理人的权利:完成监理任务后获得酬金的权利;终止合同的权利,如果委托人违约严重拖欠监理酬金或由于非监理人的责任使监理暂停的期限超过半年以上。

监理人执行监理业务可以行使的权利:建设工程有关事项和工程设计的建议权;对实施项目的质量、工期、费用和安全的监督控制权;工程建设有关协作单位组织协调的主持权;在业务紧急情况下,为了工程和人身安全,超过委托人授权的发出变更指令权,事先未得到批准,事后应尽快通知委托人;审核承包人索赔的权力。

5. 订立监理合同需注意的问题

1)坚持按法定程序签署合同

监理合同的签订意味着双方都将受到合同的约束。签订合同必须是双方的法定代表人或其授权的代表签署并监督执行,避免合同失效或不必要的合同纠纷。另外,不可忽视来往函件。

2)其他注意的问题

监理合同是双方承担义务和责任的协议,也是双方合作和相互理解的基础,一旦出现争议,监理合同及其相关文件也是保护双方权利的法律基础。因此,在签订合同应做到文字简洁、清晰、严密,以保证意思表达准确。

(三)监理合同的履行

1. 监理人应完成的监理工作

监理合同的专用条款中注明了监理工作范围和内容,属于正常的监理人必须履行的合同义务。除正常的监理工作外,还应包括附加和额外的监理工作,这是订立合同时未能或不能合理预见,但也需要完成的工作。

1)附加工作

附加工作是指与完成正常工作相关,在委托正常工作范围以外监理人完成的工作。可包括:

(1)由于委托人、第三方原因,使监理工作受到阻碍或延误,以致增加了工作或延续时间。

(2)增加监理工作的范围和内容等。

2)额外工作

额外工作是指服务内容和附加工作以外的工作,即非监理人的原因而暂停或终止监理业务,其善后工作及恢复监理业务前不超过42天的准备工作时间。如合同履行中发生不可抗力,承包单位的施工被迫中断等。

对于附加工作和额外工作,因为都是委托人正常工作之外要求监理人必须履行的义务,因此委托人应在其完成工作后,另外支付酬金,酬金的计算办法应在专用条款内予以约定。

2.合同有效期

合同的通用条款规定,监理合同的有效期为双方签订合同后,工程准备工作开始,到监理人向委托人办理完竣工验收或工程移交手续,承包人和委托人已签订工程保修责任书,监理人收到监理酬金尾款,监理合同才终止。如果保修期仍需监理人执行监理工作,双方应在合同的专用条款中另行约定。

3.双方的义务

1)委托人的义务

(1)委托人应负责建设工程所有外部关系的协调工作,满足开展监理工作所需提供的外部条件。

(2)与监理人做好协调工作。委托人要授权一位熟悉建设工程情况、能迅速做出决定的常驻代表,负责与监理人联系,更换此人要提前通知监理人。

(3)为了不耽搁服务,委托人应在合理的时间内就监理人以书面形式提交并要求作出决定的一切事宜作出书面决定。

(4)为监理人顺利履行合同义务,做好协助工作,协助工作包括:将授予监理人的监理权利以及监理人及监理机构主要成员的职能分工、监理权限及时书面通知已选定的第三方,并在与第三方签订合同中予以明确;在双方议定的时间内,免费提供与工程有关的监理服务所需要的工程资料;为监理入驻工地、监理机构开展正常工作提供协助服务。

2)监理人义务

监理人在履行合同的义务期间,应运用合理的技能认真勤奋地工作,公正地维护有关方面的合法权益。当委托人发现监理人员不按监理合同履行监理职责,与承包人串通给委托人或工程造成损失时,委托人有权要求监理人更换监理人员,直到终止合同并要求监理人承担相应的赔偿责任或连带赔偿责任。

合同履行期间应按合同约定派驻足够的人员从事监理工作。开始执行监理业务前向委托人报送派驻该工程项目的总监理工程师及该项目监理机构的人员情况。合同履行过程中如果需要调换总监理工程师,必须首先经过委托人同意,并派出具有相应资质能力的人员。

在合同期内或合同终止后,未征得有关方同意,不得泄露与本工程、合同业务有关的保密资料。

任何由委托人提供的供监理人使用的设施和物品都属于委托人资产,监理工作完成或中止时，应将设施和剩余物品归还委托人。

非经委托人书面同意，监理人及其职员不应接受委托监理合同约定以外与监理工程有关的报酬，以保证监理行为的公正性。

监理人不得参与可能与合同规定的与委托人利益相冲突的任何活动。

在监理过程中，不得泄露委托人的秘密，亦不得泄露设计、承包单位的秘密。

负责合同的协调管理工作。在委托工程范围内，委托人或承包人对对方的任何意见和要求（包括索赔要求），均必须首先向监理机构提出，由监理机构研究处置意见，再同双方协商确定。当委托人和承包人发生歧义时，监理机构应根据自己的职能，以独立的身份判断，公正地进行调解。当双方争议由政府行政主管部门调解或仲裁机构仲裁时，应提供证明的事实材料。

4. 违约责任

1）违约赔偿

合同执行过程中，由于当事人一方的过错，造成合同不能履行或者不能完全履行，由有过错的一方承担违约责任。在监理合同中制定了约束双方行为的条款“委托人责任”和“监理人责任”。

2）监理人的责任限度

在委托监理合同的标准条件中规定：监理人在责任期内，如果因过失而造成经济损失，要负监理失职责任；监理人不对责任期以外发生的任何事情所引起的损失或损害负责，也不对第三方违反合同规定的质量要求和完工（交图、交货）时限承担责任。

5. 监理合同的价款与酬金

1）正常的监理酬金

正常的监理酬金构成，是监理单位在工程项目监理中所需的全部成本再加上合理的利润和税金。具体应包括：

（1）直接成本。监理人员和监理辅助人员的工资，用于该项工程监理人员的其他专项开支，仪器和设备的摊销费用，所需的其他外部协作费用等。

（2）间接成本。管理人员和后勤服务人员的工资，经营业务费，办公费，交通差旅费，固定资产及常用工器具、设备使用费，培训费，图书费等。

监理酬金的计算方法主要有四种：

（1）按照监理工程概预算的百分比计收，此法比较方便、科学，是最常用的一种计算方法。

（2）按照参与监理工作的年度平均人数计算，此法主要适用于单工种或临时性，或不宜按工程概预算的百分比计取监理酬金的监理项目。

（3）由委托人和监理人按商定的其他方法计收。

（4）中外合资、合作、外商独资的建设工程项目，监理酬金的计取方法，由双方参照国际标准协商确定。

2）附加监理工作的酬金

附加监理工作的酬金包括增强监理工作时间的补偿酬金和增强监理工作内容的补偿酬金。

3)额外监理工作的酬金

额外监理工作的酬金按实际增加工作的天数计算补偿金额。

4)奖金

监理人在监理过程中提出合理化建议使委托人获得了经济效益,有权按专用条款的约定获得经济奖励。

四、施工阶段项目监理机构合同管理

(一)施工阶段的合同管理

1.施工合同的管理

施工合同的管理是项目监理机构一项重要的工作,整个工程项目的监理工作即可视为施工合同管理的全过程。

监理单位应积极参加工程招标投标及评价工作,协助建设单位择优选择承包单位,并参与协助建设单位签订施工合同,保证施工合同内容的合法性,协助施工合同的执行及工程建设的顺利实施。

项目监理机构总监理工程师任命一名监理人员作为专职或兼职的合同管理员,负责本工程项目的合同管理工作。

总监理工程师组织项目监理机构监理人员对施工合同进行分析,主要熟悉和了解合同的内容有工程概况、工期目标、质量目标、承包方式及承包价、控制工程质量的标准、与监理工作有关的条款、风险及责任分析、违约处理条款、其他有关事项。

2.委托监理合同的管理

总监理工程师组织项目监理人员对委托监理合同进行分析,主要应了解和熟悉合同的内容有:监理服务范围,双方权利、义务和责任,工期目标,质量标准,费用标准,违约处理条款,监理酬金支付条款,其他有关事项。

3.报送施工合同分析结果

将工程实施合同分析结果书面报告建设单位。施工合同、委托监理合同的分析报告均应归入监理档案。

4.合同归档及分解

项目监理机构合同管理员收集建设单位与第三方签订的涉及监理业务的合同(工程分包合同、材料、设备订货合同等),进行归档管理并将其内容分解到三大控制中去,交各专业监理工程师分别按其专业或内部职务分工进行控制与管理,并及时将信息反馈给合同管理员。

5.反馈信息处理

合同管理员将汇集到的各方反馈来施工合同执行的信息进行综合、分析、对比与检查,并根据预控的原则进行跟踪管理。主要的对比检查内容有:工程质量是否可能违反施工合同规定的目标;工程进度是否符合进度计划;工程费用是否可能超过计划;建设、承包单位是否有违约行为;已签订的工程分包合同,材料、设备订货合同的执行情况;其他有关合同的执行情况。

如发现合同执行情况不正常,应报告总监理工程师采取纠正措施,并通知建设、承包单位共同研究后执行。

合同管理员应将合同执行情况写入监理月报。

(二)合同其他事项的管理工作

1.工程变更的管理

工程变更可分为设计变更与工程洽商两类,分别予以处理。

1)设计变更

设计变更是指在设计交底后的施工过程中,建设单位、设计单位或承包单位对工程的材料、工艺、功能、构造、尺寸、技术标准及施工方法等提出设计修改与变更,需要设计单位审查同意。

建设单位、承包单位、设计单位提出设计变更要求时,应先提出书面文件报项目监理机构,由总监理工程师组织专业监理工程师审查,同意后由建设单位、承包单位出面与设计单位洽商。

项目监理机构审查设计变更文件时,应了解实际情况,收集与工程变更有关的资料,总监理工程师指定专业监理工程师必须根据实际情况、设计变更文件和其他有关资料,按照施工合同的有关条款,完成对工程变更费用和工期的评估内容有:确定工程变更项目与已有工程之间的类似程度和困难程度,确定工程变更项目的工程量、单价或总价,工程变更对工期的影响,变更后对工程质量和使用功能的影响。

以上评估的结论作为项目监理机构是否同意此项设计变更,并与建设单位、承包单位进行协调的依据。

项目监理机构如取得建设单位的授权,在与承包单位就工程变更费用、工期、质量等所有方面取得协商一致后,建设、承包单位在工程变更文件上签认。如未取得建设单位的授权,总监理工程师应力促建设、承包单位进行协商,达成一致。如建设、承包单位双方在工程费用方面未能达到一致,项目监理机构可提一个暂定价格,以便于支付工程进度款。

设计单位应根据工程变更情况编发"设计变更通知单"(重大或复杂的设计变更应出设计变更施工图纸,不得仅以文字说明代替)。项目监理机构应对"设计变更通知单"进行审核,同意后交承包单位实施。

2)工程洽商

工程洽商是对施工中工程做法的改变、工程量的增减、临时用工等问题,由建设单位与承包单位之间达成的协议,一般不涉及设计单位,或涉及设计单位但尚不构成设计变更的。

(1)承包单位提出的工程洽商。凡涉及设计单位的,应先征求设计单位的意见,当同意时在工程洽商文件上签字,报项目监理机构审核;凡不涉及设计单位的,承包单位应将工程洽商文件直接报项目监理机构审核。项目监理机构对工程洽商文件进行审核批准后征求建设单位的意见,同意后签认工程洽商文件,交承包单位实施。承包单位应将因实施此项工程洽商对工程费用、工期产生的影响,书面报告项目监理机构备案。

(2)建设单位提出工程洽商。由建设单位提出工程洽商文件与设计单位、承包单位协商办理签认手续,处理步骤参见承包单位提出的工程洽商。

(3)设计单位提出工程洽商。凡不构成设计变更时,由设计单位提出工程洽商文件与承包单位、建设单位洽商并办理签认手续,处理步骤参见承包单位提出的工程洽商。

(4)项目监理机构应监督承包单位对“设计变更通知单”及工程洽商文件的执行情况。在总监理工程师未签认设计变更通知单、工程洽商文件之前,承包单位不得实施。

2. 工程暂停及复工的管理

(1)总监理工程师在签发工程暂停令时应根据工程暂停后的影响范围和影响程度,按照施工合同和委托监理合同的约定,征求建设单位同意后签发,或签发后向建设单位通报。

(2)总监理工程师可下达工程暂停令的情况有:应建设单位的要求暂停施工,且工程需要停工时;发现严重的质量隐患,或发生严重的工程质量事故,需要进行停工处理时;发现严重的安全隐患,或发生严重的安全事故,需要停工处理时;发现建筑材料、构配件、设备质量严重不合格;承包单位未经许可擅自施工,或拒绝项目监理机构管理;其他必须暂停施工的紧急事件。

(3)总监理工程师在签发工程暂停令时,应根据停工原因的影响范围和影响程序,明确指出工程项目的停工范围。

(4)由于承包单位原因暂停施工后,承包单位应全力以赴,排除停工原因,进行整改,争取尽早复工,建设、监理单位予以密切配合。由于建设单位原因暂停施工后,建设单位应全力以赴,排除停工原因,争取尽快复工,承包、监理单位予以密切配合。

(5)由于建设单位原因或其他非承包单位原因导致工程暂停时,总监理工程师在签发工程暂停令之前应就有关工期和费用等事项与承包单位进行协商。暂停施工前及停工期间,项目监理机构应如实记录所发生的情况。在施工暂停原因被排除后具备复工条件时,总监理工程师应及时通知承包单位复工。

(6)由于承包单位原因导致工程暂停,在具备复工条件时,项目监理机构应审查承包单位报送的工程复工报审表及有关资料,同意后由总监理工程师签批工程复工报审表,指令承包单位复工。

(7)在工程暂停期间,总监理工程师宜会同有关各方,按照施工合同的约定处理因工程暂停期间所引起的工期、费用等有关事项。与承包单位协商重新签订新的工期和费用的协议。承包单位编制新的工程进度计划报项目监理机构审批。

3. 工程延期及工程延误的处理

(1)承包单位可以向监理单位提出工程延期(工期索赔)原因要求:建设单位未能按施工合同专用条款的约定提供施工图及其他开工所需的条件;建设单位未能按约定日期支付工程预付款、工程进度款,致使施工不能正常进行;监理工程师未能按施工合同的约定提供所需的指令、批准等,致使施工不能正常进行;由于设计发生重大变更,或工程量有大量增加;一周内由于非承包单位原因停水、停电、停气造成停工累计超过8小时;由于不可抗力造成停工;施工合同专用条款中约定或监理工程师同意工程延期的其他情况。

(2)监理单位受理工程延期的条件:工程延期事件发生后,如该事件具有持续性影响,承包单位应在施工合同规定的期限内提交“工程临时延期申请表”;承包单位在工程延期事件持续时间内向项目监理机构陆续报送有关的详细资料及证明资料;工程延期事件终结后,承包单位向项目监理机构提交最终的“工程延期申请表”。

(3)工程延期事件发生后,监理单位采取的工作步骤:对承包单位最初提交的“工程临时延期申请表”,经初步审查同意后,由总监理工程师签发“工程临时延期审批表”;及时与建设单位协商，转交有关报告与资料；进行调查研究，收集有关资料，做好记录；对发生工程延期的原因进行分析，提出尽可能减少损失的建议，督促承包单位采取措施尽量减轻对工程的影响；审查承包单位提交的最终“工程延期申请表”及有关资料，在施工合同约定的时限内予以审批。

(4) 监理单位审核工程延期的原则：情况属实；施工合同中有明确的条款依据；工程延期事件必须发生在被批准的工程进度网络计划的关键线路上，或不在关键线路上，但大于该工作自由时差。

(5) 工程延期时间终止，监理单位与建设单位协商一致，审定延期日数，向承包单位签发“工程最终延期审批表”。

(6) 承包、建设单位签订新的工期协定，承包单位编制新的总进度计划交监理单位审批，如涉及费用索赔时按有关规定办理。

(7) 如承包单位由于自身原因未能按照施工合同要求的工期竣工，以致造成工期延误，项目监理机构应按施工合同的规定从承包单位应得的工程款中扣除误期损害赔偿费。

4. 费用索赔的处理

(1) 监理工程师应按照预控原则，尽量控制不发生或少发生索赔事件，减轻建设单位的损失。如采取预测和防范措施，防止干扰合同管理情况的发生，已发生时应采取措施减少影响与损失。

(2) 项目监理机构处理费用索赔的依据包括：国家有关法律、法规和当地政府的有关法令、法规；本工程项目的施工合同；国家、行业管理部门和当地政府发布的有关标准、规范及定额；施工合同履行过程中与索赔事件有关的凭证材料。

(3) 监理工程师处理索赔的原则有：参与索赔事件处理的全过程，实事求是，严肃调查研究，严格确定索赔额；维护建设单位的合法权益，也不损害承包单位的正当权益。

(4) 项目监理机构受理费用索赔的条件包括：特殊风险（战争、敌对行动、入侵行动等，政变、暴乱、内战等，核污染造成的危害）给工程或承包单位带来的工程修理或重建造成的直接损失；一个有经验的承包单位无法预见到的自然条件（山洪暴发、特大降雨、降雪等，地震、飓风等）造成的施工费用的增加；非承包单位原因（如提供的红线桩或放线资料不准确，国家或当地政府有关法令、法规的改变引起费用的增加等）造成工程延期时，停工、复工等施工费用的增加；由于工程变更引起的额外费用（如承包单位对监理工程师确定的工程单价不满要求增加的费用，由于取消某些工程项目，承包单位遭受额外损失的费用等）。

(5) 监理单位处理费用索赔的程序是：承包单位在施工合同规定的期限内，向监理单位提交对建设单位的费用索赔意向通知书；总监理工程师指定专业监理工程师收集与索赔有关资料；承包单位在施工合同规定的时限内向项目监理机构提交“费用索赔申请表”及有关详细资料和证明材料；总监理工程师初步审查“费用索赔审批表”及有关资料，如符合条件则予以受理；总监理工程师对费用索赔事件进行详细审查，初步确定一个赔偿额度后与承包单位、建设单位进行协商；总监理工程师应在施工合同规定的时限内签署“费用索赔审批表”，或在施工合同规定的时限内发出要求承包单位提交有关索赔的进一步详细资料或材料的通知，待收到承包单位送来的资料和材料后，重新按程序进行。

(6)监理工程师审核费用索赔的原则包括:费用索赔的程序,时限符合施工合同的有关规定;费用索赔申报文件的格式与内容符合要求;费用索赔申报材料和资料真实、齐全,手续完备;申请费用索赔的理由充分、正确,在施工合同上有依据;索赔金额计算原则与方法合理、合法。

(7)当费用索赔与工程延期要求有关联时,总监理工程师在批准费用索赔时,应与工程延期的批准联系起来,综合作出费用索赔和工程延期的决定。

(8)费用索赔是双向的,由于承包单位的原因造成建设单位的额外损失时,建设单位也可向承包单位提出费用索赔。

索赔理由:由于承包单位原因造成工期延误,根据施工合同的规定,承包单位应向建设单位支付违约金;由于承包单位的质量事故给工程带来永久性缺陷;在施工过程中承包单位对建设单位的财产造成损失;其他属于费用索赔范围内的问题。

索赔程序:建设单位提出索赔意见后,与监理单位协商取得一致意见;监理单位向承包单位发出"监理工程师通知单",说明索赔理由、索赔金额,并附有有关资料或证明材料;建设、承包单位双方协商,监理单位进行协调,根据有理(施工合同中有规定)、有据(有完备的资料)、有法(有相关法规的规定)的原则,尽可能取得一致意见并商定补偿金的支付办法;协商不成,按合同争议处理。

(9)可以作为费用索赔依据的资料:项目监理机构的监理日志与项目监理人员的监理日记;双方来往信件(包括承包单位的申请表,监理工程师通知单、审批表等);施工进度记录;会议记录;工程照片,录像资料;付款凭证及单据;各种试验记录;合同、标书、施工图及有关文件、设计变更和工程洽商文件;其他。

5. 合同争议的调解

(1)建设单位与承包单位发生合同争议后,应由一方书面通知项目监理机构,总监理工程师在规定的时限内组织人员进行以下工作:及时了解合同争议的全部情况,包括调查和取证;及时与合同争议的双方进行磋商;在项目监理机构提出调解方案后,由总监理工程师进行调解;当调解未达成一致时,总监理工程师应在施工合同规定的时限内提出处理该项目合同争议的意见,并书面通知争议双方;争议双方接到项目监理机构对合同争议的书面处理意见后,在规定的时限内未提出异议,则可以认为此意见成为最后的决定,双方必须执行;如项目监理机构的调解工作无效,争议属于合同条款的解释问题,可请求当地政府建设合同管理部门予以调处;以上调处无效时,可按施工合同的约定请仲裁部门予以仲裁,或向法院起诉。

(2)以上调处、仲裁、起诉的过程中,监理单位均有义务作为证人或提供公正的证物。

(3)在处理合同争议的全过程中,监理单位应督促双方继续执行合同保持施工连续,保护好已建完的工程,除非出现:由于一方违约已造成合同确实无法履行,双方协议停止施工;调解方提出停止施工,且被双方接受;仲裁部门要求停工;法院要求停工。

6. 违约处理

(1)建设单位的违约情况:不能按合同约定给出指令、确认和批准;不按合同履行自己的义务;不能在合同规定的时限内,向承包单位支付工程款;发生其他使合同不能履行的行为。

(2)承包单位的违约情况:不能按合同约定的工期竣工;工程质量达不到设计要求、规范要求或施工合同的要求;发生其他使合同不能履行的行为。

(3)违约处理原则:监理单位有义务经常提醒建设单位、承包单位不发生违约事件;在监理过程中如发现有违约可能时,应及时劝阻违约一方不发生或少发生违约事件;发生违约事件后,监理单位应在充分调查事件的基础上,以事实为根据,以合同约定为准绳,公平合理的予以处理;处理过程中应充分听取双方的意见,充分协商,尽量做到双方都能基本满意。

(4)违约处理程序:受损失一方提出书面文件通知项目监理机构;项目监理机构对违约事件进行调查研究,提出处理方案,组织双方进行协商。能协商一致,双方签订书面协议,并执行协议;调解不成可按合同争议有关规定处理。

(5)如任一方要求全部或部分解除合同,监理单位应慎重处理,以尽量减少经济损失为原则。

7.合同的生效、终止与解除

(1)合同的生效:建设单位与承包单位履行完毕施工合同中规定的手续后,合同即生效。

(2)合同的终止:建设单位、承包单位均已履行完施工合同中规定的全部义务,竣工结算单位仍有按合同中质量保修条款的规定,在工程质量保修期内承担工程质量保修的责任。

(3)合同的解除:施工合同的解除必须符合法律程序,并且建设单位与承包单位协商取得一致。

双方可解除合同的情况有:因不可抗力使合同无法履行,因一方违约致使合同无法履行。

(4)合同解除后不影响双方在合同中约定的结算和清理工程款的效力。

当建设单位违约导致施工合同最终解除时,项目监理机构应就承包单位按合同规定应得的工程款与建设单位、承包单位双方进行协商,并按合同的规定从下列应得的工程款中确定承包单位应得的全部款项,并书面通知承包单位和建设单位:承包单位已完成的工程量表中所列的已完成工程应得的款项;按批准的采购计划订购的建筑材料、设备等,承包单位所支付的款项;承包单位将施工设备撤离至原基地或其他目的地的合理费用;承包单位所有人员的合理遣返费用;合理的利润补偿;施工合同规定的建设单位应支付的违约金。

由于承包单位违约导致施工合同解除时,项目监理机构应按下列程序清理承包单位应得的工程款,或偿还建设单位的相关款项,并书面通知承包单位和建设单位:施工合同中止时,清理承包单位已按施工合同规定实际完成的工程应得款和已得到支付的工程款;施工现场尚未使用完的任何建筑材料、构配件和设备,以及临时工程的价值;对已完工程进行检查和验收,移交工程质量文件,该部分工程的清理、质量缺陷的修补等所需的费用;施工合同规定的承包单位应支付的违约金。

总监理工程师按照施工合同的约定,在与建设单位、承包单位协商后,书面提交承包单应得的款项或偿还建设单位款项的证明文件,并督促建设单位、承包单位双方履行。

(5)不可抗力或建设单位、承包单位原因导致施工合同解除时,项目监理机构应按施工合同的有关规定处理合同解除后的有关事项。

任务7 建设工程信息管理及组织协调

一、项目监理机构工程信息管理概述

(一)信息、信息系统、信息管理

1. 信息

信息就是"消息",是某种意义上的"情报"。信息是客观事物的反映,也是事物的客观规律。一个组织(如一个监理单位或一个项目监理机构)的各部门之间、组织与组织成员之间,以及组织与外部环境之间的相互联系和运作,都是依靠信息系统维系着,信息系统是整个工程系统的血液,是一个子系统。有效的组织工作必须保持组织内外信息的畅通。

2. 信息系统

信息是一切工作的基础,信息只有组织起来才能发挥作用。信息的组织由信息系统完成,信息系统是收集、组织数据产生信息的系统。信息系统的定义是:信息系统是由人和计算机等组成,以系统思想为依据,以计算机为手段,进行数据(情况)收集、传递、处理、存储、分发、加工产生信息,为决策、预测和管理提供依据的系统。

一个监理单位和每一个项目监理机构都应建立信息管理系统,配备熟悉工程项目管理业务并经过培训的信息管理人员,以正确地获得和高效、安全、可靠地使用所需要的信息。

3. 监理信息系统

监理信息系统是建设工程信息系统的一个组成部分。建设工程信息系统由建设单位、勘察设计单位、施工承包单位、工程监理单位、建设行政主管部门、建设材料设备供应单位等各自的信息系统组成,监理信息系统是建设工程信息系统的一个子系统,也是监理单位整个管理系统的一个子系统。作为前者,它必须从建设信息系统中得到所必须的政府、建设、施工承包、设计等各单位提供的数据和信息,也必须送出相关单位需要的数据和信息;作为后者,它也从监理单位得到必要的指令、帮助和所需要的数据与信息,向监理单位汇报建设工程项目的信息。

4. 信息管理

所谓信息管理,是指对信息的收集、加工整理、储存、传递与应用等一系列工作的总称。信息管理的目的就是通过有组织的信息流通,使决策者能及时、准确地获得相应的信息。为了达到信息管理的目的,就要把握好以下几个环节:

(1)了解和掌握信息来源,对信息进行分类。

(2)掌握和正确运用信息管理的手段(如使用计算机并选用适用的程序软件)。

(3)掌报信息流程的不同环节,建立信息管理系统。

(二)建设工程项目信息管理

建设工程监理的主要方法是控制,控制的基础是信息,信息管理是工程监理任务的主要内容之一。及时掌握准确、完整的信息,可以使监理工程师耳聪目明,可以更加卓有成效地完成监理任务。信息管理工作的好坏,直接影响着监理工作的成败。监理工程师应重视建设工程项目的信息管理工作,掌握信息管理方法。

1. 建设工程项目信息的构成

由于建设工程信息管理工作涉及多部门、多环节、多专业、多渠道,工程信息量大、来源广、形式多样,主要信息形态有下列形式:

(1)文字图形信息。包括勘察、测绘、设计图纸及说明书、合同,工作条例及规定,项目管理实施规划(施工组织设计)情况报告,原始记录,统计图表、报表,信函等信息。

(2)语言信息。包括口头分配任务、工作指示、汇报、工作检查、谈判交涉、建议、批评、工作讨论和研究、会议等信息。

(3)新技术信息。包括通过网络、电话、电报、电传、计算机、电视、录像、录音、广播等现代化手段收集及处理的一部分信息。

2. 建设工程项目信息的分类

(1)按照建设工程的目标划分,可分为资金控制信息、质量控制信息,进度控制信息、安全管理、合同管理信息等。

(2)按照建设工程项目信息的来源划分,可分为项目内部信息(建设工程项目各个阶段、各个环节、各有关单位发生的信息总体)、项目外部信息(来自项目外部环境的信息)。

(3)按照信息的稳定程度划分,可分为固定信息(指在一定时间内相对稳定不变的信息,包括标准信息、计划信息和查询信息)、流动信息(在不断变化的动态信息)。

(4)按照信息的层次划分,可分为战略性信息(指该项目建设过程中战略决策所需的信息、投资总额、建设总工期、承包单位的选定、合同价的确定等信息)、管理性信息(指项目年度进度计划、财务计划等)、业务性信息(指各业务部门的日常信息,较具体、精度较高)。

(5)按照信息的管理功能划分,可划分为组织类信息、管理类信息、经济类信息和技术类信息四大类。

(6)按其他标准划分。按照信息范围的不同,可以把建设工程项目信息分为精细的信息和摘要的信息两类;按照信息时间的不同,可以把建设工程项目信息分为历史性信息、即时信息和预测性信息三大类;按照监理阶段的不同,可以把建设工程项目信息分为计划的信息、作业的信息、核算的信息、报告的信息四类;按照对信息的期待性不同,可以把建设工程项目信息分为预知的和突发的信息两类。

按照一定的标准,将建设工程项目信息予以分类,对监理工作有着重要意义。因为不同的监理范畴,需要不同的信息,而把信息予以分类,有助于根据监理工作的不同要求,提供适当的信息。

3. 建设工程项目信息管理的基本任务

监理工程师作为项目管理者,承担着项目信息管理的任务,负责收集项目实施情况的信息,做各种信息处理工作,并向上级、向外界提供各种信息,其信息管理的任务主要包括:

(1)组织项目基本情况信息的收集并系统化,编制成项目基本情况资料,确定它们的基本要求和特征,并保证在实施过程中信息顺利流通。

(2)项目报告及各种资料的规定,例如资料的格式、内容、数据结构要求。

(3)按照项目实施、项目组织、项目管理工作过程建立项目管理信息系统流程,在实际工作中保证这个系统正常运行,并控制流程。

(4)文件档案管理工作,有效的项目管理需要更多地依靠信息系统的结构和维护。

信息管理影响组织和整个项目系统的运行效率,是人们沟通的桥梁,监理工程师应对它有足够的重视。

4.建设工程信息管理工作的原则

对于大型的建设工程项目,其所产生的信息数量巨大,种类繁多,为便于信息的收集、处理、储存、传递和利用,监理工程师在进行建设工程项目信息管理实践中逐步形成以下基本原则:

(1)标准化原则。要求在项目的实施过程中对有关信息进行统一分类,对信息流程进行规范,对产生的报表力求做到格式化和标准化,通过建立健全信息管理制度,从组织上保证信息产生过程的效率。

(2)有效性原则。监理工程师所提供的信息应针对不同层次管理者的要求进行适当加工,针对不同管理层提供不同要求和浓缩程度的信息。例如,对于项目的高层管理者而言,提供的决策信息应力求精练、直观,尽量采用形象的图表来表达,以满足其战略决策的信息需要。

(3)定量化原则。建设工程产生的信息不应是项目实施过程中产生数据的简单记录,应该是经过信息处理人员的比较和分析。采用定量工具对有关数据进行分析和比较是十分必要的。

(4)时效性原则。考虑工程项目决策过程的时效性,建设工程的成果也应具有相应的时效性。建设工程项目的信息都有一定的产生周期,如月报表、季报表、年报表等,这都是为了保证信息产品能够及时服务于决策。

(5)高效处理原则。通过采用高性能的信息处理工具(建设工程信息管理系统),尽量缩短信息在处理过程的延迟,监理工程师的主要精力应放在对处理结果的分析和控制措施的制定上。

(6)可预见原则。建设工程产生的信息作为项目实施的历史数据,可以用于预测未来的情况。监理工程师应通过采用先进的方法和工具为决策者制定未来目标和行动规划提供必要的信息。如通过对以往投资执行情况的分析,对未来可能发生的投资进行预测,作为采取事先控制措施的依据,这在工程项目管理中也是十分重要的。

二、项目监理机构信息管理规定

(一)项目监理机构的监理信息管理体系

项目监理机构应建立监理信息管理体系,确保监理内外信息的畅通。其内容包括:

(1)配置信息管理人员并制定相应岗位职责。

(2)制定包括文档资料收集、分类、保管、保密、查阅、复制、整编、移交、验收和归档等制度。

(3)制定包括文件资料签收、传阅程序,制定文件起草、打印、校核、签发等管理程序。

(4)文件、报表格式应符合下列规定:常用报告、报表格式宜采用《建设工程监理规范》(GB/T 50319—2013)或《水利工程施工监理规范》(SL 288—2014)等规范规定的标准格式。

文件格式应遵守国家及有关部门发布的公文管理格式,如文号、签发、标题、关键词、主送与抄送、密级、日期、纸型、版式、字体、份数等。

(5)建立信息目录分类清单、信息编码体系,确定监理信息资料内部分类归档方案。

(6)建立计算机辅助信息管理系统。

(二)监理文件的规定

监理文件应符合下列规定,以满足监理工作的需要:

(1)应按规定程序起草、打印、校核、签发。

(2)应表述明确、数字准确、简明扼要、用语规范、引用依据恰当。

(3)应按规定格式编写,紧急文件宜注明"急件"字样,有保密要求的文件应注明密级。

(三)通知与联络的规定

通知与联络应符合下列规定,以满足监理工作的需要:

(1)监理机构发出的书面文件,应由总监理工程师或其授权的监理工程师签名、加盖本人执业印章,并加盖监理机构章。

(2)监理机构与发包人和承包人以及与其他人的联络应以书面文件为准。在紧急情况下,监理工程师或监理员现场签发的工程现场书面通知可不加盖监理机构章,作为临时书面指示,承包人应遵照执行,但事后监理机构应及时以书面文件确认;若监理机构未及时发出书面文件确认,承包人应在收到上述临时书面指示后24小时内向监理机构发出书面确认函,监理机构应予以答复。监理机构在收到承包人的书面确认函后24小时内未予以答复的,该临时书面指示视为监理机构的正式指示。

(3)监理机构应及时填写发文记录,根据文件类别和规定的发送程序,送达对方指定联系人,并由收件方指定联系人签收。

(4)监理机构对所有来往书面文件均应按施工合同约定的期限及时发出和答复,不得扣压或拖延,也不得拒收。

(5)监理机构收到发包人和承包人的书面文件,均应按规定程序办理签收、送阅、收回和归档等手续。

(6)在监理合同约定期限内,发包人应就监理机构书面提交并要求其做出决定的事宜予以书面答复;超过期限,监理机构未收到发包人的书面答复,则视为发包人同意。

(7)对于承包人提出要求确认的事宜,监理机构应在合同约定时间内做出书面答复,逾期未答复,则视为监理机构已经确认。

(四)书面文件传递的规定

书面文件的传递应符合下列规定,以满足监理工作的需要:

(1)除施工合同另有约定外,书面文件应按下列程序传递:承包人向发包人报送的书面文件均应报送监理机构,经监理机构审核后转报发包人。发包人关于工程施工中与承包人有关事宜的决定,均应通过监理机构通知承包人。

(2)所有来往的书面文件,除纸质文件外还宜同时发送电子文档。当电子文档与纸质文件内容不一致时,应以纸质文件为准。

(3)不符合书面文件报送程序规定的文件,均视为无效文件。

(五)监理日志、报告与会议纪要的规定

监理日志、报告与会议纪要应符合下列规定,以满足监理工作的需要:

(1)现场监理人员应及时、准确地完成监理日记。由监理机构指定专人按照规定格式与内容填写监理日志并及时归档。

(2)监理机构应在每月的固定时间,向发包人、监理单位报送监理月报。

(3)监理机构可根据工程进展情况和现场施工情况,向发包人报送监理专题报告。

(4)监理机构应按照有关规定,在工程验收前,提交工程建设监理工作报告,并提供监理备查资料。

(5)监理机构应安排专人负责各类监理会议的记录和纪要编写。会议纪要应经与会各方签字确认后实施,也可由监理机构依据会议决定另行发文实施。

(六)档案资料管理的规定

档案资料管理应符合下列规定,以满足监理工作的需要:

(1)监理机构应要求承包人安排专人负责工程档案资料的管理工作,监督承包人按照有关规定和施工合同约定进行档案资料的预立卷和归档。

(2)监理机构对承包人提交的归档材料应进行审核,并向发包人提交对工程档案内容与整编质量情况审核的专题报告。

(3)监理机构应按有关规定及监理合同约定,安排专人负责监理档案资料的管理工作。凡要求立卷归档的资料,应按照规定及时预立卷和归档,妥善保管。

(4)在监理服务期满后,监理机构应对要求归档的监理档案资料逐项清点、整编、登记造册,移交发包人。

三、项目监理机构信息管理日常工作

项目监理机构信息管理员可通过以下形式进行日常信息管理工作。

(一)施工现场监理会议

施工现场监理会议是建设工程项目参加建设各方交流信息的重要形式,一般分为第一次监理工地会议、监理例会(最好每周开一次)、监理专题会议。因工作急需,建设、承包、监理单位均可提出召开临时工地会议,以解决当时亟待解决的问题。

监理例会的参加人员,在第一次监理工地会议时已经商定;监理专题会议和临时工地会议的参加人员和会议内容,在会前商定。

(二)监理日志、监理日记及监理报表

各工程项目的项目监理机构副总监理工程师(总监理工程师代表)或总监理工程师指定的人员,应每日填报工程项目监理日志,记录当日施工现场发生的一切情况及监理工作情况。各监理人员亦应每日填报监理人员监理日记,记录当日本人的监理工作情况。监理日志和监理日记均应认真、按时、据实填报,并应于次日8时前送交总监理工程师审阅。项目监理机构信息管理员亦应同时查阅,从中获取相关的信息。

监理巡视记录、各项监理报表也是信息管理员获取信息的重要来源,信息管理员要负责收集、整理有关信息,向总监理工程师汇报。这些信息也是据以编写监理月报和监理工作总结的依据。

(三)监理月报

编写监理月报是一项重要的信息管理工作,正在监理的工程项目,每月均应编制监理月报,报送建设单位、所属监理单位及有关部门。

监理月报的编写由总监理工程师指定专人负责,各专业监理工程师和信息管理员负责提供本专业或职务分工部分的资料与数据,总监理工程师审阅把关。项目监理机构全体人员共同动手,分工协作按时编制完成。

(四)监理简报

项目监理机构定期或不定期编写监理简报,报导施工现场的情况,及时报送有关单位和所属监理单位有关部门及领导。

四、项目监理机构的组织协调工作

(一)组织协调工作概述

1. 什么是组织协调工作

工程项目建设是一项复杂的系统工程,在系统中活跃着建设单位、承包单位(含分包单位、材料设备供应单位)、勘察设计单位、监理单位、政府建设行政主管部门,以及与工程建设有关的其他单位,这些单位和部门构成了系统中的要素。这些要素各有自己的特性、组织机构、活动方式及活动的目标。这些要素之间相互联系,也互相制约。为了使这些要素能够有秩序地组成有特定功能(完成工程项目建设)和共同活动目标(按工期、保质量、保安全施工、尽可能降低工程造价)的统一体,需要一个强有力的力量进行组织和协调,这个力量就是监理单位的组织协调工作。

"组织"的含义是"安排分散的人或事物,使具有一定的系统性或完整性"。协调的含义是"配合得适当"。组织协调就是通过外力使整个系统中分散的各个要素具有一定的系统性、整体性,并且使之配合适当。换句话说,就是力求把系统中原来分散的各要素的力量组合起来,协同一致,齐心协力,实现共同的预定目标。

2. 只有监理单位具备最佳的组织协调能力

在系统中的各要素只有监理单位才具备最佳的组织协调能力,其原因是:

(1)监理单位是建设单位委托并授权的,是施工现场唯一的管理者,代表建设单位,并根据委托监理合同及有关的法律、法规授予的权力,对整个工程项目的实施过程进行监督与管理。

(2)监理人员都是经过考核的专业人员,他们有技术、会管理、懂经济、通法律,一般要比建设单位的管理人员有着更高的管理水平、管理能力和监理经验,能够驾驭工程项目建设过程的有效运行。

(3)监理单位对工程建设项目进行监督与管理,根据有关的法令、法规有自己特定的权力。例如,根据《中华人民共和国建筑法》第四章第三十二条规定:建设工程监理应当依照法律、行政法规及有关的技术标准、设计文件和建筑工程承包合同,对承包单位在施工质量、建设工期和建设资金使用等方面，代表建设单位实施监督。工程监理人员认为工程施工不符合工程设计要求、施工技术标准和合同的约定时，有权要求建筑施工企业改正等。

3. 总监理工程师是组织协调工作的中心

综上来看，监理单位必然要承担起工程项目建设过程中的组织协调工作，这项组织协调工作贯穿于工程项目建设的全过程。按照建设工程项目监理应实行总监理工程师负责制的原则规定，总监理工程师是工程项目监理机构的核心和领导，因此在组织协调工作中，总监理工程师应自觉地始终处于组织协调工作的中心地位并积极发挥作用。

（二）总监理工程师应具备的素质和条件

鉴于总监理工程师的组织协调工作的重要性，总监理工程师应具备以下素质和条件：

（1）总监理工程师除必须具有较高的本专业的技术水平外，还必须是一名有技术、会管理、懂经济、通法律的"全才"。另外，由于项目监理机构内部事务繁杂多样，总监理工程师必须是"通才"，即总监理工程师还应该通晓其他有关专业的基本知识。这样才能全面掌握工程项目的实施情况，做好项目监理机构的领导工作。"全才"与"通才"是总监理工程师的物质基础和条件。因此，必须依靠项目监理团队，各尽其能，各司其职，充分发挥团队的力量，实现"全才"与"通才"。

（2）总监理工程师必须具备良好的职业道德，因为建设工程项目汇聚了形形色色的人和不同的利益体，总监理工程师必须站稳立场、洁身自好，带领好项目监理机构的一班人，为了项目监理机构和所属监理单位的声誉而努力。另外，总监理工程师必须有坚定的敬业精神，能够看到工程监理事业有着广阔的发展前景，愿意为国家建设和所属监理单位的发展作出贡献。良好的职业道德和坚定的敬业精神是总监理工程师的思想基础和条件。

（3）总监理工程师必须具备高度的组织协调能力，这是个人才能和综合能力的体现。在工程项目建设过程中，面对种种错综复杂的情况，接触形形色色的人，总监理工程师应该有能力把情况综合起来进行分析，理顺关系，找出事物的主要矛盾和矛盾的主要方面，从大局出发，用发展的眼光看问题，才能把所有的力量组织起来，向共同的目标前进，这是总监理工程师的能力基础和条件。

总监理工程师能够具备上述三个方面的基础和条件，一是靠本人素质，二是靠本身的修养和锻炼，三是靠项目监理团队的分工协作、团结合作，四是靠上级领导层的支持与指导。

（三）组织协调工作的内容

建设工程项目的组织协调工作可分为内部关系的组织协调（指项目监理机构内部及所属监理单位之间）、近外层关系的组织协调（指本工程项目与建设单位有合同关系的单位之间）、远外层关系的协调（指与本工程项目有关，但与建设单位无合同关系的单位之间）三种。现分述如下。

1. 对内部关系的组织协调

（1）与所属监理单位之间的组织协调。项目监理机构是监理单位派驻施工现场的执行机构，项目监理机构除应执行委托监理合同规定的权利、义务和责任外，总监理工程师还应与所属监理单位保持密切的联系，接受监理单位的领导和业务指导，执行监理单位制定的质量方针、质量目标、各项质量管理体系文件以及各项管理制度，完成监理单位的企业计划，经常向监理单位汇报工作，及时反映工程项目监理中出现的情况，必要时可请监理单位出面进行组织协调工作。

(2)项目监理机构内部的组织协调。总监理工程师应充分地了解项目监理机构内每一名监理人员的性格能力、经历、工作特点等，量才使用，在充分信任、放手使用的基础上，帮助他们施展其特长，尽量发挥其聪明才智。

总监理工程师还应该关怀监理人员的健康成长，加强培训和教育，不断提高他们的业务能力和思想水平。在工作安排上要职责分明，对其在工作中取得的成绩要予以肯定，对其工作中的差错要实事求是地调查了解，予以指出并帮助其改正。

总监理工程师还应做好项目监理机构内部各层次之间、各专业之间的组织协调工作，使项目监理工作和谐、有序、高效的运行。

2. 对近外层关系的组织协调

(1)与建设单位之间的组织协调。监理单位受建设单位的委托，对工程项目实施监理，因此要维护建设单位的合法权益，尽一切努力促使工程项目按期、保质、安全，以尽可能低的造价建成，尽早使建设单位受益。

总监理工程师及全体监理人员应充分尊重建设单位，加强与建设单位现场代表的联系与协商，听取他们对项目监理工作和项目监理人员的意见。在召开监理会议、延长工期、费用索赔、处理工程事故、支付工程款、工程变更签认等监理活动之前，应争取建设单位的同意。

总监理工程师在不违背有关法律法规和职业道德的基础上，尽可能和建设单位搞好关系。当建设单位不能听取正确的意见，或坚持不正当行为时，总监理工程师应采取说服与劝阻的方式，不可采取对抗的态度，必要时可发出备忘录，并及时向所属监理单位报告。

(2)与设计单位之间的组织协调。监理单位与设计单位之间虽只是工作业务关系，但是监理工程师与设计工程师之间，应相互理解、尊重与密切配合，配合设计单位做好工程变更工作。

(3)与承包单位之间的组织协调。监理单位与承包单位之间是监理与被监理的关系。监理单位依照有关的法令、法规及委托监理合同赋予的权利，监督承包单位认真履行施工合同中规定的责任和义务，促使施工合同中约定的目标实现。

在工程项目实施过程中，总监理工程师应了解和协调工程进度、工程质量、工程造价、施工安全以及合同管理中的有关情况，按法律法规和规范严格要求下，理解承包单位的困难，并热忱地帮助其解决困难，促使承包单位能够顺利地完成施工任务。在涉及承包单位的正当权益时，监理单位应站在公正的立场上予以维护。

(4)与其他监理单位之间的组织协调。如本工程项目还有其他的监理单位，相互间要加强联系，相互尊重、互相配合，划分清楚各自的监理范围与界限，不留空白。不好划分的，由双方协商以一方为主，另一方密切配合，共同对工程质量、进度、造价、施工安全等文件进行签认。建立双方总监理工程师的碰头协商制度，交流情况、交流经验、取长补短，共同完成监理任务。

3. 对远外层关系的组织协调

(1)与有关政府主管部门及公共事业管理部门之间的组织协调。有关政府主管部门包括建设管理、规划管理、安全生产管理、环保管理、卫生防疫、市政、消防、公安保卫等部门。公共事业管理部门包括供电、给水排水、供热、环卫、电信等部门。与这些部门的联系与协调工作主要是建设单位和承包单位的工作,项目监理机构可给予必要的协助。

(2)与政府建设工程质量安全监督部门之间的组织协调。这是项目监理机构唯一有联系的远外层关系单位。监理单位与政府建设工程质量安全监督部门之间是被监督与被指导的关系。工程质量安全监督部门作为政府的机构,对工程质量和安全施工进行宏观控制,并对监理单位进行监督与指导。项目监理机构应在总监理工程师的领导下,认真地执行工程质量安全监督部门发布的各项工程质量和安全施工管理的规定;监理工程师应及时地、如实地向工程质量安全监督人员反映情况,接受其指导。总监理工程师与本工程项目的监督负责人加强联系,尊重其职权,双方密切配合。总监理工程师应充分利用工程质量安全监督部门对承包单位的权威作用,共同做好工程质量和安全施工的管理与控制工作。

(四)总监理工程师组织协调工作的方法

1. 召开会议

召开会议是最常用的方法,凡涉及组织协调工作的人员或单位聚集一起开会,共同研讨协商,在充分讨论的基础上取得共识,使问题得到解决。

(1)项目监理机构内部的协调会。项目监理机构每天应召开碰头会,全体项目监理人员参加,交流情况,布置工作;召开监理例会及监理专项专题会议之前,监理机构应召开协调会,统一步调,交换意见,决定会议的主要内容及会议程序。

(2)项目监理机构以外的协调会。监理例会应按规定的日期,由规定的人员参加,由监理机构主持,会议内容应于会前约定,会议的决议事项应对与会各单位有约束力;各项专项、专题会议根据需要召开,会前明确开会的目的,由总监理工程师或其授权人员主持。

2. 加强协商

协商是沟通双方之间的情况,减少分歧,解决矛盾,统一意见,共同做好工作的重要方式与方法。在项目监理机构内部协调会中,要开展项目监理人员之间的协商讨论,以统一意见,做好统一部署。在监理例会和监理专题会议召开之前,总监理工程师要与建设单位、承包单位的有关负责人做好协商工作,以提高会议质量,减少无效的争议。必要时,还可以邀请设计单位、勘察单位、工程质量安全监督部门人员参加有关的会议。对于重大问题的协商与决策,也可召开由建设、承包、监理等单位领导层参加的高一级协商会。

3. 沟通信息

协商的基础是信息,信息不通,情况不明,协调工作没有目的也就难以收到成效。信息沟通工作通过各单位不同层次人员之间的接触和交流,如专业监理工程师与建设单位各专业管理人员之间、与设计工程师之间、与承包单位各专业管理人员之间的信息沟通与交流;总监理工程师与建设单位驻工地授权代表之间、与设计单位项目设计总负责人之间、与承包单位项目经理之间的信息沟通与交流。

信息沟通还可以通过监理月报、监理会议纪要、简报等形式,也可以将所属监理单位的有关业务的信息传达给有关单位和部门，让他们对所属监理单位有更深的了解，以提高监理单位的信誉，增强信任。

4. 相互邀请参加本单位的活动

总监理工程师可以邀请建设单位领导人，驻工地授权代表，参加对施工现场的工程质量、安全防护、环保卫生等情况检查活动，以使他们掌握施工现场的第一手资料，也可以邀请他们参加项目监理机构的总结会、评比会以及监理单位的一些活动，使他们对监理人员和监理工作有更确切的认识。总监理工程师可以邀请设计工程师参加工程质量和施工技术的研讨会、质量问题的处理会、工程验收会等，会前应做好协调工作。相互邀请参加本单位的活动，增进感情，加深理解，促进工程建设的良性发展。

复习思考题

一、问答题

1. 监理主要工作制度有哪些？
2. 检查开工前承包人的施工准备情况是否满足开工要求应包括哪些内容？
3. 建设工程质量的定义是什么？
4. 工程质量形成过程与影响因素有哪些？
5. 施工准备的质量控制方法有哪些？
6. 施工阶段质量控制手段有哪些？
7. 水利工程项目划分的基本原则有哪些？
8. 水利工程验收的基本要求是什么？
9. 水利工程质量事故划分为哪些类型？
10. 工程质量事故有哪些特点？
11. 工程质量保修期监理的主要工作内容有哪些？
12. 工程投资控制措施主要有哪些？
13. 建筑安装工程费用的构成有哪些？
14. 工程量清单的概念是什么？
15. 工程计量的程序及依据是什么？
16. 进度控制的概念是什么？
17. 影响工程进度控制的主要因素有哪些？
18. 进度控制的基本措施和方法有哪些？
19. 安全生产的概念是什么？
20. 建设工程项目信息的构成有哪些？

二、案例分析题

1. 某工程的施工合同工期为16周，项目监理机构批准的施工进度计划如图2-2所示(时间单位：周)。

各工作匀速施工。施工单位的报价单(部分)见表2-1。

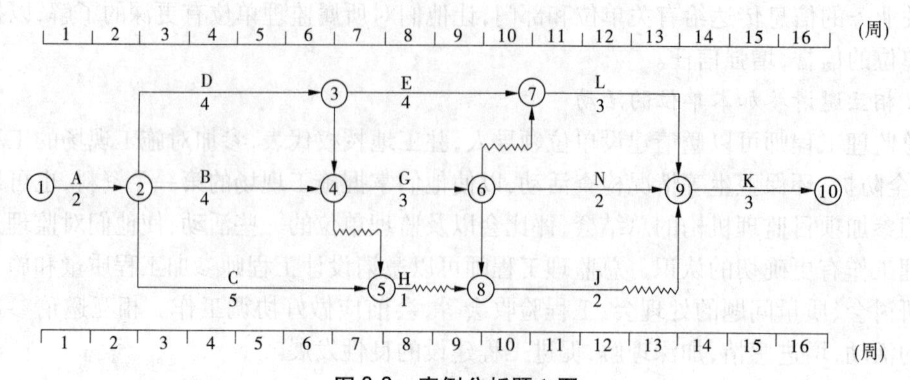

图 2-2 案例分析题 1 图

表 2-1 施工单位报价单

序号	工作名称	估算工程量	全费用综合单价（元/m^3）	合价（万元）
1	A	800 m^3	300	24
2	B	1 200 m^3	320	38.4
3	C	20 次	—	—
4	D	1 600 m^3	280	44.8

工程施工到第 4 周末时进行速度检查，发生如下事件：

事件 1：A 工作已经完成，但由于设计图样局部修改，实际完成的工程量为 840 m^3，工作持续时间未变。

事件 2：B 工作施工时，遇到异常恶劣的气候，造成施工单位的施工机械损坏和施工人员窝工，损失 1 万元，实际只完成估算工程量的 25%。

事件 3：C 工作为检验检测配合工作，只完成了估算工程量的 20%，施工单位实际发生检验检测配合工作费用 5 000 元。

事件 4：施工中发现地下文物，导致 D 工作尚未开始，造成施工单位自有设备闲置 4 个台班，台班单价为 300 元/台班、折旧费 100 元/台班。施工单位进行文物现场保护费用为 1 200 元。

问题：

（1）分析 B、C、D 三项工作的实际进度对工期的影响说法正确的是（　　）。

A. B 工作拖后 1 周，不影响工期

B. C 工作拖后 1 周，不影响工期

C. D 工作拖后 2 周，影响工期 2 周

D. B、C 工作拖后 2 周，不影响工期

E. D 工作拖后 2 周，影响工期 1 周

（2）若施工单位在第 4 周末就 B、C、D 出现的进度偏差提出工程延期的要求，项目监理机构应批准工程延期（　　）时间。

A.1周　　B.2周　　C.3周　　D.4周

(3)施工单位是否可以就事件提出费用索赔,下列说法正确的是(　　)。

A.事件2不能索赔费用。理由:异常恶劣的气候造成施工单位施工机械损坏和施工人员窝工的损失不能索赔

B.事件4可以索赔费用。理由:施工中发现地下文物属非施工单位原因

C.事件1可以索赔费用

D.事件3不能索赔费用。理由:施工单位对C工作的费用没有报价,故认为该项费用已分摊到其他相应项目中

E.均不能索赔费用

2.某工程经项目划分各工作逻辑关系如表2-2和图2-3所示。

表2-2　各工作逻辑关系

项目代号	A	B	C	D	E	F	G	H	K	I
紧前工序	—	A	A	A	B	BCD	EF	F	D	FK
时间(天)	2	4	6	8	10	12	14	16	18	10
费用(万元)	100	800	900	200	900	600	700	800	900	400

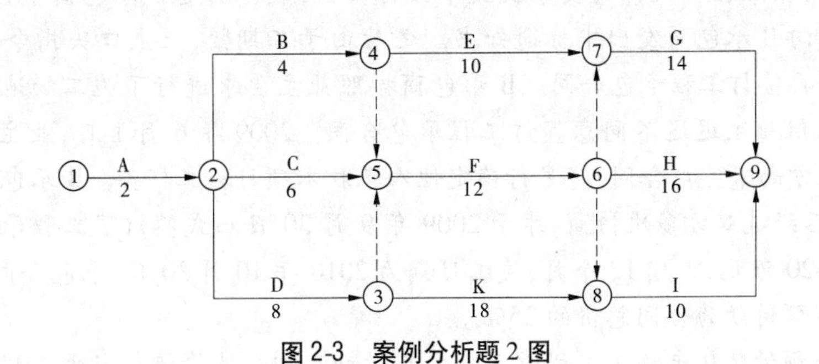

图2-3　案例分析题2图

在施工过程中发生了如下事件:

事件1:发现工作D由于施工质量问题造成返工,致使该工作延长6天。工作F因业主提供的材料不合格,致使承包商停工待料7天。结果,施工承包单位提出延长工期13天的要求。

事件2:K项目图纸由专业监理工程师审核签字后,施工单位负责人提出设计变更。

事件3:在H施工时在5 m高的脚手架上,一个工人因患高血压从高空坠落身亡。

事件4:由于D拖延工期,监理单位要求施工单位提交赶工计划。

问题:

(1)该工程的计算工期为(　　)天。

A.32　　B.38　　C.40　　D.42

(2)试分析事件1,监理工程师应批准承包单位延长工期(　　)天。

A.6　　B.7　　C.13　　D.15

(3)图纸由(　　)审核签字后实施。

A.监理员　　B.监理工程师

C. 副总监理工程师　　　　　　　D. 总监理工程师

(4)设计变更由(　　)批准实施。

A. 建设单位　　　　　　　　　B. 监理机构

C. 设计单位　　　　　　　　　D. 设计代表

(5)事件3中的施工操作属于(　　)高空。

A. 1　　　B. 2　　　C. 3　　　D. 4

(6)距基准面(　　)cm必须扎安全网。

A. 100　　　B. 200　　　C. 300　　　D. 400

(7)本工程总合同价格为(　　)万元。

A. 5 100　　　B. 6 200　　　C. 6 300　　　D. 6 400

(8) 由于D拖延工期,监理要求施工单位提交赶工计划增加(　　)万元费用。

A. 5 100　　　B. 6 200　　　C. 6 300　　　D. 6 400

3. 背景资料

某工程项目难度较大,技术含量较高,经招标主管部门批准采用邀请招标方式招标。业主于2009年1月20日向符合资质要求的A、B、C三家承包商发出投标邀请书,A、B、C三家承包商均按照招标文件的要求提交了投标文件,最终确定B承包商中标,并于2009年4月30日向B承包商发出中标通知书。之后由于工期紧,业主口头指令B承包商先做开工准备,再签订工程承包合同。B承包商按照业主要求进行了施工场地平整等一系列准备工作,但业主迟迟不同意签订工程承包合同。2009年6月1日,业主书面函告B承包商,称双方尚未签订合同,将另行确定他人承担本项目施工任务。B承包商拒绝了业主的决定。后经过双方多次协商,才于2009年9月30日正式签订了工程承包合同。合同总价为6 420万元,工期12个月,竣工日期为2010年10月30日,承包合同另外规定:

(1)工程预付款为合同总价的25%。

(2)工程预付款从未施工工程所需的主要材料及构配件价值相当于工程预付款时起扣,每月以抵充工程款的方式陆续收回。主要材料及构配件比重按60%考虑。

(3)除设计变更和其他不可抗力因素外,合同总价不做调整。

(4)材料和设备均由B承包商负责采购。

(5)工程保修金为合同总价的5%,在工程结算时一次扣留,工程保修期为正常使用条件下,建筑工程法定的最低保修期限。

经业主工程师代表签认的B承包商实际完成的建安工作量(第1~12月)见表2-3。

表2-3　B承包商实际完成的建安工作量　　(单位:万元)

施工月份	第1~7月	第8月	第9月	第10月	第11月	第12月
实际完成建安工作量	3 000	420	510	770	750	790
实际完成建安工作量累计	3 000	3 420	3 930	4 700	5 450	6 240

原定料场土料含水量不能满足要求,监理单位指示B单位改变了填土料场,运距由1 km增加到1.5 km,填筑单价直接费相应增加2元/m^3,B单位提出费用变更申请。

本工程按合同约定按期竣工验收并交付使用。在正常使用情况下,2011年12月3日,使用单位发现需要维修,B承包商认为此时工程竣工验收交付使用,拒绝派人返修。

业主被迫另请其他专业施工单位修理,修理费为5万元。

问题:

(1)本项目招标投标过程中以下说法正确的是( )。

A. 要约邀请:业主的投标邀请书

B. 要约:业主的投标邀请书

C. 要约:投标文件

D. 要约:招标文件

E. 承诺:中标通知书

(2)签订合同应在中标通知书发出后( )天内。

A. 10　　B. 15　　C. 20　　4. 30

(3)确定中标人之后,发包人还需开展的招标程序有( )。

A. 向水行政主管部门提交招标投标情况的书面总结报告(或备案报告)

B. 进行合同谈判并与中标人订立书面合同

C. 发中标通知书,并将中标结果通知所有投标人

D. 办理履约保函

E. 发布进场通知

(4)料场变更后,B单位的费用变更依据( )申请单价调整原则。

A. 清单同类项目,直接采用

B. 与清单类似项目,监理与承包人商议调整

C. 清单没有项目,监理与承包人商议调整

D. 清单没有项目,业主确定

E. 与清单类似项目,直接采用

(5)若其他直接费费率取2%,现场经费费率取4%,根据水利工程概(估)算编制有关规定,计算填筑单价直接费增加后相应的直接工程费为( )元。

A. 1.2　　B. 1.5　　C. 2.0　　D. 2.12

(6)本工程预付款为( )万元。

A. 1 560　　B. 1 580　　C. 2 000　　D. 2 120

(7)工程预付款应从( )月开始起扣。

A. 8　　B. 9　　C. 10　　4. 11

(8)第1~7月合计业主工程师代表应签发的工程款各是( )万元。(请列出计算过程)

A. 2 000　　B. 3 000　　C. 4 010　　D. 5 000

(9)第8月、9月、10月,业主工程师代表应签发的工程款各是( )万元。(请列出计算过程)

A. 1 000　　B. 1 060　　C. 1 064　　D. 1 500

(10)保修金应由( )承担。

A. 保修金由承包人承担　　B. 保修金由监理人承担

C. 保修金由发包人承担　　D. 保修金由设计人承担

项目3 建设工程监理岗位能力

任务1 监理工作程序和工作方法

一、施工监理工作程序

(一)施工监理基本工作程序

从签订监理合同到工程竣工验收,以及缺陷责任期的主要监理工作如下:

(1)依据监理合同组建监理机构,选派总监理工程师、监理工程师、监理员和其他工作人员,明确职责与分工。

(2)熟悉工程建设有关法律、法规、规章及技术标准,熟悉工程设计文件、施工合同文件和监理合同文件。

(3)编制监理规划。总监理工程师组织项目专业监理工程师和管理人员,根据工程项目特点编制具有针对性的监理规划,报送监理单位技术负责人审批后实施。

(4)进行监理工作交底。监理工作交底(首次监理交底)一般在第一次工地例会进行,主要向施工单位阐明监理的工作方式、监理工作程序和监理工作要求等。

(5)编制监理实施细则。根据项目监理规划、施工措施计划,针对危险性较大的、技术复杂的,或新工艺、新技术等,专业监理工程师组织编制操作性文件。

(6)实施施工监理工作。通过事前、事中、事后对施工质量、进度、资金进行控制,对安全、合同、信息进行管理,对施工过程中的相关问题进行协调(简称三控三管一协调)。

(7)整理监理工作档案资料。根据施工监理实施过程中的监理资料立卷的主要内容,在施工过程中按规范和监理公司要求收集整理监理资料。

(8)参加工程验收工作。审核承包人提交的验收申请,并根据有关水利工程验收规程或合同约定,参与或主持工程验收。参加发包人与承包人的工程交接和档案资料移交。

(9)按合同约定实施缺陷责任期的监理工作。监督承包人对已完成工程项目的施工质量缺陷进行修复,完成尾工项目,协助发包人验收尾工项目,并按合同约定办理付款签证。

(10)结清监理报酬。完成缺陷责任期的监理工作,完成项目监理工程资料的归档并装订成册,依据监理合同专用条款,结清监理报酬。

(11)向发包人提交有关监理档案资料,监理工作报告。

(12)向发包人移交其所提供的文件资料和设施设备。

(二)施工监理主要工作程序图

施工监理工作主要工作程序有单元工程(工序)质量控制监理工作程序、质量评定监理工程程序、进度控制监理工作程序、工程款支付监理工作程序、索赔处理监理工作程序等,如图3-1~图3-5所示。

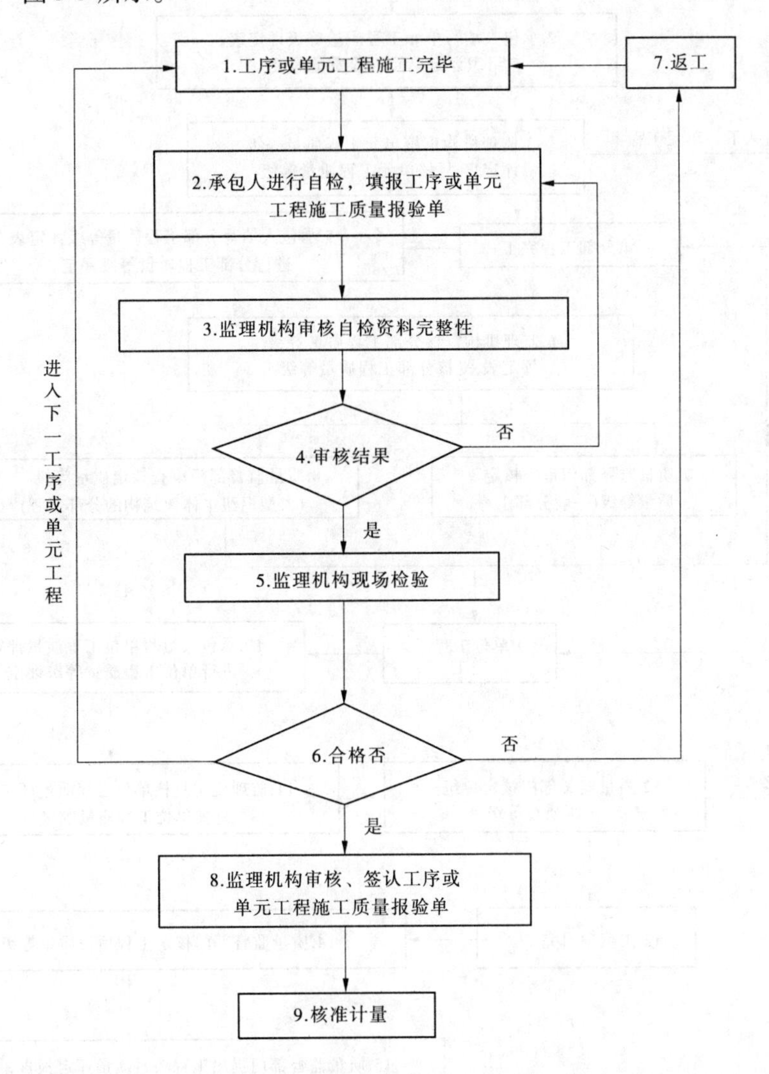

图3-1 工序或单元工程质量控制监理工作程序

二、施工监理工作方法

(一)施工监理工作要点

(1)以安全、质量为中心开展监理工作。监理工作点多面广,环节多,涉及的工作内容广泛、繁杂、干扰多、头绪多。中心是要搞好工程项目的安全、质量工作。力争圆满实现工程项目安全、质量、工期、资金合同目标。

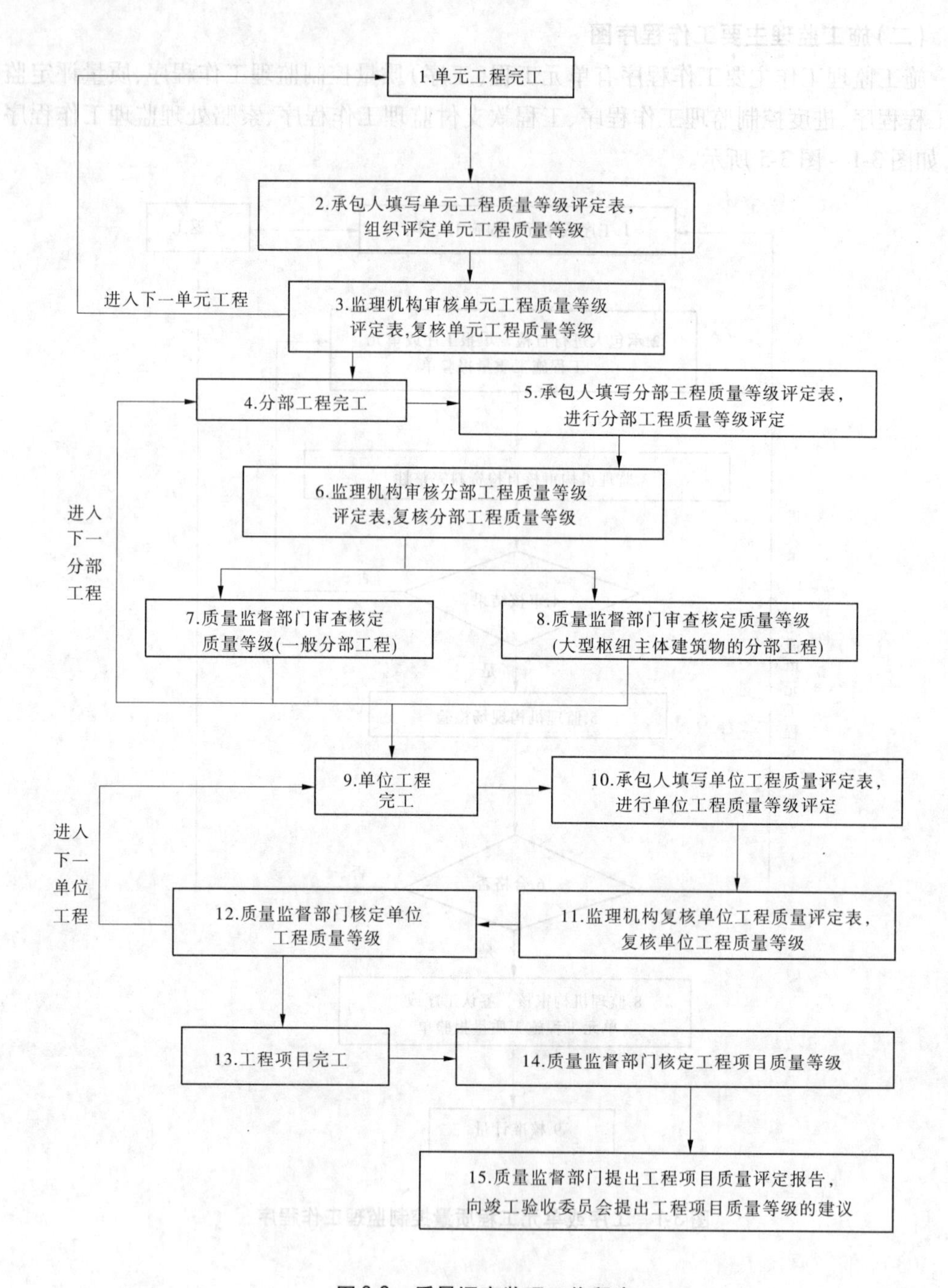

图 3-2　质量评定监理工作程序

(2)施工阶段的全过程控制。施工阶段监理工作：从工程项目的施工准备、开工至工程竣工验收全面展开原材料、半成品、成品的质量控制；施工机械，施工用水、用电控制；工程项目水、电、气、消防、排污、机械设备、设施安装、安全文明施工控制；从工序到检验批、单元工程、分项工程、分部工程、单位工程的质量检查，检验评定等，对工程项目系统实施

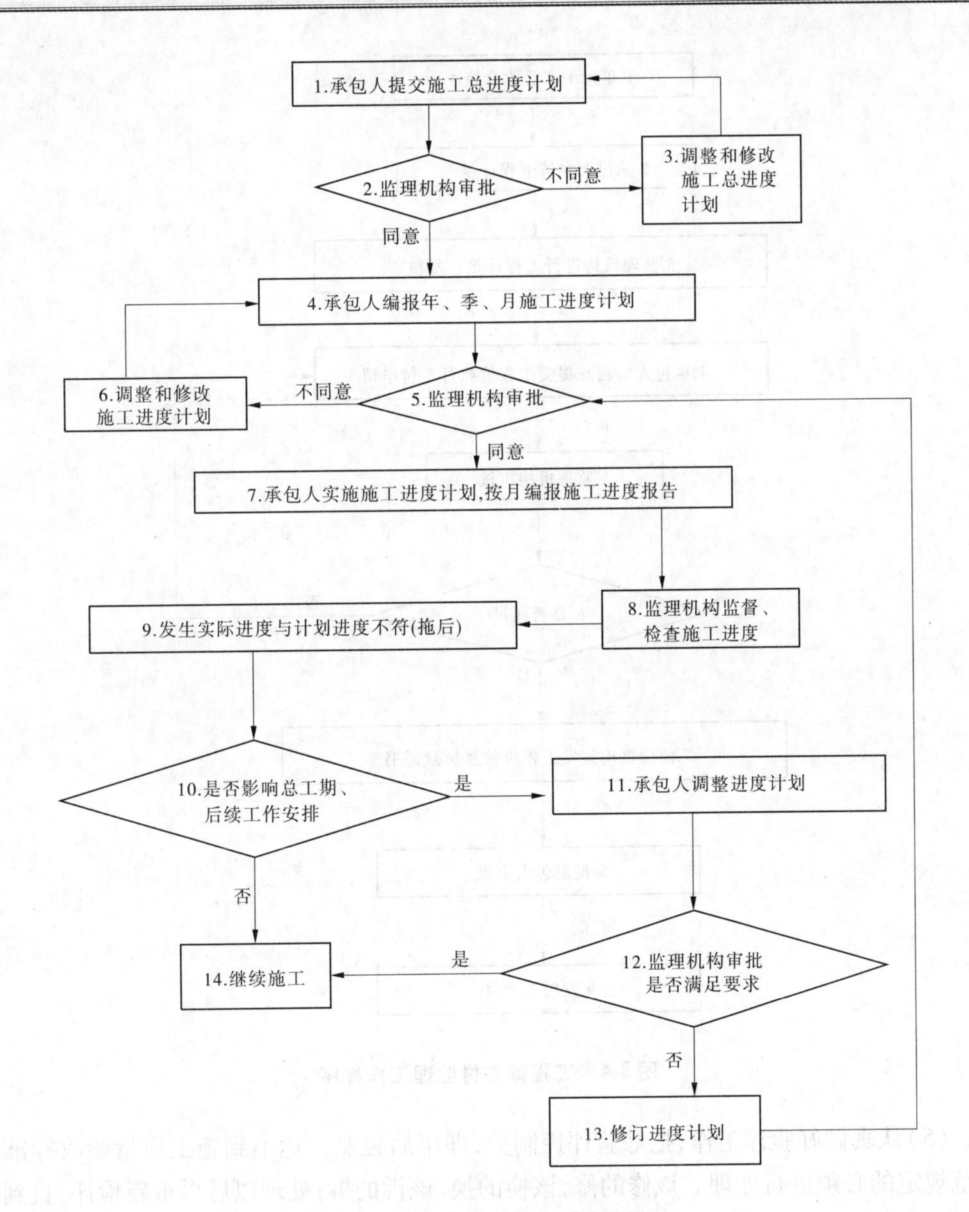

图3-3　进度控制监理工作程序

全过程、全方位、全面的控制。

(3)预防为主,防止再发。采用主动控制,做好事前控制。预控当先,把事后的验评变为材料、工序的控制;把检验结果质量变为影响质量的因素、工序过程控制。防止不合格的材料、半成品、成品流入工地,防止不合格的产品进入下一道工序。

(4)采用旁站、量测、试验、指令性文件、计量支付等手段,进行事中控制。勤检查、巡视,及时发现问题,及时纠正。检查依据是标准、规范、规程、强制性条文。越标违规要分析原因,对症处理,确保检验批主控项目满足设计与规范要求,一般项目偏差在规范规定的允许范围内。

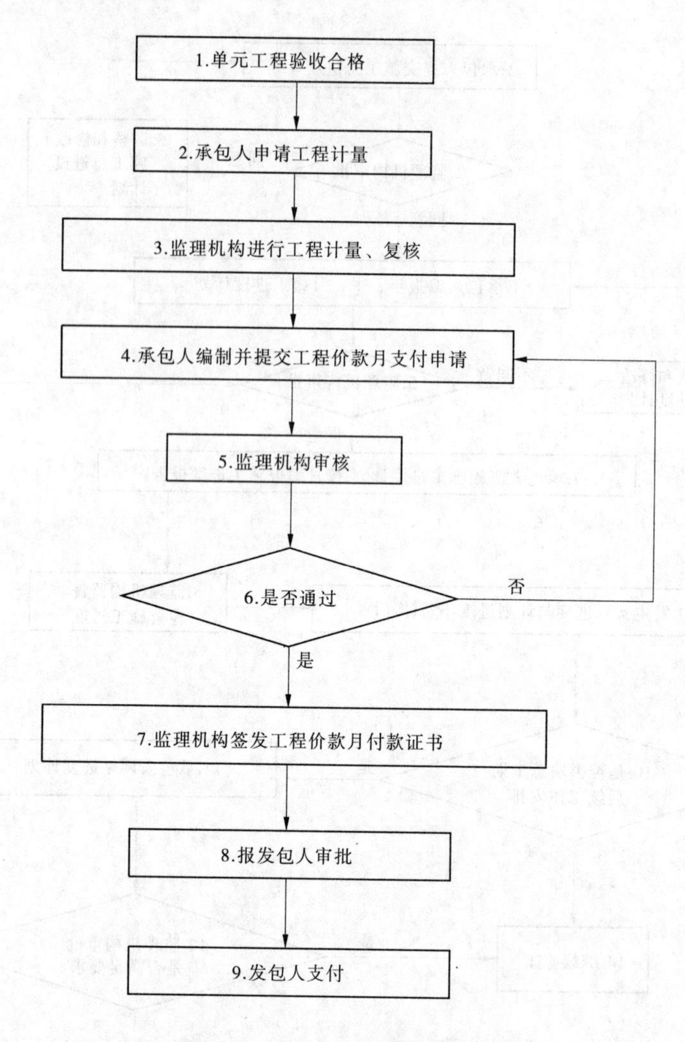

图 3-4 工程款支付监理工作程序

(5)认真做好验评工作,把好验评控制关,即事后控制。达不到施工质量验收标准和规范规定的必须进行处理。该修的修,该换的换,该拆的拆;处理以后再重新检评,直到合格。

(二)施工监理工作方式

1.现场记录

监理机构记录每日施工现场的人员、原材料、中间产品、工程设备、施工设备、天气、施工环境、施工作业内容、存在的问题及其处理情况等。

现场记录是现场施工情况最基本的客观记载,也是质量评定、计量支付、索赔处理、合同争议解决等的重要原始记录资料。监管人员要认真、完整地对当日各种情况做详细的现场记录,对于隐蔽工程、重要部位的关键工序的施工过程,监管人员一般采用照相或摄像等手段予以记录。监理机构要妥善保管各类原始记录资料。

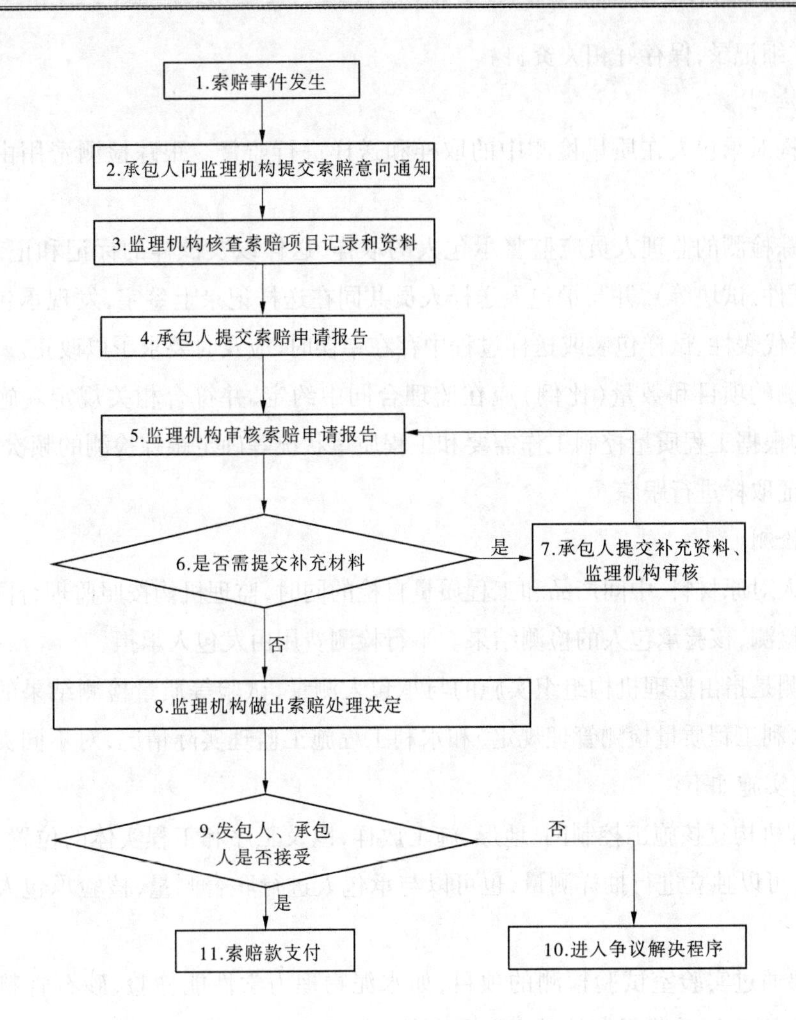

图3-5　索赔处理监理工作程序

2. 发布文件

监理机构采用通知、指示、批复、确认等书面文件开展施工监理工作。发布文件既是施工现场监理的重要手段，也是处理合同的重要依据。

3. 旁站监理

监理机构按照监理合同约定和监理工作需要，在施工现场对工程重要部位和关键工序的施工作业实施连续性的全过程监督、检查和记录。

监理机构在监理工作过程中可结合批准的施工措施计划和质量控制要求，通过编制或修订监理实施细则，具体明确或调整需要旁站监理的工程部位和工序。

4. 巡视检查

巡视检查指监理机构对所监理工程的施工进行定期或不定期的监督与检查。监理机构应对巡视检查中发现的影响工程质量、工程安全等问题，要求施工单位及时处理或整改,并进行详细记录,保存好相关资料。

5. 跟踪检测

监理机构对承包人在质量检测中的取样和送样进行监督。跟踪检测费用由承包人承担。

实施跟踪检测的监理人员应监督承包人的取样、送样以及试样的标记和记录(试样是指样品、试件、试块等),并与承包人送样人员共同在送样记录上签字,发现承包人在取样方法、取样代表性、试样包装或送样过程中存在错误时,应及时要求予以改正。

跟踪检测的项目和数量(比例)应在监理合同中约定,并符合相关规定。施工过程中,监理机构根据工程质量控制工作需要和工程质量状况等确定跟踪检测的频次分布,但应对所有见证取样进行跟踪。

6. 平行检测

在承包人对原材料、中间产品和工程质量自检的同时,监理机构按照监理合同约定独立进行抽样检测,核验承包人的检测结果。平行检测费用由发包人承担。

平行检测是指由监理机构组织实施的与承包人测量、试验等质量检测结果的对比检测。根据《水利工程质量检测管理规定》和水利工程施工监理实际情况,对不同类别的检测,平行检测实施如下:

(1)监理机构复核施工控制网、地形、施工放样,以及工序和工程实体的位置、高程及几何尺寸时,可以独立进行抽样测量,也可以与承包人进行联合测量,核验承包人的测量成果。

(2)需要通过实验室试验检测的项目,如水泥物理力学性能检验、砂石骨料常规检验、混凝土强度检验、砂浆强度检验、混凝土掺加剂检验、土工常规检验、砂石反滤料(垫层)常规检验、钢筋(含焊接与机械连接)力学性能检验、预应力钢绞线和锚夹具检验、沥青及其混合物检验等,由发包人委托或认可的具有相应资质的工程质量检测机构进行检测,但试样的选取由监理机构确定,现场取样一般由工程质量检测机构实施,也可以由监理机构实施。

(3)工程需要进行的专项检测试验,监理机构不进行平行检测。

(4)单元工程(工序)施工质量检测可能对工程实体造成结构性破坏的,监理机构不做平行检测,但对承包人的工艺试样进行平行检测,施工过程中监理机构要监督承包人严格按照工艺试验确定的参数实施。

7. 协调

监理机构依据合同约定对施工合同双方之间的关系,以及工程施工过程中出现的问题和争议进行沟通、协商和调解。

任务2　监理规划与监理细则

一、监理规划的编制

项目监理规划是工程项目监理的纲领性、指导性文件，是对项目监理大纲的深化和具体化。项目监理大纲是监理投标文件之一，由监理单位的经营部门和技术管理部门共同编写，它表达了对工程项目监理的总体构思，中标后则可作为编制项目监理规划的依据。项目监理规划应由总监理工程师组织项目专业监理工程师和管理人员编制，报送监理单位技术负责人审批后实施。

（一）项目监理规划的作用

（1）项目监理规划指导项目监理机构全面开展监理工作。

建设工程监理的中心目的是协助建设单位实现建设工程的总目标，因此监理规划需要对项目监理机构开展的各项监理工作做出全面、系统的组织和安排。它包括建立组织机构、配备合适的监理人员，确定监理工作目标，制定监理工程程序，确定目标控制、合同管理、信息管理、组织协调等各项措施和确定各项工作的方法及手段。

（2）项目监理规划是政府建设监理主管部门对监理单位监督管理的依据。

政府建设监理主管部门对建设工程监理单位要实施监督、管理和指导，对其人员素质、专业配套和建设工程监理业绩要进行核查和考评以确认其资质和资质等级，以使我国整个建设工程监理行业能够达到应有的水平。为此，除进行一般性的资质管理工作外，更为重要的是通过监理单位的实际工资来认定它的水平，而监理单位的实际水平可以在监理规划和它的实施中充分表现出来。所以，监理规划是政府建设监理主管部门监督、管理和指导监理单位开展监理活动的重要依据。

（3）项目监理规划是建设单位确认监理单位履行合同的主要依据。

建设单位不但需要而且应当了解和确认监理单位如何落实委托给监理单位的各项监理服务工作。建设单位有权监督监理单位全面、认真地执行监理合同。而项目监理规划正是了解和确认这些问题的重要资料，是建设单位确认监理单位是否履行监理合同的主要说明性文件。

（4）项目监理规划是监理单位内部考核的依据和重要的存档资料。

从监理单位内部管理制度化、规范化、科学化的要求出发，需要对项目监理机构（包括总监理工程师和专业监理工程师）的工作进行考核，其主要依据就是经过内部主管负责人审判的项目监理规划。通过考核可以对有关监理人员的监理工作水平和能力做出客观、正确的评价，从而有助于对这些人员更加合理地安排和使用。

（二）项目监理规划的编制程序

在施工准备阶段，项目监理机构进入施工现场，总监理工程师组织全体监理人员熟悉设计图纸及其有关文件和调查了解施工现场情况。在此基础上，对项目监理大纲进行深化与具体化，编制项目监理规划。

总监理工程师应组织项目监理机构的各专业监理工程师和管理人员，根据专业和职务分工编写项目监理规划的相应部分，汇总后，组织项目监理机构全体人员讨论，通过后，由总监理工程师最后审定，经报请监理单位技术负责人审核批准后，在召开第一次工地会议前报送给建设单位。

（三）项目监理规划的编制要求

1. 项目监理规划编制的原则要求

（1）可行性原则。项目监理规划必须密切结合工程项目本身特点，应有很强的可操作性。

（2）全面性原则。项目监理规划的内容应包括项目监理工作的全部内容，明确提出对影响项目监理工作全部因素进行管理与控制的方法、制度、程序和措施。

（3）预见性原则。项目监理规划中对各种影响监理工作的因素的控制应体现出“以预防为主”的原则，对可能发生的风险问题有预见性和超前考虑。

（4）针对性原则。监理规划编制时应结合工程本身的特点和各自不同的条件，有针对性地编写项目监理的计划、组织、程序、方法等，才能最大程度地发挥监理规划的作用。

（5）适应性原则。项目监理规划被批准后的实施过程中，应根据其实施情况、工程建设的重大调整或合同重大变更等对监理工作要求的改变进行修订。

2. 项目监理规划编制的时间要求

监理规划应在签订委托监理合同及收到设计文件后开始编制，并应在召开第一次监理工地会议前报送建设单位，所有监理人员应熟悉监理规划的内容。在第一次监理工地会议中，总监理工程师应介绍监理规划的主要内容。

（四）项目监理规划的编制依据

（1）国家及工程项目所在地政府发布的有关工程建设的法律、法规和政策。

（2）有关工程建设的规范、规程、标准。

（3）有关本工程项目的审批文件。

（4）有关本工程项目的设计文件、技术资料。

（5）本工程项目的工程地质、水文地质勘察资料，场区的地形地貌图，气象资料，周围环境资料和有关场区的历史资料等。

（6）本工程项目的施工合同。

（7）本工程项目的委托监理合同、监理大纲及中标文件。

（8）本工程项目的工程量清单、设计概（预）算或施工概（预）算文件。

（9）其他与本工程项目有关的合同、资料、文件。

（五）项目监理规划的主要内容

监理规划的具体内容应根据不同工程项目的性质、规模、工作内容等情况编制，格式和条目可有所不同。

1. 总则

（1）工程项目基本概况。简述工程项目的名称、性质、等级、建设地点、自然条件与外部环境；工程项目建设内容、规模及特点；工程项目建设目的。

（2）工程项目主要目标。工程项目总投资及组成、计划工期（包括阶段性目标的计划开工日期和完工日期）、质量控制目标、安全目标。

资金控制目标:以建设单位与承包单位签订的施工合同中的合同价款及有关文字约定为造价控制的依据,按项目所在地政府现行的建设工程造价结算有关规定文件审核工程结算。

质量控制目标:施工合同规定工程质量标准。

进度控制目标:满足施工合同规定的工期要求。×年×月×日开工,×年×月×日竣工。

安全管理目标,一般可写为"监理单位依据国家有关法律、法规和工程建设强制性标准及项目所在地政府发布的规定,对承包单位的安全生产管理行为和安全防护进行监督检查,力求少发生一般安全问题,并杜绝发生重大人身伤亡事故"。

(3)工程项目组织。列明工程项目主管部门、质量监督机构、发包人、设计单位、承包人、监理单位、工程设备供应单位等。

(4)监理工程范围和内容。发包人委托监理的工程范围和服务内容等。

监理工作范围依据委托监理合同确定,一般可写为"根据委托监理合同的规定,监理单位承担施工阶段、保修阶段监理任务"。监理工作的内容一般可写为"施工阶段监理工作的内容是指依据委托监理合同的约定,在工程项目建设过程中,监督、管理建设工程合同的履行,控制工程建设项目的进度、造价、质量和安全施工,以及协调参加工程建设各方的工作关系"。

(5)监理主要依据。列出开展监理工作所依据的法律、法规、规章,国家及部门颁发的有关技术标准,批准的工程建设文件和有关合同文件、设计文件等的名称、文号等。

(6)监理组织。现场监理机构的组织形式与部门设置、部门职责,主要监理人员的配置和岗位职责等。

(7)监理工作基本程序和具体内容。

主持或参加施工图会审及设计交底,并提出审查意见;审查承包单位报送的"项目管理实施规划"(施工组织设计、施工方案),提出修改意见,并监督其实施;审查并确认总承包单位选择的分包单位;监督承包单位严格按照施工图及有关文件,并遵循国家、项目所在地政府发布的法律、法规、政策、规范、规程、标准施工,控制工程质量;编制工程项目控制性总进度计划,监督承包单位按照经审定的工程进度计划施工,控制工程进度;进行工程计量、审核工程量清单和工程款支付申请、签署工程款支付证书并报建设单位;审定竣工结算报表,控制工程造价;组织对检验批及分项工程、分部工程质量验收,组织竣工预验收;参与工程项目竣工验收,控制工程质量;监督承包单位遵守建设工程安全生产的法规要求,按照各专项安全施工方案组织施工,确保施工安全;督促承包单位加强施工现场的管理(包括场容地貌、文明施工、环境保护、防水、治安保卫、卫生防疫、防职业病等);管理工程变更、处理费用索赔;参与对工程质量问题及质量事故的处理;调解建设单位与承包单位之间的争议;定期主持召开监理工地例会,检查工程进展情况,协调各方之间的关系,处理需要解决的问题;每月编制监理月报,向建设单位及有关部门汇报工程建设情况。

(8)监理工作主要制度。

监理工作制度是由监理单位的领导层和管理层制定并发布执行的,包括技术文件审核与审批、会议、紧急情况处理、监理报告、工程验收等方面。

项目监理机构可结合本工程项目的实际情况，选用有关的监理制度。例如：项目监理机构管理制度；施工图会审、设计交底制度；项目管理实施规划（施工组织设计、施工方案）审核制度；分包单位资格制度；工程变更制度；建筑材料、构配件及设备验收管理制度；工程隐检、预检及分项、分部工程验收制度；施工项目旁站监理制度；工程项目监理月报编制制度；施工现场监理会议制度；工程质量问题及质量事故处理制度；合同及其他事项的管理制度；施工项目安全管理制度；监理资料的管理与归档制度；单位工程竣工验收制度；工程项目监理工作总结制度。

（9）监理人员守则和奖惩制度。

2. 施工准备阶段的监理工作

施工准备阶段的监理工作包括：参与或主持设计交底；审定"项目管理实施规划"（施工组织设计、施工方案）；查验施工测量成果；调查施工现场及其周围环境，查明影响工程开工及今后施工的因素；主持第一次工地会议，检查施工现场情况，确定今后协调方式；进行监理工作交底（介绍项目监理规划的主要内容），说明各项监理制度、监理程序等有关事项；项目监理机构核查施工现场的开工条件，核准工程开工。

3. 工程质量控制

工程质量控制的主要内容包括：以施工图纸、施工质量验收规范、施工质量验收统一标准等为依据，督促承包单位全面实现施工合同中约定的工程质量标准；主动对工程项目施工的全过程实施质量控制，并以预控（预防）为重点；对工程项目的人、机、料、法、环等因素进行全面的质量控制，监督承包单位的质量保证体系落实到位，并正常发挥作用；要求承包单位严格执行材料试验、施工试验（包括有见证取样送检）和设备检验，对承包单位的实验室及选定的见证取样送检实验室进行考核与批准；严格要求承包单位执行预检、隐检、分项及分部工程的验收程序；坚持本道工序未经验收或质量不合格，不得进入下一道工序；坚持不合格的建筑材料、建筑构配件及设备不得用于工程；施工过程中严格监督承包单位执行已被批准的"项目管理实施规划"（施工组织设计），如需调整、补充或变动，应报项目监理机构审查批准；以工序质量保证分项工程质量，以分项工程质量保证分部工程质量，以分部工程质量保证单位工程质量；采取经常的巡视、检查、平行检验、测量等手段，以验证施工质量；在关键部位和关键工序施工过程中进行旁站；严格执行见证取样送检制度；对不合格的分包单位和不称职的承包单位人员，可建议予以撤换；监理人员发现工程问题或重大工程质量隐患时，应要求承包单位立即进行纠正，必要时下达工程暂停令。

4. 工程进度控制

工程进度控制的主要内容包括：按施工合同规定的工期目标控制工程进度；应用动态控制方法主动控制工程进度；承包单位编制工程总进度计划，经总监理工程师批准后，由承包单位执行；承包单位编制月（季）度工程进度计划，经总监理工程师审核批准后，由承包单位执行；工程进度计划执行中，项目监理机构应对承包单位的工程进度计划执行情况进行跟踪监督，实施动态控制；每月（季）末应对工程实际进度进行核查，如与计划进度有较大差异，应召开工地例会，分析原因并采取纠正措施；对工程总计进度计划也应根据动态控制原则，勤检查、常调查，使实际工程进度符合计划进度，并制订总工期被突破后的补救实施计划。

5. 工程资金控制

工程资金控制的主要内容包括:严格执行施工合同中确定的合同价、单价和约定的工程款支付和结算办法;在报验资料不全,与合同的约定不符,未经质量检验签认合格,或有违约行为时,监理工程师坚持不予审核、计量及付款;工程量与工作量的计算应按施工合同的约定,并符合有关的计算规则;由于设计变更、工程洽商、合同变更及违约索赔等引起工程造价的增减时,监理工程师应坚持公正、公平、合理的原则;对有争议的工程计量和工程款,应采取协商的方式解决,协商不成时,应按施工合同中关于双方争议的处理办法解决;对工程量的审核、工程款的审核与支付,监理单位与建设单位均应在施工合同规定的时限内进行;严格工程款支付的签认;及时掌握市场信息,了解建筑材料、构配件及设备的价格情况,以及有关部门规定的调价范围与有关规定。

6. 安全及文明施工监理

总监理工程师应组织项目监理机构全体人员认真学习贯彻《建设工程安全生产管理条例》,建立经常性的学习及自检制度;项目监理机构全体人员要牢固树立"安全第一,预防为主,综合治理"的思想,强化责任意识;总监理工程师组织项目监理人员认真审查承包单位编制的施工方案(包括施工现场临时用电方案)是否符合工程建设强制性标准;承包单位针对达到一定规模的危险性较大的分部、分项工程应当在施工前单独编制专项施工方案,并附有安全验算成果,经承包单位技术负责人审核后,报项目监理机构,总监理工程师应组织监理人员认真审核,合格后分别由承包单位技术负责人及总监理工程师签字,交承包单位实施;对危险性较大的工程,承包单位应当编制安全专项施工方案,必要时按规定组织专家组进行论证审查;项目监理机构应督促检查承包单位项目经理部落实安全生产责任制度、安全生产规章制度和安全操作规程的实施情况;项目监理机构应检查承包单位是否按建设行政主管部门的规定成立了由项目经理负责的安全生产管理小组,专职的安全生产管理人员的配置是否符合规定;项目监理机构应督促承包单位项目经理部在施工现场建立消防安全责任制度;项目监理机构应检查承包单位在施工现场的特种作业人员(如爆破作业人员、起重机操作人员、登高架设作业人员、安装拆卸工等)的特种作业操作资格证书,无证者不得上岗;在施工过程中,项目监理人员如果发现存在安全事故隐患,应当要求承包单位立即整改,必要时签发工程暂停令,并及时报告建设单位。如承包单位拒不执行项目监理机构的指令,项目监理机构应向监理单位领导层和管理层汇报,并向政府建设行政管理部门报告;项目监理机构必须按照法律、法规和工程建设强制性标准实施监理工作。

7. 合同管理的其他工作

合同管理的其他工作包括变更的处理程序和监理工作方法,违约事件的处理程序和监理工作方法,索赔的处理程序和监理工作方法,分包管理的监理工作内容,担保及保险的监理工作。

总监理工程师组织项目监理机构全体人员认真学习和研究施工合同、委托监理合同、分包合同以及与建设工程项目相关的其他合同文件;设专职或兼职的合同管理员负责合同管理工作,将合同的内容分解到各项控制工作中去,各专业监理工程师根据预控原则进行跟踪管理，如发现有不正常现象，及时向总监理工程师反映，采取纠正和预防措施；合同管理员要加强与信息管理员的沟通与联系；对施工合同的实施进行全面管理。

8. 协调

协调应包括协调工作的主要内容，协调工作的原则与方法。

9. 工程质量评定与验收监理工作

工程质量评定与验收监理工作应包括工程质量评定，工程验收。

10. 缺陷责任期监理工作

缺陷责任期监理工作应包括缺陷责任期的监理内容，缺陷责任期的监理措施。

11. 信息管理

信息管理应包括信息管理程序、制度及人员岗位职责，文档清单、编码及格式，计算机辅助信息管理系统，文件资料预立卷和归档管理。

12. 监理设施

制订现场监理办公和生活设施计划，制定现场交通、通信、办公和生活设施使用管理制度。

项目监理机构应根据工程项目的专业类别、规模、特点配备必要的工程测量及检测仪器、设备，计算机（连同外设部件及软件），专业工程施工规范、质量验收标准、工程建设强制性标准等，以及与监理的工程项目有关的、必要的参考图书资料、标准图册等，必备的办公条件与生活设施。

13. 监理实施细则编制计划

监理实施细则编制计划应包括监理实施细则文件清单，监理实施细则编制工作计划。

二、监理细则的编制

（一）监理实施细则与监理规划的关系

监理实施细则是由项目监理机构专业监理工程师根据项目监理规划，在施工措施计划批准后、专业工程（或作业交叉特别复杂的专项工程）施工前或专业工作开始前，组织相关专业监理人员编制监理实施细则，并报总监理工程师批准的如何进行监理工作编制的操作性文件。

（二）监理实施细则的编制要点

（1）监理实施细则应符合监理规划的基本要求，充分体现工程特点和监理合同约定的要求，结合工程项目的实施方法和专业特点，明确具体的控制措施、方法和要求，具有针对性、可行性和可操作性，确定监理工作应达到的标准。

（2）监理实施细则应针对不同情况制定相应的对策和措施，突出监理工作的事前审批、事中监督和事后检验。

（3）监理实施细则可根据实际情况按进度、分阶段编制，但应注意前后的连续性、一致性。

（4）总监理工程师在审核实施细则时，应注意各专业监理实施细则间的衔接与配套，以组成系统、完整的监理实施细则体系。

（5）在监理实施细则条文中，应具体写明引用的规则、规范、标准及设计文件的名称、文号；文中涉及采用的报告、报表时，应写明报告、报表所采用的格式。

(6)在编写实施细则之前，专业监理工程师应熟悉设计图纸及其说明文件，查阅有关工程监理、施工质量验收规范及工程建设强制性标准等有关文件，方能编写出针对性、有指导意义的监理实施细则。

(7)在监理工作实施过程中，应根据实际情况对监理实施细则进行修改、补充和完善。

(三)监理实施细则编写的目的

(1)针对工程项目施工中某一专业的重要的、关键性的部位，或针对至关重要的施工步骤，或专业工作将监理人员应采取的措施编写成监理实施细则。

(2)对采用新工艺、新材料、新技术或特殊结构的工程项目，因对其施工工艺或某些部位的施工质量或施工安全经验不足，成功的期望值不易确定时，可编制监理实施细则。

(3)对于工程项目施工中的一般常规施工项目，是否需要编制监理实施细则，可由总监理工程师与专业监理工程师商定。监理单位也可采取编制通用的监理实施细则标准文本汇编的办法。

(4)监理实施细则编制完成后，一般由总监理工程师批准后报送所属监理单位技术管理部门备案，关系重大的还应报请监理单位技术总负责人审批。

(5)监理实施细则属于项目监理机构内部管理文件，一般不发给项目经理部，是否报送建设单位，根据建设单位的要求和项目监理机构具体情况而定。

(四)监理实施细则的编制依据

(1)已批准的项目监理规划。

(2)设计图纸及其说明文件。

(3)施工现场的地形地貌测量图。

(4)工程地质、水文地质勘察报告，气象资料等。

(5)国家和项目所在地政府发布的有关工程建设的法律、法规。

(6)国家、当地政府及行业主管部门发布的有关的技术规范、规程、标准、管理程序等。

(7)由承包单位报送的已经批准的本工程项目的项目管理实施规划(施工组织设计)。

(五)监理实施细则的主要内容

1. 专业工程监理实施细则

专业工程主要指施工导(截)流工程、土石方明挖、地下洞室开挖、支护工程、钻孔和灌浆工程、地基及基础处理工程、土石方填筑工程、混凝土工程、砌体工程、疏浚及吹填工程、屋面和地面建筑工程、压力钢管制造和安装、钢结构的制作和安装、钢闸门及启闭机安装、预埋件埋设、机电设备安装、工程安全监测等。专业工程监理实施细则的编制应包括下列内容：

(1)适用范围。

(2)编制依据。

(3)专业工程特点。

(4)专业工程开工条件检查。

(5)现场监理工作内容、程序和控制要点。

(6)检查和检验项目、标准和工作要求。一般应包括:巡视检查要点;旁站监理的范围(包括部门和工序)、内容、控制要点和记录;检测项目、标准和检测要求,跟踪检测和平行检测的数量和要求。

(7)资料和质量评定工作要求。

(8)采用的表式清单。

2.专业工作监理实施细则

专业工作主要指测量、地质、试验、检测(跟踪检测和平行检测)、施工图纸核查与签发、工程验收、计量支付、信息管理等工作,可根据专业工作特点单独编制。根据监理工作需要,也可增加有关专业工作的监理实施细则,如进度控制、变更、索赔等。专业工作监理实施细则的编制应包括下列内容:

(1)适用范围。

(2)编制依据。

(3)专业工作特点和控制要点。

(4)监理工作内容、技术要求和程序。

(5)采用的表式清单。

3.安全监理实施细则

施工现场临时用电和达到一定规模的基坑支护与降水工程、土方和石方开挖工程、模板工程、起重吊装工程、脚手架工程、爆破工程、围堰工程和其他危险性较大的工程应编制安全监理实施细则。安全监理实施细则的编制应包括下列内容:

(1)适用范围。

(2)编制依据。

(3)施工安全特点。

(4)安全监理工作内容和控制要点。

(5)安全监理的方法和措施。

(6)安全检查记录和报表格式。

4.原材料等核验和验收监理实施细则

原材料、中间产品和工程设备进场核验和验收监理实施细则,可根据各类原材料、中间产品和工程设备的各自特点单独编制,应包括下列内容:

(1)适用范围。

(2)编制依据。

(3)检查、检测、验收的特点。

(4)进场报验程序。

(5)原材料、中间产品检验的内容、技术指标、检验方法与要求。包括原材料、中间产品的进厂检验内容和要求,检测项目、标准和检测要求,跟踪检测和平行检测的数量和要求。

(6)工程设备交货验收的内容和要求。

(7)检验资料和报告。

(8)采用的表式清单。

监理实施细则的具体内容可根据工程特点和监理工作需要进行调整。

任务3 监理日志与巡视记录

一、监理日志

监理日志是项目监理机构监理资料中较重要的组成部分,监理日记的内容必须保证真实、全面,充分体现参建各方合同的履行程度。公正地记录好每天发生的工程情况是监理人员的重要职责。

(一)监理日志的作用

(1)工程实施中监理工作状况的最真实的反映。

(2)体现监理工作量和监理价值的资料之一。

(3)监理的工程跟踪控制的重要组成部分。

(4)监理人员素质、技术水平、工作能力、工作责任心的综合反映。

(5)总监理工程师或副总监理工程师(总监代表)及监理公司管理层对相关监理人员工作予以承认或纠正的前提资料。

(6)公司管理层对员工考评的依据之一。

(7)《工程监理月报》《安全监理月报》的编制依据。

(二)监理日志的填写

监理日志是项目监理机构一项非常重要的监理资料,项目监理组必须认真、详细、如实、及时地予以记录。记录前应对当天的施工情况、监理工作情况进行汇总、整理,做到填写清楚、版面整齐、条理分明、内容全面。

(1)总监理工程师应指定专人依据监理人员的监理日记填写项目监理日志,并由总监理工程师授权的监理工程师签字。

(2)监理日志应按监理合同所包括的施工合同单独填写,并按月装订成册;如施工合同的单位工程个数较多,可根据施工合同所包括的单位工程类别分别填写并汇总成册。

(3)监理日志填写从监理工作开始起至监理工作结束止。

(4)监理日志应以项目监理机构的监理工作为记载对象,不得记录与监理工作无关的内容。

(5)监理日志的汇编人员负责核查施工日志,如记录不实,及时要求修正。

(三)监理日志的内容

1. 基本内容

基本内容应包括日志编号、日期、气象等。

2. 施工活动情况

(1)施工部位、内容。关键线路上的工作、重要部位或结点的工作,以及项目监理组认为需要记录的其他工作。

(2)工、料、机动态工。现场主要工种的作业人员(例如钢筋工、木工、泥工、架子工等)数量,项目部主要管理人员(项目经理、施工员、质量员、安全员等)的到位情况;当天主要材料(包括构配件)的进退场情况;施工现场主要机械设备的数量及其运行情况(是否有故障及故障的排除时间等),主要机械设备的进退场情况。

(3)承包人质量检验和安全作业情况。

3. 监理活动情况

(1)巡视。巡视时间、次数,根据实际情况有选择地记录巡视中的重要情况。

(2)验收。验收的部位、内容、结果及验收人。

(3)见证。见证的内容、时间及见证人。

(4)旁站。内容、部位、旁站人及旁站记录的编号。

(5)平行检验。部位、内容、检验人及平行检验记录编号。

(6)工程计量。完成工程量的计量工作、变更内容的计量工作。

(7)审核、审批情况。有关方案、检验批(分项、工序等)、原材料、进度计划等的审核、审批情况(记录有关审核、审批单的编号即可)等。

4. 存在的问题及处理方法

一天来,通过一系列的监理工作,在工程的安全、质量、进度、投资等方面发现了什么问题,针对这些问题监理组是如何处理的,处理结果怎样,应做好详细的记录。对一些重大的质量、安全事故的处理应按规定的程序进行,并按规定记录、保存、整理有关的资料,记录应言简意赅。

5. 其他事项

其他事项应包括:监理指令(监理通知、备忘录、整改通知、变更通知等,记录编号即可);会议及会议纪要情况;往来函件情况;安全工作情况;合理化建议情况;建设各方领导部门,或建设行政主管部门的检查情况等。

监理日志填写完成后,指定监理日志汇编人、授权监理工程师、当天值班的监理人员共同签名。总监理工程师应定期审阅监理日志,并签署意见。

(四)监理日记与监理日志

监理人员个人监理日记、项目监理机构监理日志的填写必须认真仔细,字迹清楚,不得涂改。工程项目完工后,按监理公司规定时间报送监理公司存档。

监理人员个人监理日记,应如实反映本专业工程进展概况,当天的监理工作,如监理巡视、旁站等;真实记录在监理工作中对(或监理预见的)安全、质量、投资、进度等方面存在的问题及采取的措施,反映事态过程及处理结果,做到监理事件的合理“闭合”;应记录当日形成的监理文件(记录编号即可);反映个人工作上下班时间;必须当日填写且签字,日期的签署应齐全;及时送交总监或副总监(总监代表)审阅签字。

项目监理机构监理日志依据监理人员个人监理日记编制填写,总体概括工程项目当天各工种施工情况,监理各专业工作情况。

(五)填写注意事项

监理人员个人监理日记、项目监理机构监理日志填写还应注意以下事项:

(1)准确记录时间、气象。监理人员在填写监理日记、汇编监理日志时,往往只重视时间记录,而忽视了气象记录,其实气象记录的准确性和工程质量有直接的关系。如混凝土强度、砂浆强度在不同气温条件下的变化值有着明显的区别,监理人员应根据混凝土浇捣时的温度及今后几天的气温变化,判断具备承载能力的时间、具备拆模的时间。

(2)做好现场巡查,真实、准确、全面地记录工程相关问题。监理人员在填写监理日记、编制监理日志之前,必须做好现场巡查,增加巡查次数,提高巡查质量。巡查结束后认真填写监理日记,按不同专业、不同施工部位进行分类整理,最后工整地书写监理日志,并做好签名工作。

(3)事无巨细,体现服务宗旨。监理人员在做监理日记、编制监理日志时,常认为有些小问题没有必要记录,或者认为有些问题已经解决,没有必要再找麻烦。其实这就忽视了自身价值的体现,忽略了让业主方更多地了解监理的工作内容,应充分体现监理就是服务的服务宗旨。

(4)完备工作记录,体现能力水平。在监理工作中,并不只是发现问题,更重要的是怎样科学合理地解决问题。所以,监理日记要记录好每一个问题的现场实际情况,问题的原因分析,提出的整改意见,承包单位的整改结果全过程。不但记录要完整,并且在事件与时间上要合理"闭合"。

(5)心系安全,规避责任。建筑工程是一个高危行业,安全问题要警钟长鸣。在施工现场监理人员必须履行安全管理职责,时刻对承包单位的安全生产管理行为和安全防护进行监督检查,做好检查记录,力求少发生一般安全问题,杜绝发生重大人身伤亡事故。

(6)书写工整、条理清楚、用语专业、文字规范、内容严谨。工程监理日记、监理日志应充分展现记录人对各项活动、问题,及其相关影响的表达。文字如处理不当,比如错别字多,涂改明显,语句不通,不符合逻辑,或用词不当、用语不规范、采用日常俗语等都会产生不良影响。语言表达能力不足的监理人员在日常工作中要多熟悉图纸、规范,提高技术素质,积累经验,掌握写作要领,严肃认真地记录好监理日记和监理日志。

(7)监理工程师的监理日记应包括:监理人员的(内业)工作情况,如学习技术文件、政策、法规;起草文件;审施工方案、进度计划、审批报验;审图;监理人员的(外业)在施工现场的监理工作情况等。

综上所述,监理日记、监理日志的记录是监理的重要基础工作,每位监理人员必须高度重视。每个监理人员都有责任记录好监理日记,为工程项目提供有价值的证据,为自己和公司树立良好的形象,以便让更多的人了解监理,提高监理行业的社会信誉。

(六)监理日记、监理日志表格

《水利工程施工监理规范》(SL 288—2014)中规定的监理日记、监理日志表格样式如表3-1、表3-2所示。

表 3-1 监理日记

（监理〔 〕日记 号）

合同名称： 合同编号：

天气		气温		风力		风向	
施工部位、施工内容（包括隐蔽部位施工时的地质编录情况）、施工形象及资源投入情况							
承包人质量检验和安全作业情况							
监理机构的检查、巡视、检验情况							
施工作业存在的问题、现场监理人员提出的处理意见以及承包人对处理意见的落实情况							
汇报事项和监理机构指示							
其他事项							
监理人员： 日　期：　　年　月　日							

说明：本表由现场监理人员填写，按月装订成册。

表3-2　监理日志

（监理〔　　〕日志　　　号）

填写人：　　　　　　　　　　　　　　　　　　日期：　　年　　月　　日

天气		气温		风力		风向	
施工部位、施工内容、施工形象及资源投入（人员、原材料、中间产品、工程设备和施工设备动态）							
承包人质量检验和安全作业情况							
监理机构的检查、巡视、检验情况							
施工作业存在的问题、现场监理人员提出的处理意见以及承包人对处理意见的落实情况							
监理机构签发的意见							
其他事项							

说明：1. 本表由监理机构指定专人填写，按月装订成册。

2. 本表栏内内容可以另附页，并标注日期，与日记一并存档。

二、监理巡视记录

监理巡视记录是一项重要的监理资料，监理人员在巡监检查后应填写监理巡视记录，项目监理人员必须认真、详细、如实、及时地予以记录。

（一）监理巡视记录的内容

监理巡视检查工作内容一般侧重于工程质量和安全，监理巡视记录主要记录监理人员在巡视工作中的巡视范围、巡视对象，以及巡视中发现的问题及处理意见。

监理巡视记录与监理日记、监理日志的区别主要是工作方式和侧重点不一样。监理日记、监理日志是常规工作，监理巡视记录分常规巡视检查和专项巡视检查。监理日记、监理日志主要记录当天的监理工作情况，包括施工活动情况、监理活动情况、工程施工中存在的问题及处理方法、其他事项等工程项目的所有监理工作；监理巡视记录主要根据工程特点制定的监理巡视工作方案，重点检查记录工程实施过程中对施工质量的控制和施工现场的安全管理。若出现重复，均要求记录，措词可不一样，但必须一致，不能出现相互矛盾。

（二）监理巡视检查工作职责

（1）项目监理机构的监理人员应对承包单位的施工过程进行经常性的巡视检查，并做好巡视检查记录。巡视检查记录必须体现监理行业特点、技术要求和岗位职责履行情况，文字与数字相结合，检测数据及其单位要符合技术规范和质检评定标准。

（2）监理员必须上午、下午各巡视检查一次，日常巡视检查应包括对施工现场的巡视、检查、检验、验收、实物计量、协调，以及安全防护与安全技术交底检查等工作，注重上述检查项目对工程质量和安全的影响项目，做好巡视记录。

（3）专业监理工程师应根据施工进展情况，负责自身专业施工的日常巡视检查，重点查看对工程质量和安全影响较大的项目，并做好巡视记录。

（4）总监理工程师应定期、经常性、有目的地到现场巡视检查，如发现问题，应立即进行处理，并安排项目监理机构监理人员跟踪落实。对大型工程、重点工程，总监理工程师应常驻现场，做到每日巡视，并做好巡视记录。

（5）总监理工程师或副总监理工程师（总监代表）或专业监理工程师，依据制订的监理巡视工作方案，定期、分专业组织专项巡视检查，重点检查对工程质量影响大的部位和安全专项检查。

（6）监理人员在巡视检查中，发现施工企业违规操作，应立即制止，并及时向项目总监报告，拟写整改监理通知，报送项目总监；项目总监批准后，发送施工单位；监理人员应跟踪检查承包单位的整改过程，验证整改结果，做到有始有终、前后闭合。

（7）监理人员发现危及工程质量、施工安全的，对后续施工或其他专业工程产生质量或安全隐患的，应立即向项目总监报告，由项目总监采取应急措施，并迅速发出整改通知。

（8）如不能及时、有效地制止施工企业违规行为，项目总监应及时将情况上报建设单位和政府有关主管部门，同时报送监理公司。

（三）监理巡视检查工作方案

项目监理机构应在工程项目开工前，结合工程项目特点，由项目总监理工程师组织编制监理巡视检查工作方案。工作方案应包括监理人员日常巡视检查工作职责和工作要求，专项巡视检查的部位、检查内容、参加人员、工作机制等，其中含定期专项检查和安全专项检查。

《水利工程施工监理规范》(SL 288—2014)中规定的监理巡视记录表格样式如表3-3所示。

表3-3　监理巡视记录

(监理〔　　〕巡视　　　号)

合同名称：　　　　　　　　　　　　　　　合同编号：

巡视范围	
巡视情况	
发现问题及处理意见	
巡视人：(签名) 日期：　　年　月　日	

说明：1. 本表由监理机构填写。
2. 本表按月装订成册。

任务4　监理会议与会议纪要

一、监理会议

施工现场监理会议是建设工程项目参加建设各方交流信息的重要形式，一般分为监理例会(最好每周开一次)、监理专题会议。因工作急需，建设、承包、监理单位均可提出召开临时工地会议，以解决当时亟待解决的问题。

监理会议的参加人员，在第一次监理工地会议时已经商定；专题工地会议和临时工地会议的参加人员及会议内容，在会前商定。会议由总监理工程师或其授权的监理工程师主持。

(一)第一次监理工地会议

第一次监理工地会议应在监理机构批复合同工程开工(或尚未全面展开)前举行，会议主要内容包括：

(1)建设单位根据委托监理合同宣布项目监理机构总监理工程师并向其授权。

(2)参建单位介绍各方组织机构、人员及其分工，履约各方相互认识，确定联络方式。

(3)建设单位、施工单位分别介绍工程开工准备情况。

(4)监理单位检查合同工程开工准备各项工作是否就绪的情况,并提出意见和要求。

(5)总监理工程师介绍项目监理规划的主要内容,并进行首次监理工作交底。

(6)会议的具体内容可由有关各方会前约定,会议由总监理工程师主持召开。

(7)参会单位及相关人员。建设单位代表,监理单位总监理工程师及监理机构全体人员,承包单位项目经理及项目部全体管理人员。可邀请分包单位参加,必要时邀请有关设计单位人员参加。

(二)监理例会

(1)在工程施工过程中,项目监理机构应定期召开监理例会,原则上应每周召开一次,主要参加人员有:①建设单位与业主施工现场代表;②承包单位项目经理部经理及技术负责人,各专业有关人员;③项目监理机构总监理工程师、副总监理工程师(总监理工程师代表)、各专业监理工程师、监理员以及其他监理人员;④如涉及勘察、设计单位、工程分包单位时,可请其派员参加。

(2)会议的议题应根据工程进展情况,当前施工中存在的突出的、亟待解决的问题,以及各方的意见选定,要密切联系工作实际,突出重点。议题范围包括:①上次会议决议事项的执行情况,如未完成应查明原因及其责任人,并研究和制定补救措施;②查明工程进展情况,并和计划进度比较,如落后于计划进度时应研究补救措施,同时制定进度目标;③检查工程质量状况,对存在的工程质量问题讨论并制定改进措施;④检查安全生产情况,检查上次例会有关安全生产决议事项的落实情况,查找潜在的安全事故隐患,确定下一阶段安全管理工作的内容,并明确重点监控的部位和措施;⑤检查工程量核定及工程款支付情况;⑥讨论建筑材料、构配件和设备供应情况、存在的问题和如何进行改进;⑦通报违约及工期、费用索赔的意见及处理情况;⑧解决需要协调的有关事项;⑨其他当前亟待解决的、需要在会上通报的或在会上研究的事项。

(3)项目监理机构各有关人员应在会议召开之前,按专业或职务分工对上次会议决议事项的执行情况进行调查,并对本次会议拟提出的问题提出建议。在监理例会召开之前,项目监理机构应召开项目监理机构全体人员会议,对如何开好例会做出布置与安排。

(4)监理例会的召开。监理例会由总监理工程师或其授权的监理工程师主持,发言顺序以及主要内容如下:

①施工单位。上次例会需解决事项的整改情况,上周生产计划的完成情况,完成施工部位的质量和安全情况,以及存在的问题;下周施工计划和质量、安全保证措施,需要协调解决的问题等。

②监理单位。上周监理主要工作,施工现场存在的安全、质量问题,施工进度、工程资料情况等;下周施工部位的质量控制要点,施工安全注意事项,文明施工,成品保护,夏天防暑降温,春节前民工工资问题等。

③建设单位。回复施工方需要解决的问题,对各参建单位提出工程进度、工程投资、工程质量与安全等的要求。

④与会方讨论。针对当前施工中存在的突出的、亟待解决的问题,协商讨论,将质量安全问题消灭在萌芽状态,在保证质量和安全的前提下加快施工进度。

总之,监理例会主要目的是对施工生产的一种过程控制,是掌控工程质量与安全、工程进度和资金控制的重要措施。

(三)监理专题会议

(1)监理专题会议是解决施工中的技术问题、安全问题、管理问题及专业协调工作而组织召开的会议。

(2)监理专题会议由项目监理机构根据工作需要主持召开,建设单位、承包单位提出建议,总监理工程师审定同意后也可召开。

(3)会议召开前应充分做好准备工作,主要有:确定中心议题,确定会议参加人员,准备会议资料,落实会议地点、时间并发出会议通知,明确中心发言人及记录人员等。

二、监理会议纪要

(一)监理例会会议纪要

(1)由总监理工程师指定专人,使用专用的记录本负责监理工地例会的记录,根据记录整理编写会议纪要。主要内容包括:①会议地点、时间,出席者姓名、单位、职务;②上次例会决议事项的落实情况,如未落实应查明原因及其责任人,应采取何种补救措施(要注明执行人及时限要求);③本次会议的决议事项,要落实执行单位和时限;④待决议的事项(会议出现不同意见记入待决议事项,待下次会议或召开专题会议商定);⑤其他需要记载的事项。

(2)监理例会的会议纪要经总监理工程师审查确认后打印,对打印后的成品要认真审查核对,经与会各方代表会签,然后分发给有关单位。如对纪要内容有异议,应于收到文件后3日内向项目监理机构反馈。

(3)收到纪要文件的各方应办理签收手续。

(4)纪要文字要简洁,内容要清楚,用词要准确。

(5)监理例会纪要是重要的信息传递文件,其议定的事项对建设各方都有约束力,并且在发生争议或索赔时是重要的法律文件,各项监理机构都应予以足够的重视。每次监理例会必须形成会议纪要。

(6)监理例会的记录本、会议纪要及反馈的书面文件应作为监理资料存档。

(二)监理专题会议纪要

监理专题会议的会议记录及会议纪要的编写可参照监理例会的有关规定执行。

任务5 旁站监理与旁站记录

一、旁站监理

(一)旁站监理概述

(1)旁站监理是指监理人员在施工阶段的监理中,对与工程结构、使用功能有重大关系,事后难以检查、补救的关键部位、特殊过程的施工质量实施全过程现场跟班监督活动。

(2)项目监理机构进行旁站监理是法律赋予的重要职责。《建筑工程质量管理条例》规定:监理工程师应当按照工程监理规范的要求,采取旁站、巡视和平行检验等形式,对建设工程实施监理;《房屋建筑工程施工旁站监理管理办法》的颁布实施,进一步明确了旁站监理工作范围,规范了旁站监理工作;《建设工程监理规范》(GB/T 50319—2013)规定:监理人员应对施工过程进行巡视,并对关键部位、关键工序的施工过程进行旁站,填写旁站记录;《水利工程施工监理规范》(SL 288—2014)规定:监理机构按照监理合同约定和监理工作需要,在施工现场对工程重要部位和关键工序的施工作业实施连续性的全过程监督、检查和记录。

(3)旁站监理工作应编制旁站监理实施细则,并对施工单位进行旁站监理交底。

(4)旁站监理是工程监理的重要形式之一,也是确保工程质量的重要手段。

(5)旁站监理是施工过程中监理人员对施工作业连续监控的监理活动,是监理工作经常采用的一种主要的现场检查形式。在施工过程中,监理人员应加强对现场的巡视、旁站监督和检查,及时发现违章操作和不按设计要求、不按图纸或规范、规程施工的行为,消除质量隐患。

(6)在旁站监理的过程中,监理人员要严格履行职责,按作业程序及时跟班到位进行监督检查,做好旁站记录,对达不到质量要求的工序、分部工程不予签字。

(二)旁站监理工作职责

(1)旁站监理前,检查施工单位的施工准备情况,并将检查记录上报项目监理机构。

(2)熟悉相关的技术规范、设计图纸、建设工程施工合同和委托监理合同。

(3)旁站监理工作完成后,及时向项目监理机构提交完整、准确的旁站监理记录。

(4)当发现施工活动可能危害工程质量和安全时及时制止,并监督施工单位纠正处理。

(5)当发现重大施工质量和安全问题或隐患时,必须立即上报项目监理机构。

(6)客观公正地开展旁站监理工作。

(7)旁站监理人员应对旁站监理工作承担相应的监理责任。

实行旁站监理制度,不免除建设单位和施工单位对工程质量应承担的相应责任。

(三)旁站监理工作内容

(1)检查施工企业现场质检人员到岗、特殊工种人员持证上岗,以及施工技术交底等情况。

(2)检查施工企业施工机械、建筑材料、施工用电准备等情况。

(3)在现场跟班监督关键部位、关键工序的施工,检查施工企业执行施工方案及工程建设强制性标准情况。

(4)检查进场建筑材料、建筑构配件、设备的质量检验报告,并可在现场见证施工企业进行检验或委托具有资格的第三方进行复验。

(5)做好旁站监理记录和监理日记,保存旁站原始资料。

总之,通过"三查二问一核对",确保关键部位、关键工序的施工质量和施工安全。"三查"是指查施工安全、技术交底记录,查仪器设备工作正常、工具材料齐备,查人员及组织(管理人员到位、操作人员持证上岗、有值班工长按技术方案组织实施);"二问"是指问一线操作工人交底内容(保证技术交底落实到了班组),问施工技术文件有关内容(保证施工资料的及时、真实、可靠);"一核对"是指核对施工期必须办理的手续是否齐全,是否满足监理程序要求。

通过"三查二问一核对"发现不具备或部分不具备施工条件时，旁站监理人员有权推迟施工。

（四）需要旁站监理的工程重要部位和关键工序

工程重要部位和关键工序一般包括下列内容，监理机构可视工程具体情况从中选择或增加：

（1）土石方填筑工程的土料、砂砾料、堆石料、反滤料和垫层料压实工序。

（2）普通混凝土工程、碾压混凝土工程、混凝土面板工程、防渗墙工程、钻孔灌注桩工程等的混凝土浇筑工序。

（3）沥青混凝土心墙工程的沥青混凝土铺筑工序。

（4）预应力混凝土工程的混凝土浇筑工序，预应力筋张拉工序。

（5）混凝土预制构件安装工程的吊装工序。

（6）混凝土坝坝体接缝灌浆工程的灌浆工序。

（7）安全监测仪器设备的安装埋设工序，观测孔（井）工程的率定工序。

（8）地基处理、地下工程和孔道灌浆工程的灌浆工序。

（9）锚喷支护和预应力锚索加固工程的锚杆工序，锚索张拉锁定工序。

（10）堤防工程堤基清理工程的基面平整压实工序，填筑施工的所有碾压工序，防冲体护脚工程的防冲体抛投工序，沉排护脚工程的沉排铺设工序。

（11）金属结构安装工程的压力钢管安装、闸门门体安装等工程的焊接检验。

（12）启闭机安装工程的试运行调试。

（13）水轮机和水泵安装工程的导水机构、轴承、传动部件安装。

监理机构在监理工作过程中可结合批准的施工措施计划和质量控制要求，通过编制或修订监理实施细则，具体明确或调整需要旁站监理的工程部位和工序。

二、旁站记录

（一）旁站监理记录的编写方法

1. 基本情况

基本情况包括合同名称及编号、日期、天气及温度、旁站监理的工程部位或工序、旁站监理开始时间、旁站监理结束时间、施工人员情况等。

编号要合理确定，方便整理和查找。如采用2015032802表示2015年03月28日发生在02部位或工序的一份旁站监理记录，这样可以一目了然，不易混淆。旁站监理记录表最好定期（如一个月）进行整理装订，方便日后使用和管理。

气候包括阴、晴、雨、雪和温度变化（最高气温、最低气温）、风力。准确的天气情况可以让监理人员判断旁站监理部位是否具备天气条件，或根据天气情况要求施工单位采取相应的作业措施。气温对混凝土及砂浆强度的增长速度有明显影响，而下雨则会影响砂、石的含水量，这关系到混凝土、砂浆的配合比，进而影响其强度，所以认真记录天气情况是相当重要的一环。

旁站监理的部位或工序应写清所在部位的轴线、标高，或某一分部（子分部）工程、单元工程、检验批。

2. 施工情况

施工情况主要记录施工单位在关键部位或关键工序的施工过程情况、试验与检验情况、机械设备和材料的使用情况、安全文明施工情况等。如混凝土浇筑：混凝土强度等级，浇筑混凝土方量；混凝土供应方式（商品混凝土或现场搅拌混凝土）；使用的机械设备（泵送混凝土或塔吊料斗），振动棒台数；施工人数（浇捣人数，钢筋、模板成品保护人数）等。

3. 监理情况

监理情况主要反映项目监理机构在旁站监理过程中的三控制、三管理、一协调（或三控一履责，两管一协调）的行为。如混凝土浇筑全过程旁站监理：检查混凝土配合比通知单及送料单；检查记录现场质检员和岗位工长值班人；检查浇捣方法符合施工方案要求，浇捣良好（或有问题）；观察浇捣过程中钢筋位置、模板变形情况；随机见证取样做混凝土试块及组数；观察混凝土和易性，抽检混凝土塌落度，严禁现场加水；到商品混凝土搅拌站抽查混凝土配比单及份数；现场搅拌时，抽查混凝土配料计量情况，记录实测水泥、砂、石、水及外加剂重量。

4. 问题及处理

问题及处理包括发现问题、处理意见、备注三方面。发现问题的可以是监理人员，也可以是施工、设计、建设单位的人员发现提出的。处理意见应是对问题作分析后而得出的一个结论意见（不一定是最终结论，如项目监理机构将问题的分析意见转交设计或建设部门处理）。备注就是对问题和处理的跟踪记录，是问题处理后的最终结论记录，也就是对整个问题处理完后的"闭合"。

如混凝土浇筑常见问题有：混凝土配合比与设计配合比不符；钢筋位置偏移过大或楼面钢筋踩塌严重或某处混凝土保护层厚度控制不好；混凝土浇筑时胀模、漏浆现象；混凝土浇捣顺序不连续，新旧混凝土连接不好；接槎处杂物未清理干净；混凝土振捣顺序不合理，某处振捣力度不够，可能出现漏振；混凝土太稀或太干，影响浇筑或堵管；浇捣过程中遇大雨，防雨措施不力，造成混凝土浆液流淌等。

发现上述问题，及时通知现场质检员或带班人，采取措施，整改到位，或书面通知项目部整改。

5. 施工、监理人员签字确认

按时签字确认是旁站监理记录的重要环节之一，没有施工质检员、旁站监理人员签字的旁站监理记录是无效的。不及时签字，是对旁站监理工作的不重视、不负责，因此必须有一个严谨的时效性。旁站监理人员应在旁站监理结束后 24 小时内写好、确认签字，并送达施工质检员手里；施工质检员在收到旁站监理记录后 24 小时内确认签字，并送还给旁站监理人员，如果中间有任何疑问也应在 24 小时内双方商议解决。

（二）编写旁站监理记录的注意事项

（1）旁站监理记录作为旁站监理工作的真实记载，应与监理日志有所区别，因此两者应分别记录，不能合并，且内容也应有所不同。如监理日志是天天都要记录，有一个连续性，而旁站监理记录只是在发生旁站监理的情况下才记录，没有发生则不需记录。

（2）旁站监理记录应一式三份，监理、施工、建设单位各执一份，但建设单位那份可以由项目监理机构每月汇总后再交。这样可以避免弄虚作假，各方均对工程的实施情况有一定的了解，也可以让建设单位及时做出某些工程决策，让工程更顺利实施。

（3）旁站监理记录内容不能空泛笼统、单一片面，更不能错别字连篇，词不达意。

（4）旁站监理记录写好后，要及时交项目总监理工程师审查，以便及时沟通和了解，从而促进监理工作正常有序地开展。

旁站监理记录是监理的重要基础工作，应该得到每个监理人员的重视。每个监理人员都有责任做好旁站监理记录，为工程项目提供有价值的可靠依据，为自己和公司树立良好的形象。

（三）旁站监理记录表格

《水利工程施工监理规范》（SL 288—2014）中规定的旁站监理值班记录表格样式如表3-4所示。

表3-4　旁站监理值班记录

（监理〔　　〕旁站　　号）

合同名称：　　　　　　　　　　　　　　　　合同编号：

<table>
<tr><td>工程部位</td><td colspan="3"></td><td>日期</td><td></td></tr>
<tr><td>时间</td><td></td><td>天气</td><td></td><td>温度</td><td></td></tr>
<tr><td rowspan="5">人员情况</td><td colspan="5">施工技术员：________　施工班组长：________
质　检　员：________</td></tr>
<tr><td colspan="5">现场人员数量及分类人员数量</td></tr>
<tr><td>管理人员</td><td>________人</td><td>技术人员</td><td colspan="2">________人</td></tr>
<tr><td>特种作业人员</td><td>________人</td><td>普通作业人员</td><td colspan="2">________人</td></tr>
<tr><td>其他辅助人员</td><td>________人</td><td>合计</td><td colspan="2">________人</td></tr>
<tr><td>主要施工设备及运转情况</td><td colspan="5"></td></tr>
<tr><td>主要材料使用情况</td><td colspan="5"></td></tr>
<tr><td>施工过程描述</td><td colspan="5"></td></tr>
<tr><td>监理现场检查、检测情况</td><td colspan="5"></td></tr>
<tr><td>承包人提出的问题</td><td colspan="5"></td></tr>
<tr><td>监理人的答复或指示</td><td colspan="5"></td></tr>
<tr><td colspan="6">当班监理人员：（签名）__________________　现场技术员：（签名）__________________</td></tr>
</table>

说明：本表单独汇编成册。

任务6 监理报告

一、监理报告的编制要求

(一)监理报告的分类

在施工监理实施过程中,由监理机构提交的监理报告包括监理月报、监理专题报告、监理工作报告。

监理月报应全面反映当月的监理工作情况,编制周期与支付周期宜同步,在约定时间前报送发包人和监理单位。

监理专题报告应针对施工监理中某项特定的专题编制。专题事件持续时间较长时,监理机构可提交关于该专题事件的中期报告。

在各类工程验收时,监理机构应按规定提交相应的监理工作报告。监理工作报告应在验收工作开始前完成。

(二)监理报告编制的基本要求

(1)总监理工程师应负责组织编制监理报告,审核后签字盖章。监理报告应一式两份,一份提交建设单位,一份随监理资料交监理单位。

(2)监理报告的编写由总监理工程师指定专人负责,各专业监理工程师和信息管理员负责提供本专业或职务分工部分的资料与数据,总监理工程师审阅把关。项目监理机构全体人员共同动手,分工协作按时编制完成。

(3)监理报告必须符合"水利工程施工监理规范"的要求,应真实反映工程或事件状况、监理工作情况,做到内容全面、重点突出、语言简练、数据准确,并附必要的图表和照片。

二、监理月报

编写监理月报是一项重要的信息管理工作,监理的在建工程项目,每月均应编制监理月报,报送建设单位、所属监理单位及有关部门。

(一)监理月报的作用

(1)向建设单位通报本工程项目本月份各方面的进展情况。

(2)向建设单位汇报项目监理机构做了哪些工作,收到什么效果。

(3)项目监理机构向所属监理单位领导层和管理层汇报本月份在工程项目的质量控制、进度控制、造价控制、安全管理、合同管理、信息管理及组织协调参加建设各方之间关系中所做的工作,存在的问题及其经验教训,希望领导层和管理层给予支持和指导。

(4)项目监理机构通过编制监理月报总结本月份工作,为下一阶段工作制订计划。

(5)向上级主管部门来项目监理机构检查的工作人员,提供关于工程概况、施工概况及监理工作情况的说明文件。

(二)监理月报的主要内容

《水利工程施工监理规范》(SL 288—2014)规定了监理月报的主要内容包括:

(1)本月工程施工概况。

(2)工程质量控制情况。

(3)工程进度控制情况。

(4)工程资金控制情况。

(5)施工安全监理情况。

(6)文明施工监理情况。

(7)合同管理的其他工作情况。

(8)监理机构运行情况。

(9)监理工作小结。

(10)存在问题及有关建议。

(11)下月工作安排。

(12)监理大事记。

(13)附表。

表格宜采用《水利工程施工监理规范》(SL 288—2014)附录E中施工监理工作常用表格格式。

监理月报的编制,其统计周期一般为上月的26日至本月的25日,原则上规定于次月的5日前送交有关部门。具体时间根据监理公司要求,与建设单位协商。

项目监理机构可定期或不定期编写监理简报,报导施工现场的情况,及时报送有关单位和所属监理单位有关部门及领导。

三、监理专题报告

监理专题报告是施工过程中,项目监理机构就某项工作、某一问题、某一任务或某一事件向建设单位所做的书面报告。

施工过程中的合同争议、违约处理等可采用监理专题报告,并附有关记录。

(一)监理专题报告的要求

(1)监理专题报告应用标题清楚表明问题的性质,主体内容应详尽地阐述发生问题的情况、原因分析、处理结果和建议。

(2)监理专题报告由报告人、总监理工程师签字,并加盖项目监理机构公章。

(二)监理专题报告的主要内容

(1)《水利工程施工监理规范》(SL 288—2014)规定,用于汇报专题事件实施情况的监理专题报告主要包括下列内容:

①事件描述。

②事件分析。事件发生的原因及责任分析,事件对工程质量影响分析,事件对施工进度影响分析,事件对工程资金影响分析,事件对工程安全影响分析。

③事件处理。承包人对事件处理的意见,发包人对事件处理的意见,设代机构对事件处理的意见,其他单位或部门对事件处理的意见,监理机构对事件处理的意见,事件最后处理方案和结果(如果为中期报告,应描述截至目前为止事件处理的现状)。

④对策与措施。为避免此类事件再次发生或其他影响合同目标实现事件的发生,监

理机构提出的意见和建议。

⑤其他。其他应提交的资料和说明事项等。

(2)《水利工程施工监理规范》(SL 288—2014)规定,用于汇报专题事件情况并建议解决的监理专题报告主要包括下列内容:

①事件描述。

②事件分析。事件发生的原因及责任分析,事件对工程质量影响分析,事件对施工进度影响分析,事件对工程资金影响分析,事件对工程安全影响分析。

③事件处理建议。

④其他。其他应提交的资料和说明事项等。

四、监理工作报告

监理工作报告是在各类工程验收时,监理机构应按规定提交的工程质量评估报告。因此,监理工作报告应在验收工作开始前完成。

(一)监理工作报告的要求

(1)监理工作报告针对的是单位工程或是分项工程验收,必须写明工程部位与名称。

(2)监理工作报告以分项工程(或单元工程)验收合格为基础,编写前必须查询监理日常巡查、旁站、建筑材料试验见证取样、平行检查、复查等资料,以及分项工程(或单元工程)合格验收相关资料和验收会议记录。

(3)编写监理工作报告应做到评估意见客观、公正、真实;对监理过程做出综合描述;能反映工程的主要质量状况,涉及工程的结构安全、重要使用功能及观感质量等,并给出评价结论。

(4)监理工作报告由专业监理工程师、总监理工程师签字,并加盖项目监理机构公章。

(二)监理工作报告的主要内容

《水利工程施工监理规范》(SL 288—2014)规定了监理工作报告主要包括下列内容:

(1)工程概况。

(2)监理规则。

(3)监理过程。

(4)监理效果。质量控制监理工作成效,进度控制监理工作成效,资金控制监理工作成效,施工安全监理工作成效,文明施工监理工作成效。

(5)工程评价。

(6)经验与建议。

(7)附件:①监理机构的设置与主要工作人员情况表;②工程建设监理大事记。

任务7 监理机构的资料管理

一、监理台账的建立与资料归档

监理资料是监理单位在工程项目实施监理过程中所形成的各种原始记录,它是监理工作中各项控制和管理工作的依据和凭证。通过对监理资料的管理也反映了监理人员的素质与项目监理机构的管理能力与管理水平。

(一)监理资料管理基本要求

(1)监理资料的管理与归档工作是监理工作中内业管理工作的最重要部分,各项目监理机构应予以高度重视。监理资料的管理应逐步走向科学化、程序化,并最终实现计算机化。

(2)完整、准确、真实、及时是对监理资料的四个重要要求;对监理资料管理工作的基本要求是"及时完整、真实有效、填写齐全、标识无误、交圈对口、归档有序"。

(3)项目监理机构的监理资料管理工作由总监理工程师负总责,各专业监理工程师分工负责,由总监理工程师指定人员专任或兼任资料管理员负实际责任。监理单位的监理资料管理工作由技术总负责人负责,档案资料管理部门负责人负责具体管理工作,并对各项目监理机构的监理资料管理员负指导责任。

(4)各监理人员应随着工程项目的进展不断积累监理资料,并认真、及时地进行编审,于工程竣工后形成一套完整的监理档案,移交给所属监理单位的档案资料管理部门保管备查。

(5)项目监理机构应于工程竣工后3个月内,由总监理工程师组织监理人员进行监理资料的整理、编审和装订工作,由总监理工程师签字后作为监理档案移交。

(6)监理档案应规定有保管期限,根据档案文件的内容,可规定为1~3年,少数档案文件可定为永久保存,具体分类水利工程依据《水利工程建设项目档案管理规定》(水办〔2005〕480号)的规定,建设工程依据当地政府的建设行政主管部门所属的建设工程档案管理部门规定。

(7)在保存期内,对档案资料的保管、借阅和归还,应建立完备的制度,防止档案资料丢失受损。

(二)监理台账的建立

根据《水利工程建设项目档案管理规定》(水办〔2005〕480号)规定的施工监理实施过程中的监理资料立卷的主要内容,在施工过程中逐步建立监理台账(预立卷)。

1.监理资料立卷的主要内容

监理资料立卷的主要内容包括:监理合同,监理规划,监理实施细则;开工、停工、复工相关文件资料(主要包括合同工程开工通知、合同工程开工批复、分部工程开工批复、暂停施工指示、复工通知等);监理机构通知相关文件资料(主要包括监理通知、工程现场书面通知、警告通知、整改通知等);监理机构审核、审批、核查、确认等相关文件资料;监理机构检查、检验、检测等相关记录文件资料(主要包括旁站监理记录、监理巡视记录、监理平行检测记录、监理跟踪检测记录、安全检查记录、监理日记、监理日志等);施工质量缺陷备案资料;计量和支付相关文件资料(主要包括工程进度付款证书、合同解除付款核查报告、完工付款/最终结清证书等);变更和索赔相关文件资料(主要包括变更指示、变更项目价格审核、变更项目价格/工期确认、索赔审核、索赔确认等);会议记录文件(会议纪要、会议记录等);监理报告(主要包括监理月报、监理专题报告、监理工作报告);影像资料;监理收、发文相关记录;其他有关的重要来往文件。

2. 监理资料预立卷(监理台账的建立)

(1)法规标准文件类。法律法规、部门规章和文件、标准规范、地方规章和文件、企业文件等。

(2)监理备查资料。监理合同,监理规划,监理实施细则;监理企业资质证书复印件,监理人员执业资格证书复印件,项目监理机构及人员分工,监理机构主要工作制度,监理机构内部管理制度;监理人员更换,与监理公司往来文件资料等。

(3)报审备案资料。施工单位(包括分包单位)企业资质,安全生产许可证,项目部管理人员执业资格证书复印件,特种作业人员资格证书复印件,项目部管理机构及人员分工,质量和安全保证体系,生产规章制度;施工组织设计,专项施工方案、安全应急预案,施工机械报审清单等。

(4)施工监理资料。设计交底与图纸会审会议纪录,测量核验资料;开工、停工、复工文件资料;监理机构通知与回复相关文件资料;工程材料、构配件、设备进场报验相关文件资料;监理机构检查、检验、检测等相关记录文件资料;计量和支付相关文件资料;变更和索赔相关文件资料;施工质量缺陷备案资料;安全检查与安全事故处理记录资料;会议记录文件;监理报告;分部工程、单位工程验收资料;监理工作总结;监理收、发文相关记录;影像资料(按相关资料归类)。

(5)有关部门检查记录,其他有关的重要来往文件。

项目监理机构应根据监理公司的要求,以及项目自身特点建立监理台账。

(三)监理资料的分类、编号与归档

建设工程项目的监理资料种类繁多,数量很大,为了做好项目监理工作,应对这些监理资料和文件进行科学的分类、编号与归档,结合监理公司的要求,按《水利工程建设项目档案管理规定》(水办〔2005〕480 号)执行。

二、监理通知的签发与整改回复

(一)监理通知的签发

《水利工程施工监理规范》(SL 288—2014)施工监理工作常用表格中,监理的通知设有“合同工程开工通知”“监理通知”“计日工工作通知”“工程现场书面通知”“警告通知”“整改通知”和“复工通知”,其中“工程现场书面通知”由监理工程师/监理员签发(一般由监理工程师签发,对施工现场发现的施工人员违反操作规程的行为,监理员可以签发),“监理通知”由总监理工程师/监理工程师签发,其他通知均由总监理工程师签发。

注意:《建设工程监理规范》(GB/T 50319—2013)建设工程监理基本表式中,只设“监理通知”,由总监理工程师/专业监理工程师签发;“监理通知回复单”,由项目经理签字,盖项目经理部章。针对开工、停工、复工,另设“工程开工令”“工程暂停工令”“工程复工令”,均由总监理工程师签发。

“合同工程开工通知”“复工通知”由承包人签收,抄送发包人、设代机构;“计日工工作通知”由项目经理签收,抄送发包人;“工程现场书面通知”由现场负责人签收,抄送发包人;“监理通知”“警告通知”和“整改通知”由承包人签收,抄送发包人。

“工程现场书面通知”主要针对施工现场能立即纠正的影响质量、安全的隐患,以及施工人员违反操作规程的行为；“整改通知”主要针对施工现场不能立即处理的影响质量、安全的问题，要求施工单位限期整改，涉及重大质量、安全问题，可下局部暂停工指示。

“警告通知”是指承包人在履行合同时发生了违约行为，要求承包人按监理要求立即采取措施，纠正违约行为后报监理确认。

“监理通知”，特别是“工程现场书面通知”“整改通知”，是项目监理机构履责的重要表现形式，“监理通知”里的内容出现了质量、安全问题，监理可一定程度的免责。

（二）监理通知的整改回复

“合同工程开工通知”“复工通知”“计日工工作通知”按通知要求执行，可不回复；“监理通知”中只是让承包人知晓或执行，没有要求回复的可不回复，但要求回复的必须回复；“工程现场书面通知”“警告通知”和“整改通知”必须按要求采取措施，限时整改，监理确认和验收合格后，写出书面回复，“回复单”必须由项目经理签字，盖项目机构章。这就是前面讲到的“闭合”。

三、监理表格的说明与使用

水利工程施工采用《水利工程施工监理规范》（SL 288—2014）施工监理工作常用表格。

注意：国家标准《建设工程监理规范》（GB/T 50319—2013）建设工程监理基本表式分为：A类——工程监理单位用表，B类——施工单位报审/验用表，C类——通用表，共计25个表式。在项目监理工作中，可根据需要补充表格。

（一）表格的说明

（1）表格可分为以下两种类型：①承包人用表，共计57个表格，以CB××表示；②监理机构用表，共计47个表格，以JL××表示。

（2）表格的标题（表名）应采用如下格式：

CB11	施工放样报验单 （承包〔　〕放样　　号）

注：1.“CB11”代表表格类型及序号。

2.“施工放样报验单”为表格名称。

3.“承包〔　〕放样　号”为表格编号。其中：①“承包”指该表以承包人为填表人，当填表人为监理机构时，即以“监理”代之；②当监理工程范围包括两个以上承包人时，为区分不同承包人的用表，“承包”可用其简称表示；③〔　〕：年份，如〔2015〕表示2015年的表格；④“放样”：表格的使用性质，即用于“放样”工作；⑤“　号”：一般为3位数的流水号。

（二）表格使用说明

（1）监理机构可根据施工项目的规模和复杂程度，采用其中的部分或全部表格；若表格不能满足工程实际需要，可调整或增加表格。

（2）各表格脚注中所列单位和份数为基本单位和推荐份数，工作中应根据具体情况和要求予以具体明确各类表格的报送单位和份数。

（3）相关单位都应明确文件的签收人。

（4）“CB01　施工技术方案申报表”可用于承包人向监理机构申报关于施工组织设计、施工措施计划、专项施工方案、度汛方案、灾害应急预案、施工工艺试验方案、专项检测试验方案、工程测量施测方案、工程放样计划和方案、变更实施方案等需报请监理机构批准的方案。

（5）承包人的施工质量检测月汇总表、工程事故月报表除作为施工月报附表外，还应按有关要求另行单独填报。

（6）表格中凡属部门负责人签名的，项目经理都可签署；凡属监理工程师签名的，监理工程师都可签署。表格中签名栏为“总监理工程师/副总监理工程师”“总监理工程师/监理工程师”和“项目经理/技术负责人”的可根据工程特点和管理要求视具体授权情况由相应人员签署。

（7）监理用表中的合同名称和合同编号指所监理的施工合同名称和编号。

任务8　监理人员岗位职责

一、总监理工程师岗位职责

《水利工程施工监理规范》（SL 288—2014）规定：水利工程施工监理实行总监理工程师负责制。总监理工程师应负责全面履行监理合同约定的监理单位的义务，主要职责应包括下列各项：

（1）主持编制监理规划，制定监理机构工作制度，审批监理实施细则。

（2）确定监理机构部门职责及监理人员职责权限；协调监理机构内部工作；负责监理机构中监理人员的工作考核，调换不称职的监理人员；根据工程建设的进展情况，调整监理人员。

（3）签发或授权签发监理机构的文件。

（4）主持审查承包人提出的分包项目和分包人，报发包人批准。

（5）审批承包人提交的合同工程开工申请、施工组织设计、施工进度计划、资金流计划。

（6）审批承包人按有关安全规定和合同要求提交的专项施工方案、度汛方案和灾害应急预案。

（7）审核承包人提交的文明施工组织机构和措施。

（8）主持或授权监理工程师主持设计交底，组织核查并签发施工图纸。

（9）主持第一次监理工地会议，主持或授权监理工程师主持监理例会和监理专题会议。

（10）签发合同工程开工通知、暂停施工指示和复工通知等重要监理文件。

（11）组织审核已完成工程量和付款申请，签发各类付款证书。

（12）主持处理变更、索赔和违约等事宜，签发有关文件。

（13）主持施工合同实施中的协调工作，调解合同争议。

(14)要求承包人撤换不称职或不宜在本工程工作的现场施工人员或技术、管理人员。

(15)组织审核承包人提交的质量保证体系文件、安全生产管理机构和安全措施文件并监督其实施,发现安全隐患及时要求承包人整改或暂停施工。

(16)审批承包人施工质量缺陷处理措施计划,组织施工质量缺陷处理情况的检查和施工质量缺陷备案表的填写;按相关规定参与工程质量及安全事故的调查和处理。

(17)复核分部工程和单位工程的施工质量等级,代表监理机构评定工程项目施工质量。

(18)参加或受发包人委托主持分部工程验收,参加单位工程验收、合同工程完工验收、阶段验收和竣工验收。

(19)组织编写并签发监理月报、监理专题报告和监理工作报告,组织整理监理档案资料。

(20)组织审核承包人提交的工程档案资料,并提交审核专题报告。

总监理工程师可书面授权副总监理工程师或监理工程师履行其部分职责,但下列工作除外:

(1)主持编制监理规划,审批监理实施细则。

(2)主持审查承包人提出的分包项目和分包人。

(3)审批承包人提交的合同工程开工申请、施工组织设计、施工总进度计划、年施工进度计划、专项施工进度计划、资金流计划。

(4)审批承包人按有关安全规定和合同要求提交的专项施工方案、度汛方案和灾害应急预案。

(5)签发施工图纸。

(6)主持第一次监理工地会议,签发合同工程开工通知、暂停施工指示和复工通知。

(7)签发各类付款证书。

(8)签发变更、索赔和违约有关文件。

(9)签署工程项目施工质量等级评定意见。

(10)要求承包人撤换不称职或不宜在本工程工作的现场施工人员或技术、管理人员。

(11)签发监理月报、监理专题报告和监理工作报告。

(12)参加合同工程完工验收、阶段验收和竣工验收。

二、监理工程师岗位职责

《水利工程施工监理规范》(SL 288—2014)规定:监理工程师应按照职责权限开展监理工作,是所实施监理工作的直接责任人,并对总监理工程师负责。其主要职责应包括下列各项:

(1)参与编制监理规划,编制监理实施细则。

(2)预审承包人提出的分包项目的分包人。

(3)预审承包人提交的合同工程开工申请、施工组织设计、施工总进度计划、年施工进度计划、专项施工进度计划、资金流计划。

(4)预审承包人按有关安全规定和合同要求提交的专项施工方案、度汛方案和灾害应急预案。

(5)根据总监理工程师的安排核查施工图纸。

(6)审批分部工程或分部工程部分工作的开工申请报告、施工措施计划、施工质量缺陷处理措施计划。

(7)审批承包人编制的施工控制网和原始地形的施测方案;复核承包人的施工放样成果;审批承包人提交的施工工艺试验方案、专项检测试验方案,并确认试验成果。

(8)协助总监理工程师协调参建各方之间的工作关系;按照职责权限处理施工现场发生的有关问题,签发一般监理指示和通知。

(9)核查承包人报验的进场原材料、中间产品的质量证明文件;核验原材料和中间产品的质量;复核工程施工质量;参与或组织工程设备的交货验收。

(10)检查、监督工程现场的施工安全和文明施工措施的落实情况,指示承包人纠正违规行为;情节严重时,向总监理工程师报告。

(11)复核已完成工程量报表。

(12)核查付款申请报表。

(13)提出变更、索赔及质量和安全事故处理等方面的初步意见。

(14)按照职责权限参与工程的质量评定工作和验收工作。

(15)收集、汇总、整理监理档案资料,参与编写监理月报,核签或填写监理日志。

(16)施工中发生重大问题或遇到紧急情况时,及时向总监理工程师报告、请示。

(17)指导、检查监理员的工作,必要时可向总监理工程师建议调换监理员。

(18)完成总监理工程师授权的其他工作。

机电设备安装、金属结构设备安装、地质勘查和工程测量等专业监理工程师应根据监理工作内容和时间安排完成相应的监理工作。

三、监理员岗位职责

《水利工程施工监理规范》(SL 288—2014)规定,监理员应按照职责权限开展监理工作,其主要职责应包括下列各项:

(1)核实进场原材料和中间产品报验单并进行外观检查,核实施工测量成果报告。

(2)检查承包人用于工程建设的原材料、中间产品和工程设备等的使用情况,并填写现场记录。

(3)检查、确认承包人单元工程(工序)施工准备情况。

(4)检查并记录现场施工程序、施工工艺等实施过程情况,发现施工不规范行为和质量隐患,及时指示承包人改正,并向监理工程师或总监理工程师报告。

(5)对所监理的施工现场进行定期或不定期的巡视检查,依据监理实施细则实施旁站监理和跟踪检测。

(6)协助监理工程师预审分部工程或分部工程部分工作的开工申请报告、施工措施计划、施工质量缺陷处理措施计划。

(7)核实工程计量结果,检查和统计计日工情况。

(8)检查、监督工程现场的施工安全和文明施工措施的落实情况,发现异常情况及时指示承包人纠正违规行为,并向监理工程师或总监理工程师报告。

(9)检查承包人的施工日志和现场实验室记录。

(10)核实承包人质量评定的相关原始记录。

(11)填写监理日记,依据总监理工程师或监理工程师授权填写监理日志。

当监理人员数量较少时,总监理工程师可同时承担监理工程师的职责,监理工程师可同时承担监理员的职责。

复习思考题

1. 监理规划包括哪些内容?
2. 监理规划编写的依据是什么?
3. 监理实施细则的主要内容有哪些?
4. 监理日志的作用是什么?
5. 监理巡视记录的内容有哪些?
6. 简述监理报告的分类。
7. 监理报告编制的基本要求有哪些?
8. 监理月报的主要内容有哪些?
9. 简述用于汇报专题事件实施情况的监理专题报告的主要内容。
10. 简述监理工作报告的主要内容。
11. 第一次监理工地会议主要内容有哪些?
12. 简述监理例会主要参加人员。
13. 简述监理例会会议纪要的主要内容。
14. 简述旁站监理记录基本内容。
15. 简述旁站监理的工作职责。

项目4 建设工程法律法规

任务1 建设工程法律法规体系

建设工程法律法规体系是指根据《中华人民共和国立法法》的规定，制定和公布施行的有关建设工程的各项法律、行政法规、地方性法规、自治条例、单行条例、部门规章和地方政府规章的总称。目前，这个体系已经基本形成。本项目列举和介绍的是与建设工程监理有关的法律、行规法规和部门规章，不涉及地方性法规、自治条例、单行条例和地方政府规章。

一、建设工程法律法规规章的制定机关和法律效力

建设工程法律是指由全国人民代表大会及其常务委员会通过的规范工程建设活动的法律规范，由国家主席签署主席令予以公布，如《中华人民共和国建筑法》《中华人民共和国招标投标法》《中华人民共和国合同法》《中华人民共和国政府采购法》《中华人民共和国城市规划法》等。

建设工程行政法规是指由国务院根据宪法和法律制定的规范工程建设活动的各项法规，由总理签署国务院令予以公布，如《建设工程质量管理条例》《建设工程安全管理条例》等。

建设工程部门规章是指建设部按照国务院规定的职权范围，独立或同国务院有关部门联合根据法律和国务院的行政法规、决定、命令制定的规范工程建设活动的各项规章，属于建设部制定的由部长签署建设部令予以公布，如《工程监理企业资质管理规定》《注册监理工程师管理规定》等。

上述法律法规规章的效力是：法律的效力高于行政法规，行政法规的效力高于部门规章。

二、与建设工程监理有关的建设工程法律法规规章

（1）国家法律。《中华人民共和国建筑法》《中华人民共和国合同法》《中华人民共和国招标投标法》《中华人民共和国土地管理法》《中华人民共和国环境保护法》《中华人民共和国水土保持法》等。

（2）行政法规。《建设工程质量管理条例》《建设工程安全生产管理条例》《建设工程勘察设计管理条例》《中华人民共和国土地管理法实施条例》等。

（3）部门规章。《工程监理企业资质管理规定》《注册监理工程师管理规定》《建设工程监理范围和规模标准规定》《建筑工程设计招标投标管理办法》《评标委员会和评标方

法暂行规定》《建筑工程施工发包与承包计价管理办法》《建筑工程施工许可管理办法》《实施工程建设强制性标准监督规定》《建设工程施工现场管理规定》《建筑安全生产监督管理规定》《工程建设重大事故报告和调查程序规定》等。

监理工程师应当了解和熟悉我国建设工程法律法规规章体系，并熟悉和掌握其中与监理工作关系比较密切的法律法规规章，以便依法进行监理和规范自己的工程监理行为。

任务2　建筑法

《中华人民共和国建筑法》（简称《建筑法》）是我国工程建设领域的一部大法。全文分8章共计85条。整部法律内容是以建筑市场管理为中心，以建筑工程质量和安全为重点，以建筑活动监督管理为主线形成的。

一、总则

《建筑法》总则一章，是对整部法律的纲领性规定。内容包括：立法目的、调整对象和适用范围、建筑活动基本要求、建筑业的基本政策、建筑活动当事人的基本权利和义务、建筑活动监督管理主体。

（1）立法目的是加强对建筑活动的监督管理，维护建筑市场秩序，保证建筑工程的质量和安全，促进建筑业健康发展。

（2）《建筑法》调整的地域范围是中华人民共和国境内，调整的对象包括从事建筑活动的单位和个人以及监督管理的主体，调整的行为是各类房屋建筑及其附属设施的建造和与其配套的线路、管理、设备的安装活动。但《建筑法》中关于施工许可、建筑施工企业资质审查和建筑工程发包、承包、禁止转包，以及建筑工程监理，建筑工程安全和质量管理的规定，也适用于其他专业工程的建筑活动。

（3）建筑活动基本要求是建筑活动应当确保建筑工程质量和安全，符合国家的建筑工程安全标准。

（4）任何单位和个人从事建筑活动都应当遵守法律、法规，不得损害社会公共利益和他人合法权益。任何单位和个人不得妨碍和阻挠依法进行的建筑活动。

（5）国务院建设行政主管部门对全国的建筑活动实施统一监督管理。

二、建筑许可

建筑许可一章是对建筑工程施工许可制度和从事建筑活动的单位和个人从业资格的规定。

（一）建筑工程施工许可制度

建筑工程施工许可制度是建设行政主管部门根据建设单位的申请，依法对建筑工程所应具备的施工条件进行审查，符合规定条件的，准许该建筑工程开始施工，并颁发施工许可证的一种制度。具体内容包括：

（1）施工许可证的申领时间、申领程序、工程范围、审批权限以及施工许可证与开工报告之间的关系。

(2)申请施工许可证的条件和颁发施工许可证的时间规定。

(3)施工许可证的有效时间和延期的规定。

(4)领取施工许可证的建筑工程中止施工和恢复施工的有关规定。

(5)取得开工报告的建筑工程不能按期开工或中止施工以及开工报告有效期的规定。

(二)从事建筑活动的单位的资质管理规定

(1)从事建筑活动的建筑施工企业、勘察单位、设计单位和工程监理单位应有符合国家规定的注册资本,有与其从事的建筑活动相适应的具有法定执业资格的专业技术人员,有从事相关建筑活动所应有的技术装备,以及法律、行政法规规定的其他条件。

(2)从事建筑活动的单位应根据资质条件划分不同的资质等级,经资质审查合格,取得相应的资质等级证书后,方可在其资质等级许可的范围内从事建筑活动。

(3)从事建筑活动的专业技术人员,应当依法取得相应的执业资格证书,并在执业资格证书许可的范围内从事建筑活动。

三、建筑工程发包与承包

(一)关于建筑工程发包与承包的一般规定

一般规定包括:发包单位和承包单位应当签订书面合同,并应依法履行合同义务;招标投标活动的原则;发包和承包行为约束方面的规定;合同价款约定和支付的规定等。

(二)关于建筑工程发包

内容包括:建筑工程发包方式;公开招标程序和要求;建筑工程招标的行为主体和监督主体;发包单位应将工程发包给依法中标或具有相应资质条件的承包单位;政府部门不得滥用权力限定承包单位;禁止将建筑工程肢解发包;发包单位在承包单位采购方面的行为限制的规定等。

(三)关于建筑工程承包

内容包括:承包单位资质管理的规定;关于联合承包方式的规定;禁止转包;有关分包的规定等。

四、关于建筑工程监理

(1)国家推行建筑工程监理制度。国务院可以规定实行强制性监理的工程范围。

(2)实行监理的建筑工程,由建设单位委托具有相应资质条件的工程监理单位监理。建设单位与其委托的工程监理单位应当订立书面委托监理合同。

(3)建筑工程监理应当依据法律、行政法规及有关技术标准、设计文件和工程承包合同,对承包单位在施工质量、建设工期和建设资金使用等方面,代表建设单位实施监督。

工程监理人员认为工程施工不符合工程设计要求、施工技术标准和合同约定的,有权要求建筑施工企业改正。

工程监理人员发现工程设计不符合建筑工程质量标准或者合同约定的质量要求的,应当报告建设单位要求设计单位改正。

(4)实施建筑工程监理前,建设单位应当将委托的工程监理单位、监理的内容及监理权限,书面通知被监理的建筑施工企业。

(5)工程监理单位应当在其资质等级许可的监理范围内,承担工程监理业务。工程监理单位应当根据建设单位的委托,客观、公正地执行监理任务。工程监理单位不得转让工程监理业务。

(6)工程监理单位不按照委托监理合同的约定履行监理义务,对应当监督检查的项目不检查或者不按照规定检查,给建设单位造成损失的,应当承担相应的赔偿责任。

工程监理单位与承包单位串通,为承包单位谋取非法利益,给建设单位造成损失的,应当与承包单位承担连带赔偿责任。

五、关于建筑安全生产管理

内容包括:建筑安全生产管理的方针和制度;建筑工程设计应当保证工程的安全性能;建筑施工企业安全生产方面的规定;建筑施工企业在施工现场应采取的安全防护措施;建设单位和建筑施工企业关于施工现场地下管线保护的义务;建筑施工企业在施工现场应采取保护环境措施的规定;建设单位应办理施工现场特殊作业申请批准手续的规定;建筑安全生产行业管理和国家监察的规定;建筑施工企业安全生产管理和安全生产责任制的规定;施工现场安全由建筑施工企业负责的规定;劳动安全生产培训的规定;建筑施工企业和作业人员有关安全生产的义务以及作业人员安全生产方面的权利;建筑施工企业为有关职工办理意外伤害保险的规定;涉及建筑主体和承重结构变动的装修工程设计、施工的规定;房屋拆除的规定;施工中发生事件应采取紧急措施和报告制度的规定。

六、建筑工程质量管理

(1)建筑工程勘察、设计、施工质量必须符合有关建筑工程安全标准的规定。

(2)国家对从事建筑活动的单位推行质量体系认证制度的规定。

(3)建设单位不得以任何理由要求设计单位和施工企业降低工程质量的规定。

(4)关于总承包单位和分包单位工程质量责任的规定。

(5)关于勘察、设计单位工程质量责任的规定。

(6)设计单位对设计文件选用的建筑材料、构配件和设备不得指定生产厂、供应商的规定。

(7)施工企业质量责任。

(8)施工企业对进场材料、构配件和设备进行检验的规定。

(9)关于建筑物合理使用寿命内和工程竣工时的工程质量要求。

(10)关于工程竣工验收的规定。

(11)建筑工程实行质量保修制度的规定。

(12)关于工程质量实行群众监督的规定。

七、法律责任

对下列行为规定了法律责任:

(1)未经法定许可、擅自施工的。

(2)将工程发包给不具备相应资质的单位或者将工程肢解发包的,无资质证书或者超越资质等级承揽工程的,以欺骗手段取得资质证书的。

(3)转让、出借资质证书或者以其他方式允许他人以本企业名义承揽工程的。

(4)将工程转包,或者违反法律规定进行分包的。

(5)在工程发包与承包中索贿、受贿、行贿的。

(6)工程监理单位与建设单位或者建筑施工企业串通,弄虚作假、降低工程质量的,转让监理业务的。

(7)涉及建筑主体或者承重结构变动的装修工程,违反法律规定,擅自施工的。

(8)建筑施工企业违反法律规定,对建筑安全事故隐患不采取措施予以消除的;管理人员违章指挥、强令职工冒险作业,因而造成严重后果的。

(9)建设单位要求设计单位或者施工企业违反工程质量、安全标准,降低工程质量的。

(10)设计单位不按工程质量、安全标准进行设计的。

(11)建筑施工企业在施工中偷工减料,使用不合格材料、构配件和设备的,或者有其他不按照工程设计图纸或者施工技术标准施工的行为的。

(12)建筑施工企业不履行保修义务或者拖延履行保修义务的。

(13)违反法律规定,对不具备相应资质等级条件的单位颁发该等级资质证书的。

(14)政府及其所属部门的工作人员违反规定,限定发包单位将招标发包的工程发包给指定的承包单位的。

(15)有关部门及其工作人员对不符合施工条件的建筑工程颁发施工许可证,对不合格的建筑工程出具质量合格文件或按合格工程验收的。

任务3 安全生产法

《中华人民共和国安全生产法》(简称《安全生产法》)是为了加强安全生产监督管理,防止和减少生产安全事故,保障人民群众生命和财产安全,促进经济发展而制定的,由中华人民共和国第九届全国人民代表大会常务委员会第二十八次会议于2002年6月29日通过公布,自2002年11月1日起施行。

2014年8月31日第十二届全国人民代表大会常务委员会第十次会议通过全国人民代表大会常务委员会关于修改《中华人民共和国安全生产法》的决定,自2014年12月1日起施行。

《中华人民共和国安全生产法》全文分7章共计114条,整部法律紧紧围绕加强安全生产工作,防止和减少生产安全事故,保障人民群众生命和财产安全,促进经济社会持续健康发展。

新《中华人民共和国安全生产法》(简称新法)从强化安全生产工作的摆位、进一步落实生产经营单位主体责任、政府安全监管定位和加强基层执法力量、强化安全生产责任追究等四个方面入手,着眼于安全生产现实问题和发展要求,补充完善了相关法律制度规定,主要有十大亮点,现介绍如下。

一、坚持以人为本,推进安全发展

新法提出安全生产工作应当以人为本,在坚守发展决不能以牺牲人的生命为代价这条红线上,牢固树立以人为本、生命至上的理念,正确处理重大险情和事故应急救援中"保财产"还是"保人命"问题等方面,具有重大现实意义。为强化安全生产工作的重要地位,明确安全生产在国民经济和社会发展中的重要地位,推进安全生产形势持续稳定好转,新法将坚持安全发展写入了总则。

二、建立完善安全生产方针和工作机制

新法确立了"安全第一、预防为主、综合治理"的安全生产工作"十二字方针",明确了安全生产的重要地位、主体任务和实现安全生产的根本途径。"安全第一"要求从事生产经营活动必须把安全放在首位,不能以牺牲人的生命、健康为代价换取发展和效益。"预防为主"要求把安全生产工作的重心放在预防上,强化隐患排查治理,"打非治违",从源头上控制、预防和减少生产安全事故。"综合治理"要求运用行政、经济、法治、科技等多种手段,充分发挥社会、职工、舆论监督各个方面的作用,抓好安全生产工作。坚持"十二字方针",总结实践经验,新法明确要求建立生产经营单位负责、职工参与、政府监管、行业自律、社会监督的机制,进一步明确各方安全生产职责。做好安全生产工作,落实生产经营单位主体责任是根本,职工参与是基础,政府监管是关键,行业自律是发展方向,社会监督是实现预防和减少生产安全事故目标的保障。

三、强化"三个必须",明确安全监管部门执法地位

按照"三个必须"(管行业必须管安全、管业务必须管安全、管生产经营必须管安全)的要求:一是新法规定国务院和县级以上地方人民政府应当建立健全安全生产工作协调机制,及时协调、解决安全生产监督管理中存在的重大问题;二是新法明确国务院和县级以上地方人民政府安全生产监督管理部门实施综合监督管理,有关部门在各自职责范围内对有关行业、领域的安全生产工作实施监督管理,并将其统称为负有安全生产监督管理职责的部门;三是新法明确各级安全生产监督管理部门和其他负有安全生产监督管理职责的部门作为执法部门,依法开展安全生产行政执法工作,对生产经营单位执行法律、法规、国家标准或者行业标准的情况进行监督检查。

四、明确乡镇人民政府以及街道办事处、开发区管理机构安全生产职责

乡镇街道是安全生产工作的重要基础,有必要在立法层面明确其安全生产职责,同时,针对各地经济技术开发区、工业园区的安全监管体制不顺、监管人员配备不足、事故隐患集中、事故多发等突出问题,新法明确:乡镇人民政府以及街道办事处、开发区管理机构等地方人民政府的派出机关应当按照职责,加强对本行政区域内生产经营单位安全生产状况的监督检查,协助上级人民政府有关部门依法履行安全生产监督管理职责。

五、进一步明确生产经营单位的安全生产主体责任

做好安全生产工作,落实生产经营单位主体责任是根本。新法把明确安全责任、发挥生产经营单位安全生产管理机构和安全生产管理人员作用作为一项重要内容,作出三个方面的重要规定:一是明确委托规定的机构提供安全生产技术、管理服务的,保证安全生产的责任仍然由本单位负责;二是明确生产经营单位的安全生产责任制的内容,规定生产经营单位应当建立相应的机制,加强对安全生产责任制落实情况的监督考核;三是明确生产经营单位的安全生产管理机构以及安全生产管理人员履行的七项职责。

六、建立预防安全生产事故的制度

新法把加强事前预防、强化隐患排查治理作为一项重要内容:一是生产经营单位必须建立生产安全事故隐患排查治理制度,采取技术、管理措施及时发现并消除事故隐患,并向从业人员通报隐患排查治理情况的制度;二是政府有关部门要建立健全重大事故隐患治理督办制度,督促生产经营单位消除重大事故隐患;三是对未建立隐患排查治理制度、未采取有效措施消除事故隐患的行为,设定了严格的行政处罚;四是赋予负有安全监管职责的部门对拒不执行执法决定、有发生生产安全事故现实危险的生产经营单位依法采取停电、停供民用爆炸物品等措施,强制生产经营单位履行决定的权力。

七、建立安全生产标准化制度

安全生产标准化是在传统的安全质量标准化基础上,根据当前安全生产工作的要求、企业生产工艺特点,借鉴国外现代先进安全管理思想,形成的一套系统的、规范的、科学的安全管理体系。2010 年《国务院关于进一步加强企业安全生产工作的通知》(国发〔2010〕23 号)、2011 年《国务院关于坚持科学发展安全发展促进安全生产形势持续稳定好转的意见》(国发〔2011〕40 号)均对安全生产标准化工作提出了明确的要求。近年来,矿山、危险化学品等高危行业企业安全生产标准化取得了显著成效,工贸行业领域的标准化工作正在全面推进,企业本质安全生产水平明显提高。结合多年的实践经验,新法在总则部分明确提出推进安全生产标准化工作,这必将对强化安全生产基础建设,促进企业安全生产水平持续提升产生重大而深远的影响。

八、推行注册安全工程师制度

为解决中小企业安全生产“无人管、不会管”问题,促进安全生产管理队伍朝着专业化、职业化方向发展,国家自 2004 年以来连续 10 年实施了全国注册安全工程师执业资格统一考试,21.8 万人取得了资格证书。截至 2013 年 12 月,已有近 15 万人注册并在生产经营单位和安全生产中介服务机构执业。新法确立了注册安全工程师制度,并从两个方面加以推进:一是危险物品的生产、储存单位以及矿山、金属冶炼单位应当有注册安全工程师从事安全生产管理工作,鼓励其他生产经营单位聘用注册安全工程师从事安全生产管理工作;二是建立注册安全工程师按专业分类管理制度,授权国务院有关部门制定具体实施办法。

九、推进安全生产责任保险制度

新法总结近年来的试点经验，通过引入保险机制，促进安全生产，规定国家鼓励生产经营单位投保安全生产责任保险。安全生产责任保险具有其他保险所不具备的特殊功能和优势：一是增加事故救援费用和第三人（事故单位从业人员以外的事故受害人）赔付的资金来源，有助于减轻政府负担，维护社会稳定。目前，有的地区还提供了一部分资金用于对事故死亡人员家属的补偿。二是有利于现行安全生产经济政策的完善和发展。2005年起实施的高危行业风险抵押金制度存在缴存标准高、占用资金量大、缺乏激励作用等不足。目前，湖南、上海等省（直辖市）已经通过地方立法允许企业自愿选择责任保险或者风险抵押金，受到企业的广泛欢迎。三是通过保险费率浮动、引进保险公司参与企业安全管理，有效促进企业加强安全生产工作。

十、加大对安全生产违法行为的责任追究力度

（1）规定了事故行政处罚和终身行业禁入。第一，将行政法规的规定上升为法律条文，按照两个责任主体、四个事故等级，设立了对生产经营单位及其主要负责人的八项罚款处罚规定。第二，大幅提高对事故责任单位的罚款金额：一般事故罚款二十万元至五十万元，较大事故五十万元至一百万元，重大事故一百万元至五百万元，特别重大事故五百万元至一千万元；特别重大事故的情节特别严重的，罚款一千万元至二千万元。第三，进一步明确主要负责人对重大、特别重大事故负有责任的，终身不得担任本行业生产经营单位的主要负责人。

（2）加大罚款处罚力度。结合各地区经济发展水平、企业规模等实际，新法维持罚款下限基本不变、将罚款上限提高了2～5倍，并且大多数处罚则不再将限期整改作为前置条件，反映了“打非治违”“重典治乱”的现实需要，强化了对安全生产违法行为的震慑力，也有利于降低执法成本、提高执法效能。

（3）建立了严重违法行为公告和通报制度。要求负有安全生产监督管理职责的部门建立安全生产违法行为信息库，如实记录生产经营单位的安全生产违法行为信息；对违法行为情节严重的生产经营单位，应当向社会公告，并通报行业主管部门、投资主管部门、国土资源主管部门、证券监督管理部门和有关金融机构。

任务4　合同法

《中华人民共和国合同法》（简称《合同法》）为了保护合同当事人的合法权益，维护社会经济秩序，促进社会主义现代化建设制定，由中华人民共和国第九届全国人民代表大会第二次会议于1999年3月15日通过，于1999年10月1日起施行。全文共计23章428条。

在我国，《合同法》是调整平等主体之间的交易关系的法律，它主要规定合同的订立、合同的效力及合同的履行、变更、解除、保全、违约责任等问题。

一、订立原则

(1)合同当事人的法律地位平等,一方不得将自己的意志强加给另一方。

(2)当事人依法享有自愿订立合同的权利,任何单位和个人不得非法干预。

(3)当事人应当遵循公平原则确定各方的权利和义务。

(4)当事人行使权利、履行义务应当遵循诚实守信的原则。

(5)当事人订立、履行合同,应当遵循法律、行政法规,尊重社会公德,不得干扰社会经济秩序,损害社会公共利益。

二、合同的含义

双方或多方当事人(自然人或法人)关于建立、变更、消灭民事法律关系的协议。此类合同是产生债的一种最为普遍和重要的根据,故又称债权合同。《中华人民共和国合同法》所规定的经济合同,属于债权合同的范围。合同有时也泛指发生一定权利、义务的协议,又称契约。如买卖合同、师徒合同、劳动合同以及工厂与车间订立的承包合同等。

三、合同的法律特征

(1)合同是双方的法律行为。需要两个或两个以上的当事人互为意思表示(意思表示就是将能够发生民事法律效果的意思表现于外部的行为)。

(2)双方当事人意思表示须达成协议,即意思表示要一致。

(3)合同是以在当事人之间设立、变更、终止民事法律关系为目的。

(4)合同是当事人在符合法律规范要求条件下而达成的协议,故应为合法行为。

合同一经成立即具有法律效力,在双方当事人之间就发生了权利、义务关系;或者使原有的民事法律关系发生变更或消灭。当事人一方或双方未按合同履行义务,就要依照合同或法律承担违约责任。

四、合同的分类

合同根据不同的分类标准可以划分为如下类型:

(1)计划合同与普通合同。凡直接根据国家经济计划而签订的合同,称为计划合同。如企业法人根据国家计划签订的购销合同、建设工程承包合同等。普通合同亦称非计划合同,不以国家计划为合同成立的前提。公民间的合同是典型的非计划合同。中国经济体制改革以来,计划合同日趋减少。在社会主义市场经济条件下,计划合同已被控制在很小范围内。

(2)双务合同与单务合同。双务合同即缔约双方相互负担义务,双方的义务与权利是相互关联、互为因果的合同。如买卖合同、承揽合同等。单务合同指仅由当事人一方负担义务,而他方只享有权利的合同。如赠与、无息借贷、无偿保管等合同为典型的单务合同。

(3)有偿合同与无偿合同。有偿合同为合同当事人一方因取得权利需向对方偿付一定代价的合同。无偿合同即当事人一方只取得权利而不偿付代价的合同,故又称恩惠合同。前者如买卖、互易合同等,后者如赠予、使用合同等。

(4)诺成合同与实践合同。以当事人双方意思表示一致,合同即告成立的,为诺成合同。除双方当事人意思表示一致外,尚须实物给付,合同始能成立,为实践合同,亦称要物合同。

(5)要式合同与非要式合同。凡合同成立须依特定形式始为有效的,为要式合同;反之,为非要式合同。《中华人民共和国经济合同法》规定,法人之间的合同除即时清结者外,应当以书面形式订立。公民间房屋买卖合同除用书面形式订立外,尚须在国家主管机关登记过户。

(6)主合同与从合同。凡不依他种合同的存在为前提而能独立成立的合同,称为主合同。凡必须以他种合同的存在为前提始能成立的合同,称为从合同。例如债权合同为主合同,保证该合同债务之履行的保证合同为从合同。从合同以主合同的存在为前提,故主合同消灭时,从合同原则上亦随之消灭;反之,从合同的消灭,并不影响主合同的效力。

(7)本约与预约。约定将来订立一定合同的协议为预约。此后履行预约而订立的合同为本约,即本合同。凡订有预约的,即负有订立本合同的义务,违背预约而使对方遭受损失时亦应负民事责任。

(8)其他合同。通常合同当事人均为自己或自己的被代理人取得一定权利而缔结合同。但在某些情况下,缔结合同的一方是为第三人取得权利或利益的,从而赋予第三人对债务人的独立请求权,故称为第三人利益缔结的合同。依据法律或合同规定向受益人给付保险金额的人寿保险合同,是典型的为第三人利益订立的合同,因被保险人死亡后,受益人为第三人。此外,合同还可分为总合同与分合同,要因合同与不要因合同,有名合同与无名合同等。

五、合同的条款

合同的条款可分为基本条款和普通条款,又称必要条款和一般条款。当事人对必要条款达成协议的,合同即为成立;反之,合同不能成立。确定合同必要条款的根据有三种:

(1)根据法律规定。凡是法律对合同的必要条款有明文规定的,应根据法律规定。

(2)根据合同的性质确定。法律对合同的必要条款没有明文规定的,可以根据合同的性质确定。例如,买卖合同的标的物、价款是买卖合同的必要条款。

(3)根据当事人的意愿确定。除法律规定和据合同的性质确定的必要条款外,当事人一方要求必须规定的条款,也是必要条款。

例如当事人一方对标的物的包装有特别要求而必须达成协议的条款,就是必要条款。合同条款除必要条款之外,还有其他条款,即一般条款。一般条款在合同中是否加以规定,不会影响合同的成立。将合同条款规定得具体详明,有利于明确合同双方的权利、义务和合同的履行。

六、合同的签订

合同的签订一般要经过要约和承诺两个步骤。

(1)要约。为当事人一方向他方提出订立合同的要求或建议。提出要约的一方称要约人。在要约里,要约人除表示欲签订合同的愿望外,还必须明确提出足以决定合同内容的基本条款。

要约可以向特定的人提出,亦可向不特定的人提出。要约人可以规定要约承诺期限,即要约的有效期限。在要约的有效期限内,要约人受其要约的约束,即有与接受要约者订立合同的义务;出卖特定物的要约人,不得再向第三人提出同样的要约或订立同样的合同。

要约没有规定承诺期限的,可按通常合理的时间确定。对于超过承诺期限或已被撤销的要约,要约人则不受其拘束。

(2)承诺。为当事人一方对他方提出的要约表示完全同意。同意要约的一方称要约受领人,或受要约人。受要约人对要约表示承诺,其合同即告成立,受要约人就要承担履行合同的义务。

对要约内容的扩张、限制或变更的承诺,一般可视为拒绝要约而为新的要约,对方承诺新要约,合同即成立。

七、合同的形式

合同的形式即合同双方当事人关于建立合同关系的意思表示的方式。我国的合同形式有口头合同、书面合同和经公证、鉴证或审核批准的合同等。

(一)口头合同

口头合同是以口头的意思表示方式(包括电话等)而建立的合同。但发生纠纷时,难以举证和分清责任。不少国家对于责任重大的或一定金额以上的合同,限制使用口头形式。

(二)书面合同

书面合同即以文字的意思表示方式(包括书信、电报、契券等)而订立的合同,或者把口头的协议作成书契、备忘录等。书面形式有利于分清是非责任、督促当事人履行合同。我国法律要求法人之间的合同除即时清结者外,应以书面形式签订。其他国家也有适用书面合同的规定。

(三)经公证、鉴证或审核批准的合同

(1)合同公证是国家公证机关根据合同当事人的申请,对合同的真实性及合法性所作的证明。经公证的合同,具有较强的证据效力,可作为法院判决或强制执行的根据。对于依法或依约定须经公证的合同,不经公证则合同无效。

(2)合同鉴证是中国工商行政管理机关和国家经济主管部门,应合同当事人的申请,依照法定程序,对当事人之间的合同进行的鉴证。鉴证机关认为合同内容有修改的必要时,有权要求当事人双方予以改正。鉴证机关还有监督合同履行的权利,故鉴证具有行政监督的特点。目前,中国合同鉴证除部门或地方性法规有明确规定的外,一般由当事人自愿决定是否鉴证。

(3)合同的审核批准,指按照国家法律或主管机关的规定,某类合同或一定金额以上的合同,必须经主管机关或上级机关的审核批准时,这类合同非经上述单位审核批准不能生效。例如,对外贸易合同即应依法进行审批程序。

八、合同的变更或解除

(一)合同的变更

合同的变更即对已经成立的合同内容的部分修改、补充或全部取消。

合同一方因故需要修改、补充合同某些条款或解除合同关系时，必须征得对方同意。亦即以双方达成的新协议，变更或解除原来的旧协议。变更、解除合同的新协议，仍按原合同的形式办理。

(二)合同的解除

在法律或合同明确规定的情况下，如当事人一方不履行或不适当履行合同义务，另一方有权解除合同。所以，合同可由当事人一方行使解除权而消灭。

《中华人民共和国经济合同法》规定，如由于合同所依据的国家计划被修改或取消，由于行政命令企业必须关闭、停产或转产，由于不可抗力以及由于一方违约致使合同不能履行或履行已无必要时，允许当事人一方及时通知他方变更或解除合同。

任务5　水土保持法

《中华人民共和国水土保持法》为了预防和治理水土流失，保护和合理利用水土资源，减轻水、旱、风沙灾害，改善生态环境，保障经济社会可持续发展而制定，由中华人民共和国第七届全国人民代表大会常务委员会第二十次会议于1991年6月29日通过，中华人民共和国主席令第49号公布，自公布之日起施行。以下简称“原《水保法》”

2010年12月25日，《中华人民共和国水土保持法》由中华人民共和国第十一届全国人民代表大会常务委员会第十八次会议修订公布，自2011年3月1日起施行。以下简称“新《水保法》”。

修订后的《中华人民共和国水土保持法》与原《水保法》相比，有下列六大亮点。

一、地方政府主体责任再强化

新《水保法》第四条规定，县级以上人民政府应当加强对水土保持工作的统一领导，将水土保持工作纳入本级国民经济和社会发展规划，对水土保持规划确定的任务，安排专项资金，并组织实施。

与原《水保法》相比，新《水保法》对地方政府防治水土流失的职责规定更加清晰，任务措施更加明确，各项要求更加具体，充分体现了国家对水土保持工作的高度重视。

新《水保法》，进一步强化了政府水土保持责任。规定县级以上人民政府应当加强对水土保持工作的统一领导，将水土保持工作纳入本级国民经济和社会发展规划及年度计划，安排专项资金，并组织实施；在水土流失重点预防区和重点治理区，实行地方政府水土保持目标责任制和考核奖惩制度。同时，修订后的水土保持法还对充分发挥政府主导作用，组织发动单位和个人开展水土流失预防和治理提出了明确要求，并明确规定县级以上人民政府林业、农业、国土资源等有关部门按照各自职责，做好有关的水土流失预防和治理工作。

二、新增“规划”专章更科学

新《水保法》第十三条规定：水土保持规划包括对流域或者区域预防和治理水土流失、保护和合理利用水土资源做出的整体部署，以及根据整体部署对水土保持专项工作或者特定区域预防和治理水土流失做出的专项部署。

水土保持规划应当与土地利用总体规划、水资源规划、城乡规划和环境保护规划等相协调。

原《水保法》仅规定了规划的编制主体和批准机关，过于简单和笼统，操作性不强。新《水保法》增加了“规划”专章，对水土保持规划的种类、编制依据与主体、编制程序与内容、编制要求与组织实施做了全面规定，进一步确立了规划的法律地位。

新《水保法》进一步明确了水土保持规划是国民经济和社会发展规划的重要组成部分，是依法加强水土保持管理的重要依据，是指导水土保持工作的纲领性文件，水土保持规划一经批准，必须严格执行，从法律上增强了水土保持规划的约束力。特别需要注意的是，新《水保法》要求在基础设施建设、矿产资源开发、城镇建设等相关规划中要提出水土保持对策措施并征求水行政主管部门的意见，这在法律上确定了水土保持在各项建设规划中的重要地位，同时相应赋予了各级水行政主管部门一定的管理职责。此外，新法还规定，各级水行政主管部门要按照统筹协调、分类指导的原则，科学编制好规划，规划编制中要征求专家和公众的意见，充分体现民意，保护群众利益。

三、预防为主，保护优先

新《水保法》第十六条规定：地方各级人民政府应当按照水土保持规划，采取封育保护、自然修复等措施，组织单位和个人植树种草，扩大林草覆盖面积，涵养水源，预防和减轻水土流失。

新《水保法》把预防为主、保护优先作为水土保持工作的指导方针，增加了对一些容易导致水土流失、破坏生态环境的行为予以禁止或限定的规定，这对预防人为水土流失、保护生态环境至关重要。

水土保持工作方针有四层含义：“预防为主、保护优先”为第一个层次，体现了预防保护的地位和作用；“全面规划、综合治理”为第二个层次，体现了水土保持工作的全局性、综合性、长期性和重要性；“因地制宜、突出重点”为第三个层次，体现了水土保持措施要因地制宜，防治工作要突出重点；“科学管理、注重效益”为第四个层次，体现了对水土保持管理手段和水土保持工作效果的要求。

新《水保法》还增加了对一些容易导致水土流失、破坏生态环境的行为予以禁止或者限制的规定：一是严格禁止毁林毁草活动以及在崩塌、滑坡危险区和泥石流易发区进行可能造成人为水土流失的取土、挖砂、采石等活动；二是在水土流失严重、生态脆弱地区，限制或禁止可能造成水土流失的生产建设活动；三是对开办可能造成水土流失的生产建设项目，要求选址、选线避开水土流失重点预防区和重点治理区，无法避开的，应提高防治标准，优化施工工艺。所有这些规定，对预防人为水土流失、有效保护生态环境至关重要。

四、水保方案编制需前置

新《水保法》第二十五条规定：在山区、丘陵区、风沙区以及水土保持规划确定的容易发生水土流失的其他区域开办可能造成水土流失的生产建设项目，生产建设单位应当编制水土保持方案，报县级以上人民政府水行政主管部门审批，并按照批准的水土保持方案，采取水土流失预防和治理措施。没有能力编制水土保持方案的，应当委托具备相应技术条件的机构编制。

新《水保法》，进一步完善了生产建设项目水土保持方案制度，明确了水土保持方案编制机构应具备的资质，进一步确立了水土保持方案在生产建设项目审批立项和开工建设中的前置地位。

新《水保法》明确了生产建设项目水土保持方案审批是水行政主管部门的一项独立行政许可事项，进一步确立了水行政主管部门水土保持方案管理职能，实现了权责统一；合理界定了水土保持方案编报的范围和对象。水土保持方案编报范围由原《水保法》规定的“三区”修改为“四区”（山区、丘陵区、风沙区、其他区），因为水土保持规划确定的容易发生水土流失的其他区域，比如平原区的河道周围开办生产建设项目或者从事其他生产建设活动，也存在水土流失问题。水土保持方案编报对象由“五类工程”修改为“可能造成水土流失的生产建设项目”，不至于使部分生产建设项目置于法律约束范围之外；加强了对水土保持方案变更的管理，强化了水土保持“三同时”制度。对不编报水土保持方案或水土保持方案未经水行政主管部门审批的生产建设项目不准开工建设，对未经验收或验收不合格的水土保持设施不准投产使用。从以上规定可以看出，新法强化了水土保持方案的法律地位。

五、谁开发、谁治理、谁补偿

新《水保法》第三十一条规定：国家加强江河源头区、饮用水水源保护区和水源涵养区水土流失的预防和治理工作，多渠道筹集资金，将水土保持生态效益补偿纳入国家建立的生态效益补偿制度。

新《水保法》全面总结多年来全国各地探索实践水土保持补偿制度的成功经验，根据中央关于建立完善水土保持补偿制度的要求，首次将水土保持补偿定位为功能补偿，从法律层面建立了水土保持补偿制度。

新《水保法》明确规定，在山区、丘陵区、风沙区以及水土保持规划确定的容易发生水土流失的其他区域开办生产建设项目或者从事其他生产建设活动，损坏水土保持设施、地貌植被，不能恢复原有水土保持功能的，应当缴纳水土保持补偿费，充分体现了“谁开发、谁治理、谁补偿”的原则。同时，明确规定水土保持补偿费专项用于水土流失预防与治理，专项水土流失预防与治理由水行政主管部门组织实施。各地应按照水土保持法要求，着手制定当地的水土保持补偿政策，比如可从已经发挥效益的大中型水利水电工程收益中，从城镇土地出让金和矿产资源开发收益中提取一定比例资金，用于当地水土流失的防治。实行水土保持补偿制度，有效运用经济手段，可有效约束破坏水土资源和生态环境的行为，最大限度地保护水土保持设施、天然植被和原地貌，减轻因水土流失所造成的危害。

六、罚款最高限提升五十倍

新《水保法》第五十四条规定:违反本法规定,水土保持设施未经验收或者验收不合格将生产建设项目投产使用的,由县级以上人民政府水行政主管部门责令停止生产或者使用,直至验收合格,并处五万元以上五十万元以下的罚款。新《水保法》完善了法律责任种类,丰富了责任追究方式,提高了处罚力度,增强了可操作性,提升了法律的威慑力和执行力。

新《水保法》强化了违法行为的法律责任。一是增加了法律责任的种类。从行政、刑事、民事三方面对多种违法行为设置了法律责任,增加了滞纳金制度、行政代履行制度、查扣违法机械设备制度,强化了对单位(法人)、直接负责的主管人员和其他直接责任人员的违法责任追究制度。二是加大了对各种违法行为的处罚力度。大幅度提高了罚款标准,加重了违法成本,最高罚款限额由原《水保法》的1万元提高到50万元,乱倒弃土弃渣每立方米处以10元以上20元以下罚款。三是增强了执法的可操作性。原《水保法》规定罚款、责令停业等处罚措施由县级人民政府水行政主管部门报请县级人民政府决定,中央或省级人民政府直接管辖的企事业单位的停业治理须报请国务院或省级人民政府批准,新法规定上述处罚措施可由水行政主管部门直接实施,不需报批,减少了环节,提高了效率。

任务6　环境保护法

《中华人民共和国环境保护法》(简称《环境保护法》)是为保护和改善环境,防治污染和其他公害,保障公众健康,推进生态文明建设,促进经济社会可持续发展制定的,由中华人民共和国第十二届全国人民代表大会常务委员会第八次会议于2014年4月24日修订通过,自2015年1月1日起施行。

本次《中华人民共和国环境保护法》修改明确了新世纪环境保护工作的指导思想,加强政府责任和责任监督,衔接和规范相关法律制度,以推进环境保护法及其相关法律的实施。主要变化有以下几点。

一、保护环境是国家的基本国策

目前,我国环境保护方面的法律有30多部,行政法规有90多部,新《环境保护法》被定位为环境领域的基础性、综合性法律,主要规定环境保护的基本原则和基本制度,解决共性问题。

为此,新《环境保护法》在总则中进一步强化环境保护的战略地位,依照《国务院关于落实科学发展观加强环境保护决定》以及《国务院关于加强环境保护重点工作的意见》确定的总体要求,将环境保护融入经济社会发展。

新《环境保护法》增加规定“保护环境是国家的基本国策”,并明确“环境保护坚持保护优先、预防为主、综合治理、公众参与、污染者担责的原则”。

新《环境保护》法在第一条立法目的中增加“推进生态文明建设,促进经济社会可持续发展”的规定;进一步明确“国家支持环境保护科学技术的研究、开发和应用,鼓励环境保护产业发展,促进环境保护信息化建设,提高环境保护科学技术水平”。

二、突出强调政府监督管理责任

新《环境保护法》调整篇章结构,突出强调政府责任、监督和法律责任。

原《环境保护法》关于政府责任仅有一条原则性规定,新《环境保护法》将其扩展增加为“监督管理”一章,强化监督管理措施,进一步强化地方各级人民政府对环境质量的责任。增加规定:“地方各级人民政府应当对本行政区域的环境质量负责。”“未达到国家环境质量标准的重点区域、流域的有关地方人民政府,应当制定限制达标规划,并采取措施按期达标。”

在政府对排污单位的监督方面,针对当前环境设施不依法正常运行、监测记录不准确等比较突出的问题,新《环境保护法》增加了现场检查的具体内容。

新《环境保护法》在上级政府机关对下级政府机关的监督方面,加强了地方政府对环境质量的责任。同时,增加规定了环境保护目标责任制和考核评价制度,并规定了上级政府及主管部门对下级部门或工作人员工作监督的责任。

三、规定每年 6 月 5 日为环境日

新《环境保护法》增加环境日的规定,将联合国大会确定的世界环境日写入本法,规定每年 6 月 5 日为环境日。

为进一步提高公民环保意识,新《环境保护法》增加规定公民应当采用低碳节俭的生活方式。同时,增加规定公民应当遵守环境保护法律法规,配合实施环境保护措施,按照规定对生活废弃物进行分类放置,减少日常生活对环境造成的损害。

新《环境保护法》规定:各级人民政府应当加强环境保护宣传和普及工作,鼓励基层群众性自治组织、社会组织、环境保护志愿者开展环境保护法律法规和环境保护知识的宣传,营造保护环境的良好风气。教育行政部门、学校应当将环境保护知识纳入学校教育内容,培养青少年的环境保护意识。

四、设信息公开和公众参与专章

新《环境保护法》修正案草案专章规定了环境信息公开和公众参与,加强公众对政府和排污单位的监督。

这一章主要规定了以下内容:一是明确公众的知情权、参与权和监督权,规定“公民、法人和其他组织依法享有获取环境信息、参与和监督环境保护的权利。”“各级人民政府环境保护主管部门和其他负有环境保护监督管理职责的部门应当依法公开环境信息、完善公众参与程序,为公民、法人和其他组织参与和监督环境保护提供便利。”二是明确重点排污单位应当主动公开环境信息,规定“重点排污单位应当如实向社会公开其主要污染物的名称、排放方式、排放浓度和总量、超标排放情况,以及防治污染设施的建设和运行情况。”并规定了相应的法律责任。三是完善建设项目环境影响评价的公众参与,规定“对依法应当编制环境影响报告书的建设项目,建设单位应当在编制时向公众说明情况,

充分征求意见。”“负责审批建设项目环境影响评价文件的部门在收到建设项目环境影响报告书后,除涉及国家秘密和商业秘密的事项外,应当全文公开;发现建设项目未充分征求公众意见的,应当责成建设单位征求公众意见。”

五、应每年向人大报告环境状况

新《环境保护法》在发挥人大监督作用方面作出新规定。

新《环境保护法》突出了人大常委会监督落实政府环境保护的责任,新《环境保护法》规定,县级以上人民政府应当每年向本级人大或者人大常委会报告环境状况和环境保护目标的完成情况,对发生重大环境事件的,还应当专项报告。

六、科学确定符合国情环境基准

新《环境保护法》增加了要求科学确定符合我国国情的环境基准的规定。

目前,符合我国国情的环境基准缺失,现行我国环境标准主要是在借鉴发达国家环境基准和标准制度上制定的。国家现已建立了重点工程试验中心,建立国家环境基准已具备基本框架。

七、国家建立健全环境监测制度

新《环境保护法》法完善了环境监测制度。

新《环境保护法》通过规范制度来保障监测数据和环境质量评价的统一,规定国家建立、健全环境监测制度。国务院环境保护主管部门制定监测规范,会同有关部门组织监测网络,统一规划设置监测网络,建立监测数据共享机制;监测机构应当遵守监测规范,监测机构及其负责人对监测数据的真实性和准确性负责。

八、完善跨行政区污染防治制度

新《环境保护法》完善了跨行政区污染防治制度。

对于跨行政区污染防治,原《环境保护法》仅在第十五条作出有关政府协商解决的原则性规定。新《环境保护法》明确规定,国家建立跨行政区域的重点区域、流域环境污染和生态破坏联合防治协调机制,实行统一规划、统一标准、统一监测,实施统一的防治措施。

九、重点污染物排放将总量控制

新《环境保护法》补充了总量控制制度。

新法一是规定国家对重点污染物实行排放总量控制制度。二是建立对地方政府的监督机制。重点污染物排放总量控制指标由国务院下达,省级人民政府负责分解落实。企业事业单位在执行国家和地方污染物排放标准的同时,应当遵守重点污染物排放总量控制指标。对超过国家重点污染物排放总量控制指标或者未完成国家确定的环境质量目标的地区,省级以上人民政府环境保护行政主管部门应当暂停审批其新增重点污染物排放总量的建设项目环境影响评价文件。

十、提高服务水平，推动农村治理

新《环境保护法》针对目前农业和农村污染问题严重的情况，进一步强化对农村环境的保护：一是增加规定，各级人民政府应当促进农业环境保护新技术的使用，加强对农业污染源的监测预警，统筹有关部门采取措施，保护农村环境。二是增加规定，县、乡级人民政府应当提高农村环境保护公共服务水平，推动农村环境综合整治。三是规定，施用农药、化肥等农业投入品及进行灌溉，应当采取措施，防止重金属及其他有毒有害物质污染环境。四是规定，畜禽养殖场、养殖小区、定点屠宰企业应采取措施，对畜禽粪便、尸体、污水等废弃物进行科学处置，防止污染环境。五是增加规定，县级人民政府负责组织农村生活废弃物的处置工作。

十一、没有进行环评的项目不得开工

新《环境保护法》增加规定，未依法进行环境影响评价的建设项目，不得开工建设。

新《环境保护法》将环境保护工作中一些行之有效的措施和做法上升为法律，完善环境保护基本制度：增加规定"未依法进行环境影响评价的建设项目，不得开工建设"，并规定相应的法律责任：建设单位未依法提交建设项目环境影响评价文件或者环境影响评价文件未经批准，擅自开工建设的，由负责审批建设项目环境影响评价文件的部门责令停止建设，处以罚款，并可以责令恢复原状。同时，增加环境经济激励措施，规定企业事业单位和其他生产经营者，在污染物排放符合法定要求的基础上，进一步减少污染物排放的，人民政府应当依法采取财政、税收、价格、政府采购等方面的政策和措施予以鼓励与支持。企业事业单位和其他生产经营者，为改善环境，按照有关规定转产、搬迁、关闭的，人民政府应当予以支持。

十二、明确规定环境公益诉讼制度

新《环境保护法》明确规定环境公益诉讼制度。

新《环境保护法》规定：对污染环境、破坏生态，损害社会公共利益的行为，依法在设区的市级以上人民政府民政部门登记的相关社会组织，和专门从事环境保护公益活动连续五年以上且信誉良好的社会组织，可以向人民法院提起诉讼，人民法院应当依法受理。

同时规定，提起诉讼的社会组织不得通过诉讼牟取利益。

十三、情节严重者将适用行政拘留

新《环境保护法》针对目前环保领域"违法成本低、守法成本高"的问题突出，进一步加大对违法行为的处罚力度。

新《环境保护法》规定：企业事业单位和其他生产经营者有下列情形之一，尚不构成犯罪的，由县级以上人民政府环境保护主管部门或者其他有关部门将案件移送公安机关，对其直接负责的主管人员和其他直接责任人员，处十日以上十五日以下拘留；情节较轻的，处五日以上十日以下拘留：建设项目未依法进行环境影响评价，被责令停止建设，拒不执行的；违反法律规定，未取得排污许可证排放污染物，被责令停止排污，拒不执行的；通过暗管、渗井、渗坑、灌注,或者篡改、伪造监测数据,或者不正常运行防治污染设施等逃避监管的方式排放污染物;生产、使用国家明令禁止生产、使用的农药,被责令改正,拒不改正的。

任务 7 招标投标法实施条例

《中华人民共和国招标投标法实施条例》(简称《条例》)全文分 7 章共计 85 条。《条例》的颁布施行,有利于统一招标投标规则,推动形成统一规范、竞争有序的招标投标大市场,促进生产要素在更大的范围内自由流动;有利于增强招标投标制度的可操作性,营造公开、公平、公正的竞争环境,更好地发挥市场配置资源的基础性作用;有利于加强和规范行政监督行为,及时妥善处理招标投标争议,提高行政监管的权威性和有效性;有利于提高招标采购的透明度,惩治和预防腐败,促进反腐倡廉建设;有利于积极引导体制机制创新,破解制约招投标市场健康发展的难题。

一、细化了"工程建设项目"包含的具体内容

《条例》第 2 条对《招标投标法》第 3 条所称的"工程建设项目"进行了细化,称工程建设项目是指工程以及与工程建设有关的货物、服务,而这里的工程是指建设工程,包括建筑物和构筑物的新建、改建、扩建及其相关的装修、拆除、修缮等;与工程建设有关的货物是指构成工程不可分割的组成部分,且为实现工程基本功能所必需的设备、材料等;与工程建设有关的服务是指为完成工程所需的勘察、设计、监理等服务。

二、明确了依法必须进行招标的项目

《条例》规定,国有资金占控股或主导地位的依法必须进行招标的项目,应当公开招标;但有下列情形之一的,可以邀请招标:

(1)技术复杂、有特殊要求或者受自然环境限制,只有少量潜在投标人可供选择。

(2)采用公开招标方式的费用占项目合同金额的比例过大。

上述情形的认定,按照国家有关规定需要履行审批、核准手续的项目,由项目审批、核准部门在审批、核准项目时作出;其他项目由招标人申请有关行政监督部门作出认定。

三、补充规定了几种"可以不进行招标的"情形

除招标投标法第六十六条规定的可以不进行招标的特殊情况外,《条例》还规定了,有下列情形之一的,可以不进行招标:

(1)需要采用不可替代的专利或者专有技术。

(2)采购人依法能够自行建设、生产或者提供。

(3)已通过招标方式选定的特许经营项目投资人依法能够自行建设、生产或者提供。

(4)需要向原中标人采购工程、货物或者服务,否则将影响施工或者功能配套要求。

(5)国家规定的其他特殊情形。

四、对招标投标活动程序步骤的补充完善

《条例》对招标终止、招标结果公示、履约能力审查等招标投标活动中的程序性问题做出补充规定。

(1)招标终止。招标人终止招标后,有义务及时发布公告、以书面形式通知被邀请的或者已经获取资格预审文件、招标文件的潜在投标人。已经发售资格预审文件、招标文件或者已经收取投标保证金的,应当及时退还所收取的资格预审文件、招标文件的费用,以及所收取的投标保证金及银行同期存款利息。

(2)招标结果公示。依法必须进行招标的项目,招标人应当自收到评标报告之日起3日内公示中标候选人,公示期不得少于3日。投标人或者其他利害关系人对依法必须进行招标的项目的评标结果有异议的,应当在中标候选人公示期间提出。招标人应当自收到异议之日起3日内做出答复;做出答复前,应当暂停招标投标活动。

(3)履约能力审查。中标候选人的经营、财务状况发生较大变化或者存在违法行为,招标人认为可能影响其履约能力的,应当在发出中标通知书前由原评标委员会按照招标文件规定的标准和方法审查确认。

五、规定了投标保证金必须从基本账户转出

《条例》规定,依法必须进行招标的项目的境内投标单位,以现金或者支票形式提交的投标保证金应当从其基本账户转出。这一规定在一定程度上打击和遏制了围标行为,因为一般情况下,帮助围标的投标单位不会承担投标保证金的资金占用成本,往往是由牵头围标单位缴纳全部投标保证金。《条例》这一规定会增加围标单位的违法成本,客观上限制其违法操作的可能性。同时,该规定也为审计部门核查围标违法行为提供了新手段:查看投标单位基本账户,跟踪投标保证金的来龙去脉。

六、明确了《招标投标法》中未明确的各类违规情形

(1)明确了招标人以不合理的条件限制、排斥潜在投标人或者投标人的七种情形。

(2)明确了投标人相互串通投标的五种情形。

(3)明确了视同投标人相互串通投标的六种情形。

(4)明确了招标人与投标人串通投标的六种情形。

(5)明确了投标人以其他方式弄虚作假的五种情形。

七、对招标投标中的回避制度进行了细化和补充

在原评审专家回避制度外,《条例》增加了领导干部回避制度、投标人回避制度等。《条例》第34条规定,与招标人存在利害关系可能影响招标公正性的法人、其他组织或者个人,不得参加投标。单位负责人为同一人或者存在控股、管理关系的不同单位,不得参加同一标段投标或者未划分标段的同一招标项目投标。这一规定遏制了去年争议一时的“采购人下属单位投标”现象。

此外,《条例》对领导干部应当回避而不得干预招标投标活动以及评标委员会成员的

回避活动做了诸多规定,并进一步明确法律责任。对评标委员会成员提出了四项禁止,即不得私下接触投标人,不得收受投标人给予的财物或者其他好处,不得向招标人征询确定中标人的意向或者接受任何单位或者个人提出的倾向或者排斥特定投标人的要求,不得有其他不客观、不公正履行职务的行为,并进一步明确相关法律责任。

八、对开标、评标、中标过程中若干问题的补充规定

(1)《条例》限制了招标项目标底的作用,规定标底只能作为评标的参考,不得以投标报价是否接近标底作为中标条件,也不得以投标报价超过标底上下浮动范围作为否决投标的条件。

(2)规定了评标委员会否决投标的七种情形(《条例》第51条)。

(3)规定了投标文件的澄清仅限于文件中有含义不明确的内容、明显文字或者计算错误。评标委员会不得暗示或者诱导投标人作出澄清、说明,不得接受投标人主动提出的澄清、说明。

(4)规定了推荐中标候选人的程序。

九、法律责任的细化规定

《条例》对招标人、投标人、中标人、招标代理机构、评标委员会等违法招标投标的法律责任做出了更为详尽和具体的规定,提出建立招标投标信用制度,有利于统一招标投标规则、形成规范有序的招标投标市场。

任务8 建设工程质量管理条例

《建设工程质量管理条例》(简称《质量管理条例》)以建设工程质量责任主体为基线,规定了建设单位、勘察单位、设计单位、施工单位和工程监理单位的质量责任和义务,明确了工程质量保修制度、工程质量监督制度等内容,并对各种违法违规行为的处罚作了原则规定。

一、总则

总则包括制定条例的目的和依据、条例所调整的对象适用范围、建设工程质量责任主体、建设工程质量监督管理主体、关于遵守建设程序的规定等。

二、建设单位的质量责任和义务

《质量管理条例》对建设单位的质量责任和义务进行了多方面的规定。其内容包括:工程发包方面的规定;依法进行工程招标的规定;向其他建设工程质量责任主体提供与建设工程有关的原始资料和对资料要求的规定;工程发包过程中的行为限制;施工图设计文件审查制度的规定;委托监理以及必须实行建设工程范围的规定;办理工程质量监督手续的规定;建设单位采购建筑材料、建筑构配件和设备的要求,以及建设单位对施工单位使用建筑材料、建筑构配件和设备方面的约束性规定;涉及建筑主体和承重结构变动的装修

工程的有关规定;竣工验收程序、条件和使用方面的规定;建设项目档案管理的规定。

三、勘察、设计单位的质量责任和义务

勘察、设计单位的质量责任和义务的内容包括:从事建设工程的勘察、设计单位市场准入条件和行为要求;勘察、设计单位以及注册执业人员质量责任的规定;勘察成果质量基本要求;关于设计单位应当根据勘察成果进行工程设计和设计文件应当达到规定深度并注明合理使用年限的规定;设计文件中应注明材料、构配件和设备的规格、型号、性能等技术指标,质量必须符合国家规定的标准;除特殊要求外,设计单位不得指定生产厂和供应商;关于设计单位应就施工图设计文件向施工单位进行详细说明的规定;设计单位对工程质量事故处理方面的义务。

四、施工单位的质量责任和义务

施工单位的质量责任和义务的内容包括:施工单位市场准入条件和行为的规定;关于施工单位对建设工程施工质量负责和建立质量责任制,以及实行总承包的工程质量责任的规定;关于总承包单位和分包单位工程质量责任承担的规定;有关施工依据和行为限制方面的规定,以及对设计文件和图纸方面的义务;关于施工单位使用材料、构配件和设备前必须进行检验的规定;关于施工质量检验制度和隐蔽工程检查的规定;有关试块、试件取样和检测的规定;工程返修的规定;关于建立、健全教育培训制度的规定等。

五、工程监理单位的质量责任和义务

(1)市场准入和市场行为规定。工程监理单位应当依法取得相应等级的资质证书,并在其资质等级许可的范围内承担工程监理业务。

禁止工程监理单位超越本单位资质等级许可的范围或者以其他工程监理单位的名义承担工程监理业务。禁止工程监理单位允许其他单位或者个人以本单位的名义承担工程监理业务。

工程监理单位不得转让工程监理业务。

(2)工程监理单位与被监理单位关系的限制性规定。工程监理单位与被监理工程的施工承包单位以及建筑材料、建筑构配件和设备供应单位有隶属关系或者其他利害关系的,不得承担该项建设工程的监理业务。

(3)工程监理单位对施工质量监理的依据和监理责任。工程监理单位应当依照法律、法规以及有关技术标准、设计文件和建设工程承包合同,代表建设单位对施工质量实施监理,并对施工质量承担监理责任。

(4)监理人员资格要求及权力方面的规定。工程监理单位应当选派具备相应资格的总监理工程师和(专业)监理工程师进驻施工现场。

未经监理工程师签字,建筑材料、建筑构配件和设备不得在工程上使用或安装,施工单位不得进行下一道工序的施工。未经总监理工程师签字,建设单位不拨付工程款,不进行竣工验收。

(5)监理方式的规定。监理工程师应当按照工程监理规范的要求,采用旁站、巡视和

平行检验等形式,对建设工程实施监理。

六、建设工程质量保修

建设工程质量保修的内容包括:关于国家实行建设工程质量保修制度和质量保修书出具时间及内容的规定,关于建设工程最低保修期限的规定,施工单位保修义务和责任的规定,对超过合理使用年限的建设工程继续使用的规定。

七、监督管理

(1)关于国家实行建设工程质量监督管理制度的规定。

(2)建设工程质量监督管理部门应当加强对有关建设工程质量的法律、法规和强制性标准执行情况的监督检查。

(3)关于国务院发展计划部门对国家出资的重大建设项目实施监督检查的规定,以及国务院经济贸易主管部门对国家重大技术改造项目实施监督检查的规定。

(4)关于建设工程质量监督管理可以委托的建设工程质量监督机构具体实施的规定。

(5)县级以上地方人民政府建设行政主管部门和其他有关部门应当加强对有关建设工程质量的法律、法规和强制性标准执行情况的监督检查。

(6)县级以上人民政府建设行政主管部门和其他有关部门履行监督检查职责时,有权采取的措施。

(7)关于建设工程竣工验收备案制度的规定。

(8)关于有关单位和个人应当支持与配合建设工程监督管理主体对建设工程质量进行监督检查的规定。

(9)供水、供电、供气、公安消防等部门或者单位不得滥用职权的规定。

(10)关于工程发生质量事故报告制度的规定。

(11)关于建设工程质量实行社会监督的规定。

八、罚则

对违反本条例的行为将追究其法律责任。

任务9　建设工程安全生产管理条例

《建设工程安全生产管理条例》(简称《安全生产条例》)以建设单位、勘察单位、设计单位、施工单位、工程监理单位及其他与建设工程安全生产有关的单位为主体,规定了各主体在安全生产中的安全管理责任与义务,并对监督管理、生产安全事故的应急救援和调查处理、法律责任等做了相应的规定。

一、总则

总则包括制定条例的目的和依据、条例所调整的对象和适用范围、建设工程安全管理责任主体等内容。

(1)立法目的。加强建设工程安全生产监督管理,保障人民群众生命和财产。

(2)调整对象。在中华人民共和国境内从事建设工程的新建、扩建、改建和拆除等有关活动及实施对建设工程安全生产的监督管理。

(3)安全方针。坚持安全第一、预防为主,综合治理。

(4)责任主体。建设单位、勘察单位、设计单位、施工单位、工程监理单位及其他与建设工程安全生产有关的单位。

(5)国家政策。国家鼓励建设工程安全生产的科学技术研究和先进技术的推广应用,推进建设工程安全生产的科学管理。

二、建设单位的安全责任

《安全生产条例》主要规定了建设单位向施工单位提供施工现场及毗邻区域内等有关地下管线资料并保证资料的真实、准确、完整;不得对勘察、设计、施工、工程监理等单位提出不符合建设工程安全生产法律、法规和强制性标准规定的要求,不得压缩合同约定的工期;在编制工程概算时,应当确定有关安全施工所需费用;应当将拆除工程发包给具有相应资质等级的施工单位等安全责任。

三、勘察、设计、工程监理及其他有关单位的安全责任

(1)《安全生产条例》规定了勘察单位应当按照法律、法规和工程建设强制性标准进行勘察,采取措施保证各类管线、设施和周边建筑物、构筑物的安全等内容。

(2)《安全生产条例》规定了设计单位应当按照法律、法规和工程建设强制性标准进行设计,防止因设计不合理导致生产安全事故的发生;应当考虑施工安全操作和防护的需要,并对防范生产安全事故提出指导意见;采用新结构、新材料、新工艺的建设工程和特殊结构的建设工程,设计单位应当在设计中提出保障施工作业人员安全和预防生产安全事故的措施建议等内容。

(3)《安全生产条例》规定了工程监理单位应当审查施工组织设计中的安全技术措施或者专项施工方案是否符合工程建设强制性标准。

工程监理单位在实施监理过程中,发现存在安全事故隐患的,应当要求施工单位整改;情况严重的,应当要求施工单位暂时停止施工,并及时报告建设单位;施工单位拒不整改或者不停止施工的,工程监理单位应当及时向有关主管部门报告。

工程监理单位和监理工程师应当按照法律、法规和工程建设强制性标准实施监理,并对建设工程安全生产承担监理责任。

(4)《安全生产条例》还对为建设工程提供机械设备和配件的单位,应当按照安全施工的要求配备齐全有效的保险、限位等安全设施和装置;出租机械设备和施工机具及配件的出租单位应当对出租的机械设备和施工机具及配件的安全性能进行检测;检验检测机构对检测合格的施工起重机械和整体提升脚手架、模板等自升式架设设施,应当出具安全合格证明文件,并对检测结果负责等内容做了规定。

四、施工单位的安全责任

《安全生产条例》主要规定了施工单位应当在其资质等级许可的范围内承揽工程；施工单位主要负责人依法对本单位的安全生产工作全面负责；施工单位对列入建设工程概算的安全生产作业环境及安全施工措施所需费用，不得挪作他用；施工单位应当设立安全生产管理机构，配备专职安全生产管理人员；建设工程实行施工总承包的，由总承包单位对施工现场的安全生产负总责。

规定施工单位应当在施工组织设计中编制安全技术措施和施工现场临时用电方案，对下列达到一定规模的危险性较大的分部分项工程编制专项施工方案，并附具安全验算结果，经施工单位技术负责人、总监理工程师签字后实施，由专职安全生产管理人员进行现场监督。

(1)基坑支护与降水工程。

(2)土方开挖工程。

(3)模板工程。

(4)起重吊装工程。

(5)脚手架工程。

(6)拆除、爆破工程。

(7)国务院建设行政主管部门或者其他有关部门规定的其他危险性较大的工程。

五、监督管理

《安全生产条例》规定国务院负责安全生产监督管理的部门对全国建设工程安全生产工作实施综合监督管理；县级以上地方人民政府负责安全生产监督管理的部门对本行政区域内建设工程安全生产工作实施综合监督管理；国务院建设行政主管部门对全国的建设工程安全生产实施监督管理；国务院铁路、交通、水利等有关部门按照国务院规定的职责分工，负责有关专业建设工程安全生产的监督管理；县级以上地方人民政府建设行政主管部门对本行政区域内的建设工程安全生产实施监督管理；县级以上地方人民政府交通、水利等有关部门在各自的职责范围内，负责本行政区域内的专业建设工程安全生产的监督管理。

六、生产安全事故的应急救援和调查处理

《安全生产条例》对县级以上地方人民政府行政主管部门和施工单位制定建设工程(特大)生产安全事故应急救援预案，生产安全事故的应急救援、生产安全事故调查处理程序和要求等做了规定。

七、法律责任

《安全生产条例》对违反《建设工程安全生产管理条例》应负的法律责任做了规定。

工程监理单位未对施工组织设计中的安全技术措施或者专项施工方案进行审查的；发现安全事故隐患未及时要求施工单位整改或暂时停止施工的；施工单位拒不整改或者

不停止施工，未及时向有关主管部门报告的；未依照法律、法规和工程建设强制性标准实施监理的将受到责令限期改正；逾期未改正的，责令停业整顿，并处10万元以上30万元以下的罚款；情节严重的，降低资质等级，直到吊销资质证书；造成重大安全事故，构成犯罪的，对直接责任人员，依照刑法有关规定追究刑事责任；造成损失的，依法承担赔偿责任等处罚。

注册执业人员未执行法律、法规和工程建设强制性标准的，责令停止执业3个月以上1年以下；情节严重的，吊销执业资格证书，5年内不予注册；构成犯罪的，依照刑法有关规定追究刑事责任。

复习思考题

1. 建设工程法律的定义是什么？
2. 建筑工程施工许可制度的定义是什么？
3. 合同的定义是什么？
4.《建筑法》由哪些基本内容构成？
5. 合同的分类有哪些？
6. 合同的形式有哪些？
7. 工程监理单位的质量责任和义务有哪些？

项目5 职业资格考务与国外工程项目管理介绍

任务1 职业资格考试相关内容

一、全国注册监理工程师执业资格考务发展历程

1992年6月，住房和城乡建设部发布了《监理工程师资格考试和注册试行办法》，我国开始实施监理工程师资格考试。1996年8月，住房和城乡建设部、人事部下发了《建设部、人事部关于全国监理工程师执业资格考试工作的通知》（建监〔1996〕462号），从1997年起，全国正式举行监理工程师执业资格考试。考试工作由建设部、人事部共同负责，日常工作委托建设部建筑监理协会承担，具体考务工作由人事部人事考试中心负责。

考试每年举行一次，考试时间一般安排在5月中旬。原则上在省会城市设立考点。

注册监理工程师，是指经考试取得中华人民共和国监理工程师资格证书，并按照规定注册，取得中华人民共和国注册监理工程师注册执业证书和执业印章，从事工程监理及相关业务活动的专业技术人员。未取得注册证书和执业印章的人员，不得以注册监理工程师的名义从事工程监理及相关业务活动。

二、主考单位

（1）住房和城乡建设部及人事部共同负责全国监理工程师执业资格制度的政策制定、组织协调、资格考试和监理管理工作。

（2）住房和城乡建设部负责组织拟定考试科目，编写考试大纲、培训教材和命题工作，统一规划和组织考前培训。

（3）人事部负责审定考试科目、考试大纲和试题，组织实施各项考务工作；会同住房和城乡建设部对考试进行检查、监督、指导和确定考试合格标准。

三、报考条件

（一）执业资格考试报名条件

凡中华人民共和国公民，遵纪守法并具备以下条件之一者，均可申请参加全国监理工程师执业资格考试：

（1）工程技术或工程经济专业大专（含大专）以上学历，按照国家有关规定，取得工程技术或工程经济专业中级职务，并任职满3年。

(2)按照国家有关规定,取得工程技术或工程经济专业高级职务。

(3)1970年(含1970年)以前工程技术或工程经济专业中专毕业,按照国家有关规定,取得工程技术或工程经济专业中级职务,并任职满3年。

(二)免试部分科目报名条件

对于从事工程建设监理工作且同时具备下列四项条件的报考人员,可免试建设工程合同管理和建设工程质量、投资、进度控制两个科目,只参加建设工程监理基本理论与相关法规和建设工程监理案例分析两个科目的考试:

(1)1970年(含1970年)以前工程技术或工程经济专业中专(含中专)以上毕业。

(2)按照国家有关规定,取得工程技术或工程经济专业高级职务。

(3)从事工程设计或工程施工管理工作满15年。

(4)从事监理工作满1年。

(三)相关说明

上述报名条件中有关学历或学位的要求是指经国家教育行政部门承认的正规学历或学位,从事建设工程项目施工管理工作年限是指取得规定学历前、后从事该项工作的时间总和,其计算截止日期为考试当年年底。

符合报名条件的香港、澳门居民,可按照原人事部《关于做好香港、澳门居民参加内地统一举行的专业技术人员资格考试有关问题的通知》(国人部发〔2005〕9号)有关要求,参加监理工程师资格考试。香港、澳门居民在报名时,须提交国家教育行政部门认可的相应专业学历或学位证书,从事相关专业工作年限的证明和居民身份证明等材料。

四、报名方式

(一)报名时间

考试报名工作一般在上一年12月至考试当年1月进行,具体报名时间请查阅各省人事考试中心网站公布的报考文件。符合条件的报考人员,可在规定时间内登录指定网站在线填写提交报考信息,并按有关规定办理资格审查及缴费手续,考生凭准考证在指定的时间和地点参加考试。

(二)报名材料

申请参加监理工程师执业资格考试,须提供下列证明文件:《资格审核表(含相片)》、本人身份证明(身份证、军官证、机动车驾驶证、护照)、学历证书(以上均为原件)。

(三)报名费用

监理工程师执业资格考试考务费(报名费)各省略有不同,一般每一个科目在50~100元。

五、考试用书

(一)考试教材

《全国监理工程师执业资格考试用书》为中国建设监理协会编写,由知识产权出版社出版发行。

（二）考试大纲

《监理工程师考试大纲》是以全国监理工程师培训考试教材《建设工程合同管理》《建设工程质量控制》《建设工程进度控制》《建设工程信息管理》《建设工程监理概论》《建设工程投资控制》及建设工程监理有关法律法规为基础，结合建设工程监理实际工作按科目编写的，大纲的内容对监理工作师应具备的知识和能力划分为“了解”“熟悉”和“掌握”三个层次。

六、考试安排

（一）考试科目

考试设建设工程监理基本理论与相关法规，建设工程合同管理，建设工程质量、投资、进度控制，建设工程监理案例分析 4 个科目。其中，建设工程监理案例分析为主观题，采用网络阅卷，在专用的答题卡上作答。

（二）题型题量

各科题型题量见表 5-1。

表 5-1　各科题型题量

科目名称	考试时间	题型题量	满分
建设工程合同管理	2 小时	单选题 50 个，多选题 30 个	110 分
建设工程质量、投资、进度控制	3 小时	单选题 80 个，多选题 40 个	160 分
建设工程监理基本理论与相关法规	2 小时	单选题 50 个，多选题 30 个	110 分
建设工程监理案例分析	4 小时	案例题 6 个	120 分

（三）作答要求

考生应考时，应携带钢笔或签字笔（黑色）、2B 铅笔、橡皮、计算器（无声、无编辑储存功能）。草稿纸由各地人事考试中心配发，用后收回。

（四）注意事项

（1）答题前要仔细阅读答题注意事项（答题卡首页）。

（2）严格按照指导语要求，根据题号标明的位置，在有效区域内作答。

（3）为保证扫描质量，须使用钢笔或签字笔（黑色）作答。

（4）该科目阅卷工作由全国统一组织实施，具体事宜另行通知。

七、成绩管理

（一）公布时间

考试成绩一般在考试结束 2 ~3 个月后陆续公布，届时请关注各省的人事考试中心网站成绩查询栏目。

（二）管理模式

参加全部 4 个科目考试的人员，必须在连续两个考试年度内通过全部科目考试；符合免试部分科目考试的人员，必须在一个考试年度内通过规定的两个科目的考试，方可取得监理工程师执业资格证书。

（三）合格标准

监理工程师考试各科目合格标准为其总分的60%（见表5-2）。每年监理工程师资格考试合格标准根据具体情况适当调整，但一般不变。

表5-2　各科合格标准

科目名称	合格标准	试卷满分
建设工程合同管理	66	110
建设工程质量、投资、进度控制	96	160
建设工程监理基本理论与相关法规	66	110
建设工程监理案例分析	72	120

八、合格证书

（一）证书介绍

考试合格者，由各省、自治区、直辖市人事（职改）部门颁发，人力资源和社会保障部统一印制，人力资源和社会保障部、住房和城乡建设部用印的《中华人民共和国监理工程师执业资格证书》。

（二）使用范围

《中华人民共和国监理工程师执业资格证书》在全国范围内有效。

九、任职条件

（1）大学专科及以上学历，建筑、土木、工民建类相关专业。

（2）2年以上工程监理工作经验，有监理工程师证或取得监理工程师执业资格者优先。

（3）熟悉建设项目相关的法律法规、有关政策及规定，具有较高的专业技术水平、较强的综合协调能力以及丰富的工程管理经验。

（4）有较高的判断决策能力，能及时决断，灵活应变，能处理各种矛盾、纠纷，具备良好的协调能力和控制能力。

（5）有很好的语言表达、交际沟通能力。

任务2　国外工程项目管理介绍

本部分介绍国际上与我国建设工程监理制度有关的一些情况，主要涉及建设项目管理、工程咨询和建设工程组织管理的新型模式。目的在于了解国际上建设工程管理发展的方向和趋势，以便对我国的建设工程监理制度有更准确的认识，从而促进我国监理行业的快速发展，使我国的建设工程监理制度更好地适应我国的新形势。

一、建设项目管理

建设项目管理(Construction Project Management)在我国亦称为工程项目管理。从广义上讲,任何时候、任何建设工程都需要相应的管理活动,无论是埃及的金字塔、古罗马的竞技场,还是中国的长城、故宫,都存在相应的建设项目管理活动。但是,我们通常所说的建设项目管理,是指以现代建设项目管理理论为指导的建设项目管理活动。

(一)建设项目管理的发展过程

第二次世界大战以前,在工程建设领域占绝对主导地位的是传统的建设工程组织管理模式,即设计—招标—建造模式(Design - Bid - Build)。采用这种模式时,业主与建筑师或工程师签订专业服务合同。建筑师或工程师不仅负责提供设计文件,而且负责组织施工招标工作来选择总包商,还要在施工阶段对施工单位的施工活动进行监督并对工程结算报告进行审核和签署。

第二次世界大战以后,世界上大多数国家的建设规模和发展速度都达到了历史上的最高水平,出现了一大批大型和特大型建设工程,其技术和管理的难度大幅度提高,对工程建设管理者水平和能力的要求亦相应提高。在这种新形势下,传统的建设工程组织管理模式已不能满足业主对建设工程目标进行全面控制和对建设工程实施进行全过程控制的新需求,特别是难以发现设计本身的错误或缺陷,常常因为设计方面的原因而导致投资增加和工期拖延。

在这样的背景下,一种不承担建设工程的具体设计任务、专门为业主提供建设项目管理服务的咨询公司应运而生了,并且迅速发展壮大,成为工程建设领域一个新的专业化方向。建设项目管理专业化的形成和发展在工程建设领域专业化发展史上具有里程碑意义。

建设项目管理专业化的形成符合建设项目一次性的特点,符合工程建设活动的客观规律,取得了非常显著的经济效果,从而显示出强大的生命力。建设项目管理专业化发展的初期仅局限在施工阶段,进而服务范围又逐渐扩大到建设工程实施的全过程,以及到目前将服务范围扩大到工程建设的全过程,即既包括实施阶段又包括决策阶段,最大限度地发挥了全过程控制和早期控制的作用。

需要说明的是,虽然专业化的建设项目管理公司得到了迅速发展,其占建筑咨询服务市场的比例也日益扩大,但至今并未完全取代传统模式中的建筑师或工程师。没有任何资料表明,专业化的建设项目管理与传统模式究竟哪一种方式占主导地位。这一方面是因为传统模式中建筑师或工程师在设计方面的作用和优势是专业化建设项目管理人员所无法取代的,另一方面则是因为传统模式中的建筑师或工程师也在不断提高他们在投资控制、进度控制和合同管理方面的水平和能力,实际上也是以现代建设项目管理理论为指导为业主提供更全面、效果更好的服务。在一个确定的建设工程上,究竟是采用专业化的建设项目管理还是传统模式,完全取决于业主的选择。

(二)建设项目管理的类型

建设项目管理的类型可从不同的角度划分。

(1)按管理主体划分,建设项目管理就可以分为业主方的项目管理、设计单位的项目管理、施工单位的项目管理以及材料、设备供应单位的项目管理。

(2)按服务对象可以分为为业主服务的项目管理、为设计单位服务的项目管理和为施工单位服务的项目管理。其中,为业主服务的项目管理最为普遍,所涉及的问题最多,也最复杂,需要系统运用建设项目管理的基本理论。

为设计单位服务的项目管理主要是为设计总包单位服务。为施工单位服务的项目管理,应用虽然较为普遍,但服务范围却较为狭窄。通常施工单位都具有自行实施项目管理的水平和能力,因而一般没有必要委托专业化建设项目管理公司为其提供全过程、全方位的项目管理服务。

但是,即使是具有相当高的项目管理水平和能力的大型施工单位,当遇到复杂的工程合同争议和索赔问题时,也可能需要委托专业化建设项目管理公司为其提供相应的服务。在国际工程承包中,由于合同争议和索赔的处理涉及适用法律(往往不是施工单位所在国法律)的问题,因而这种情况较为常见。

(3)按服务阶段可分为施工阶段的项目管理、实施阶段全过程的项目管理和工程建设全过程的项目管理。其中,实施阶段全过程的项目管理和工程建设全过程的项目管理则更能体现建设项目管理基本理论的指导作用,对建设工程目标控制的效果亦更为突出。因此,这两种全过程项目管理所占的比例越来越大,成为专业化建设项目管理公司主要的服务领域。

(三)建设项目管理理论体系的发展

建设项目管理是一门较为年轻的学科,从其形成到现在只有40多年的历史,目前仍然在继续发展。无论是国内还是国外,不同学者关于建设项目管理的专著从结构体系到具体内容往往有较大的差异,至今没有一本绝对权威的专著被普遍接受。因此,只能概要性地描述一下建设项目管理理论体系的发展轨迹,突出其主要内容的形成和发展过程,而不涉及具体的内容、方法和观点。

建设项目管理的基本理论体系形成于20世纪50年代末、60年代初。它是以当时已经比较成熟的组织论、控制论和管理学作为理论基础,结合建设工程和建筑市场的特点而形成的一门新兴学科。建设项目管理理论体系的形成过程与建设项目管理专业化的形成过程大致是同步的,两者是相互促进的,真正体现了理论指导实践、实践又反作用于理论、使理论进一步发展和提高的客观规律。

20世纪70年代,随着计算机技术的发展,计算机辅助管理的重要性日益显露出来,因而计算机辅助建设项目管理或信息管理成为建设项目管理学的新内容。在这期间,原有的内容也在进一步发展,例如有关组织的内容扩大到工作流程的组织和信息流程的组织,合同管理中深化了索赔内容,进度控制方面开始出现商品化软件等。而且随着网络计划技术理论和方法的发展,开始出现进度控制方面的专著。

20世纪80年代,建设项目管理学在宽度和深度两方面都有重大发展。在宽度方面,组织协调和建设工程风险管理成为建设项目管理学的重要内容。在深度方面,投资控制方面出现一些新的理念,如全面投资控制、投资控制的费用等;进度控制方面出现多平面网络理论和方法;合同管理和索赔方面的研究日益深入,出现许多专著等。

20世纪末和21世纪初,建设项目管理学主要是在深度方面发展。例如,投资控制方面的偏差分析形成系统的理论和方法,质量控制方面由经典的质量管理方法向ISO9000

和ISO14000系列发展,建设工程风险管理方面的研究越来越受到重视,在组织协调方面出现沟通管理的理念和方法等。

这一时期,建设项目管理学的各个主要内容都出现了众多的专著,产生了大批研究成果。而且,这一时期也是与建设项目管理有关的商品化软件的大发展期,尤其在进度控制和投资控制方面出现了不少功能强大、比较成熟和完善的商品化软件,其在建设项目管理实践中得到广泛运用,提高了建设项目管理实际工作的效率和水平。

应当特别提到的是美国项目管理学会(PMI)对总结项目管理的理论和扩展项目管理的应用领域发挥了重要作用。PMI编制的《项目管理知识体系指南》(A Guide to the Project Management Body of Knowledge,简称PMBOK)被许多国家在不同专业领域进行项目管理培训时广泛采用。

(四)美国项目管理专业人员资格认证(PMP)

美国项目管理专业人员资格认证PMP(Project Management Professional,简称PMP)是指项目管理专业人员资格认证。它是由美国项目管理学会(PMI)发起的,目的是给项目管理专业人员提供统一的行业标准,使之掌握科学化的项目管理知识,以提高项目管理专业的工作水平。目前,PMP考试同时用英语、德语、法语、日语、西班牙语、葡萄牙语和中文等多种语言进行,很多国家都在效仿美国的项目管理认证制度。

(1)PMI对项目经理职业道德、技能方面的要求。具备较高的个人和职业道德标准,对自己的行为承担责任;只有通过培训、获得任职资格,才能从事项目管理;在专业和业务方面,对雇主和客户诚实;向最新专业技能看齐,不断发展自身的继续教育;遵守所在国家的法律;具备相应的领导才能,能够最大限度地提高生产率并最大限度地缩减成本;应用当今先进的项目管理工具和技术,以保证达到项目计划规定的质量、费用和进度等控制目标;为项目团队成员提供适当的工作条件和机会,公平待人;乐于接受他人的批评,善于提出诚恳的意见,并能正确地评价他人的贡献;帮助团队成员、同行和同事提高专业知识;对雇主和客户没有被正式公开的业务和技术工艺信息应予以保密;告知雇主、客户可能会发生的利益冲突;不得直接或间接对有业务关系的雇主和客户行贿、受贿;真实地报告项目质量、费用和进度。

(2)PMP知识结构。掌握项目生命周期——项目启动、项目计划、项目执行、项目控制、项目竣工;具有九个方面的基本能力——整体(或集成)管理、范围管理、进度(或时间)管理、费用管理、质量管理、资源管理、沟通管理、风险管理、采购管理。

(3)报考条件与要求。PMP认证申请者必须满足以下类别之一规定的教育背景和专业经历。

第一类:申请者需具有学士学位或同等的大学学历或以上者。申请者需至少连续3年以上,具有4 500小时的项目管理经历。仅在申请日之前6年之内的经历有效。需要提交的文件:一份详细描述工作经历和教育背景的最新简历(需提供所有雇主和学校的名称及详细地址),一份学士学位或同等大学学历证书或复印件;能说明至少3年以上,4 500小时的经历审查表。

第二类:申请者不具备学士学位或同等大学学历或以上者。申请者需至少连续5年以上,具有7 500小时的项目管理经历。仅在申请日之前8年之内的经历有效。所需提交文件:一份详细描述工作经历和教育背景的最新简历(需提供所有雇主和学校的名称及详细地址);能说明至少5年以上,7 500小时的经历审查表。

(4)考试形式和内容:在我国举办的PMP考试为中英文对照形式,200道单项选择题,考试时间为4.5小时。考试的内容涉及PMBOK中的知识内容,包括项目管理的五个过程和九个知识领域,其中项目启动4%,项目计划37%,项目执行24%,项目控制28%,项目竣工7%。

二、工程咨询

(一)工程咨询概述

1.工程咨询的概念

到目前为止,工程咨询在国际上还没有一个统一的、规范化的定义。尽管如此,综合各种关于工程咨询的表述,可将工程咨询定义为:所谓工程咨询,是指适应现代经济发展和社会进步的需要,集中专家群体或个人的智慧和经验,运用现代科学技术和工程技术以及经济、管理、法律等方面的知识,为建设工程决策和管理提供的智力服务。

需要说明的是,如果某项工作的任务主要是采用常规的技术且属于设备密集型的工作,那么该项工作就不应列为咨询服务,在国际上通常将其列为劳务服务。例如卫星测绘、地质钻探、计算机服务等就属于这类劳务服务。

2.工程咨询的作用

工程咨询是智力服务,是知识的转让,可有针对性地向客户提供可供选择的方案、计划或有参考价值的数据、调查结果、预测分析等,亦可实际参与工程实施过程的管理,其作用可归纳为:

(1)为决策者提供科学合理的建议。工程咨询本身通常并不决策,但它可以弥补决策者职责与能力之间的差距。根据决策者的委托,咨询者利用自己的知识、经验和已掌握的调查资料,为决策者提供科学合理的一种或多种可供选择的建议或方案,从而减少决策失误。这里的决策者既可以是各级政府机构,也可以是企业领导或具体建设工程的业主。

(2)保证工程的顺利实施。由于建设工程具有一次性的特点,而且其实施过程中有众多复杂的管理工作,业主通常没有能力自行管理。工程咨询公司和人员则在这方面具有专业化的知识和经验,由他们负责工程实施过程的管理,可以及时发现和处理所出现的问题,大大提高工程实施过程管理的效率和效果,从而保证工程的顺利实施。

(3)为客户提供信息和先进技术。工程咨询机构往往集中了一定数量的专家、学者,拥有大量的信息、知识、经验和先进技术,可以随时根据客户需要提供信息和技术服务,弥补客户在科技和信息方面的不足。从全社会来说,这对于促进科学技术和情报信息的交流及转移,更好地发挥科学技术作为生产力的作用,都起到十分积极的作用。

(4)发挥准仲裁人的作用。由于相互利益关系的不同和认识水平的不同,在建设工程实施过程中,业主与建设工程的其他参与方之间,尤其是与承包商之间,往往会产生合同争议,需要第三方来合理解决出现的争议。工程咨询机构是独立的法人,不受其他机构的约束和控制,只对自己咨询活动的结果负责,因而可以公正、客观地为客户提供解决争议的方案和建议。而且,由于工程咨询公司所具备的知识、经验、社会声誉及其所处的第三方地位,因而其所提出的方案和建议易于为争议双方所接受。

(5)促进国际间工程领域的交流和合作。随着全球经济一体化的发展,境外投资的数额和比例越来越大,相应地,境外工程咨询(往往又称为国际工程咨询)业务亦越来越多。在这些业务中,工程咨询公司和人员往往表现出他们自己在工程咨询和管理方面的理念与方法,以及所掌握的工程技术和建设工程组织管理的新型模式,这对促进国际间在工程领域技术、经济、管理和法律等方面的交流与合作无疑起到十分积极的作用,有利于加强各国工程咨询界的相互了解和沟通。另外,虽然目前在国际工程咨询市场中发达国家工程咨询公司占绝对主导地位,但他们境外工程咨询业务的拓展在客观上也是有利于提高发展中国家工程咨询水平的。

3. 工程咨询的发展趋势

工程咨询是近代工业化的产物,于19世纪初首先出现在建筑业。工程咨询从出现伊始就是相对于工程承包而存在的,即工程咨询公司和人员不从事建设工程实际的建造和维修活动。工程咨询与工程承包的业务界限可以说是泾渭分明,即工程咨询公司不从事工程承包活动,而工程承包公司则不从事工程咨询活动。这种状况一直持续到20世纪60年代而没有发生本质的变化。

20世纪70年代以来,尤其是80年代以来,建设工程日趋大型化和复杂化,工程咨询和工程承包业务日趋国际化,与此同时,建设工程组织管理模式不断发展,出现了CM模式、项目总承包模式、EPC模式等新型模式;建设工程投融资方式也在不断发展,出现了BOT、PFI(Private Finance Initiative)、TOT、BT等方式。国际工程市场的这些变化使得工程咨询和工程承包业务也相应发生变化,两者之间的界限不再像过去那样严格分开,开始出现相互渗透、相互融合的新趋势。从工程咨询方面来看,这一趋势的具体表现主要是以下两种情况:

一是工程咨询公司与工程承包公司相结合,组成大的集团企业或采用临时联合方式,承接交钥匙工程(或项目总承包工程)。

二是工程咨询公司与国际大财团或金融机构紧密联系,通过项目融资取得项目的咨询业务。从工程咨询本身的发展情况来看,总的趋势是向全过程服务和全方位服务方向发展。其中,全过程服务分为实施阶段全过程服务和工程建设全过程服务两种情况,这与第一部分"建设项目管理"所述内容是一致的,此不赘述。

至于全方位服务,则比建设项目管理中对建设项目目标的全方位控制的内涵宽得多。除对建设项目三大目标的控制外,全方位服务还可能包括决策支持、项目策划、项目融资或筹资、项目规划和设计、重要工程设备和材料的国际采购等。当然,真正能提供上述所有内容全方位服务的工程咨询公司是不多见的。但是,如果某工程咨询公司除能提供常规的建设项目管理服务外,还能提供其他一个或几个方面的服务,亦可归入全方位服务之列。此外,还有一个不容忽视的趋势是以工程咨询为纽带,带动本国工程设备、材料和劳务的出口。这种情况通常是在全过程服务和全方位服务条件下才会发生。由于业主最先选定了工程咨询公司(一般是国际著名的有实力的工程咨询公司),出于对该工程咨询公司的信任,在不损害业主利益的前提下,业主会乐意接受该工程咨询公司所推荐的其所在国的工程设备、材料和劳务。

(二)咨询工程师

1.咨询工程师的概念

咨询工程师(Consulting Engineer)是以从事工程咨询业务为职业的工程技术人员和其他专业(如经济、管理)人员的统称。国际上对咨询工程师的理解与我国习惯上的理解有很大不同。按国际上的理解,我国的建筑师、结构工程师、各种专业设备工程师和监理工程师、造价工程师、从事工程招标业务的专业人员等都属于咨询工程师;甚至从事工程咨询业务有关工作(如处理索赔时可能需要审查承包商的财务账簿和财务记录)的审计师、会计师也属于咨询工程师之列。因此,不要把咨询工程师理解为"从事咨询工作的工程师"。也许是出于以上原因,1990年国际咨询工程师联合会(FIDIC)在其出版的《业主/咨询工程师标准服务协议书条件》(简称白皮书)中已用Consultant取代了"Consulting Engineer"。Consultant一词可译为咨询人员或咨询专家,但我国对白皮书的翻译仍按原习惯译为咨询工程师。

另外需要说明的是,由于绝大多数咨询工程师都是以公司的形式开展工作,所以咨询工程师一词在很多场合也用于指工程咨询公司。例如,从白皮书的名称来看,业主显然不是与咨询工程师个人而是与工程咨询公司签订合同;从工程咨询合同(如白皮书)的具体条款来看,也有类似情况。因此,在阅读有关工程咨询的外文资料时,要注意鉴别咨询工程师一词的确切含义,应当说在大多数情况下不会产生歧义,但有时可能需要仔细琢磨才能准确把握其含义。

2.咨询工程师的素质

工程咨询是科学性、综合性、系统性、实践性均很强的职业。作为从事这一职业的主体,咨询工程师应具备以下素质才能胜任这一职业:

(1)知识面宽。建设工程自身的复杂程度及其不同的环境和背景,工程咨询公司服务内容的广泛性,要求咨询工程师具有较宽的知识面。除掌握建设工程的专业技术知识外,还应熟悉与工程建设有关的经济、管理、金融和法律等方面的知识,对工程建设的管理过程有深入的了解,并熟悉项目融资、设备采购、招标咨询的具体运作和有关规定。在工程技术方面,咨询工程师不仅要掌握建设工程的专业应用技术,而且要有较深的理论基础,并了解当前最新技术水平和发展趋势;不仅要掌握建设工程的一般设计原则和方法,而且要掌握优化设计、可靠性设计、功能与成本设计等系统设计方法;不仅要熟悉工程设计各方面的技术要点和难点,而且要熟悉主要的施工技术和方法,能充分考虑设计与施工的结合,从而保证顺利地建成工程。

(2)精通业务。工程咨询公司的业务范围很宽,作为咨询工程师个人来说,不可能从事本公司所有业务范围内的工作。但是每个咨询工程师都应有自己比较擅长的一个或多个业务领域,成为该领域的专家。对精通业务的要求,首先意味着要具有实际动手能力。工程咨询业务的许多工作都需要实际操作,如工程设计、项目财务评价、技术经济分析等,不仅要会做,而且要做得对、做得好、做得快。其次,要具有丰富的工程实践经验。只有通过不断的实践经验积累,才能提高业务水平和熟练程度,才能总结经验,找出规律,指导今后的工程咨询工作。此外,在当今社会,计算机应用和外语已成为必要的工作技能,作为咨询工程师也应在这两方面具备一定的水平和能力。

(3)协调、管理能力强。工程咨询业务中有些工作并不是咨询工程师自己直接去做,而是组织、管理其他人员去做;不仅涉及与本公司各方面人员的协同工作,而且经常与客户、建设工程参与各方、政府部门、金融机构等发生联系,处理各种面临的问题。在这方面需要的不是专业技术和理论知识,而是组织、协调和管理的能力。这表明咨询工程师不仅要是技术方面的专家,而且要成为组织、管理方面的专家。

(4)责任心强。咨询工程师的责任心首先表现在职业责任感和敬业精神,要通过自己的实际行动来维护个人、本公司、本职业的尊严和名誉;同时咨询工程师还负有社会责任,即应在维护国家和社会公众利益的前提下为客户提供服务。责任心并不是空洞、抽象的,它可以在实际的咨询工作中得到充分的体现。工程咨询业务往往由多个咨询工程师协同完成,每个咨询工程师独立完成其中某一部分工作。这时咨询工程师的责任心就显得尤为重要。因为每个咨询工程师的工作成果都与其他咨询工程师的工作有密切联系,任何一个环节的错误或延误都会给该项咨询业务带来严重后果。因此,每个咨询工程师都必须确保按时按质地完成预定工作,并对自己的工作成果负责。

(5)不断进取,勇于开拓。当今世界,科学技术日新月异,经济发展一日千里,新思想、新理论、新技术、新产品、新方法等层出不穷,对工程咨询不断提出新的挑战。如果咨询工程师不能以积极的姿态面对这些挑战,终将被时代所淘汰。因此,咨询工程师必须及时更新知识,了解、熟悉乃至掌握与工程咨询相关领域的新进展;同时要勇于开拓新的工程咨询领域(包括业务领域和地区领域),以适应客户的新需求,顺应工程咨询市场发展的趋势。

3.咨询工程师的职业道德

国际上许多国家(尤其是发达国家)的工程咨询业已相当发达,相应地制定了各自的行业规范和职业道德规范,以指导和规范咨询工程师的职业行为。这些众多的咨询行业规范和职业道德规范虽然各不相同,但基本上是大同小异,其中在国际上最具普遍意义和权威性的是 FIDIC 道德准则。咨询工程师的职业道德规范或准则虽然不是法律,但是对咨询工程师的行为却具有相当大的约束力。不少国家的工程咨询行业协会都明确规定,一旦咨询工程师的行为违背了职业道德规范或准则,就将终身不得再从事该职业。

(三)工程咨询公司的服务对象和内容

工程咨询公司的业务范围很广泛,其服务对象可以是业主、承包商、国际金融机构和贷款银行,工程咨询公司也可以与承包商联合投标承包工程。工程咨询公司的服务对象不同,相应的具体服务内容也有所不同。

1.为业主服务

为业主服务是工程咨询公司最基本、最广泛的业务,这里所说的业主包括各级政府(此时不是以管理者身份出现)、企业和个人。工程咨询公司为业主服务既可以是全过程服务(包括实施阶段全过程和工程建设全过程),也可以是阶段性服务。工程建设全过程服务的内容包括可行性研究(投资机会研究、初步可行性研究、详细可行性研究)、工程设计(概念设计、基本设计、详细设计)、工程招标(编制招标文件、评标、合同谈判)、材料设备采购、施工管理(监理)、生产准备、调试验收、后评价等一系列工作。在全过程服务的条件下,咨询工程师不仅是作为业主的受雇人开展工作,而且代理了业主的部分职责。

所谓阶段性服务，就是工程咨询公司仅承担上述工程建设全过程服务中某一阶段的服务工作。一般来说，除生产准备和调试验收外，其余各阶段工作业主都可能单独委托工程咨询公司来完成。阶段性服务又分为两种不同的情况：一种是业主已经委托某工程咨询公司进行全过程服务，但同时又委托其他工程咨询公司对其中某一或某些阶段的工作成果进行审查、评价，例如对可行性研究报告、设计文件都可以采取这种方式。另一种是业主分别委托多个工程咨询公司完成不同阶段的工作，在这种情况下，业主仍然可能将某一阶段工作委托某一工程咨询公司完成，再委托另一工程咨询公司审查、评价其工作成果；业主还可能将某一阶段工作（如施工监理）分别委托多个工程咨询公司来完成。工程咨询公司为业主服务既可以是全方位服务，也可以是某一方面的服务，例如仅提供决策支持服务、仅承担施工质量监理、仅从事工程投资控制等。

2. 为承包商服务

工程咨询公司为承包商服务主要有以下几种情况：

一是为承包商提供合同咨询和索赔服务。如果承包商对建设工程的某种组织管理模式不了解，如CM模式、EPC模式，或对招标文件中所选择的合同条件体系很陌生，如从未接触过AIA合同条件和JCT合同条件，就需要工程咨询公司为其提供合同咨询，以便了解和把握该模式或该合同条件的特点、要点以及需要注意的问题，从而避免或减少合同风险，提高自己合同管理的水平。另外，当承包商对合同所规定的适用法律不熟悉甚至根本不了解，或发生了重大、特殊的索赔事件而承包商自己又缺乏相应的索赔经验时，承包商都可能委托工程咨询公司为其提供索赔服务。

二是为承包商提供技术咨询服务。当承包商遇到施工技术难题，或工业项目中工艺系统设计和生产流程设计方面的问题时，工程咨询公司可以为其提供相应的技术咨询服务。在这种情况下，工程咨询公司的服务对象大多是技术实力不太强的中小承包商。

三是为承包商提供工程设计服务。在这种情况下，工程咨询公司实质上是承包商的设计分包商，其具体表现又有两种方式：一种是工程咨询公司仅承担详细设计（相当于我国的施工图设计）工作。在国际工程招标时，在不少情况下仅达到基本设计（相当于我国的扩大初设计），承包商不仅要完成施工任务，而且要完成详细设计。如果承包商不具备完成详细设计的能力，就需要委托工程咨询公司来完成。需要说明的是，这种情况在国际上仍然属于施工承包，而不属于项目总承包。另一种是工程咨询公司承担全部或绝大部分设计工作。其前提是承包商以项目总承包或交钥匙方式承包工程，且承包商没有能力自己完成工程设计。这时工程咨询公司通常在投标阶段完成概念设计或基本设计，中标后再进一步深化设计。此外，还要协助承包商编制成本估算、投标估价、编制设备安装计划、参与设备的检验和验收、参与系统调试和试生产等。

3. 为贷款方服务

这里所说的贷款方包括一般的贷款银行、国际金融机构（如世界银行、亚洲开发银行等）和国际援助机构（如联合国开发计划署、粮农组织等）。工程咨询公司为贷款方服务常见形式有两种：

一是对申请贷款的项目进行评估。工程咨询公司的评估侧重于项目的工艺方案、系统设计的可靠性和投资估算的准确性，并核算项目的财务评价指标并进行敏感性分析，最终提出客观、公正的评估报告。由于申请贷款项目通常都已完成了可行性研究,因此工程咨询公司的工作主要是对该项目的可行性研究报告进行审查、复核和评估。

二是对已接受贷款的项目的执行情况进行检查和监督。国际金融或援助机构为了了解已接受贷款的项目是否按照有关的贷款规定执行,确保工程和设备在国际招标过程中的公开性与公正性,保证贷款资金的合理使用、按项目实施的实际进度拨付,并能对贷款项目的实施进行必要的干预和控制,就需要委托工程咨询公司为其服务,对已接受贷款的项目的执行情况进行检查和监督,提出阶段性工作报告,以及时、准确地掌握贷款项目的动态,从而能作出正确的决策(如停贷、缓贷)。

4. 联合承包工程

在国际上,一些大型工程咨询公司往往与设备制造商和土木工程承包商组成联合体,参与项目总承包或交钥匙工程的投标,中标后共同完成项目建设的全部任务。在少数情况下,工程咨询公司甚至可以作为总承包商承担项目的主要责任和风险,而承包商则成为分包商。工程咨询公司还可能参与 BOT 项目,甚至作为这类项目的发起人和策划公司。虽然联合承包工程的风险相对较大,但可以给工程咨询公司带来更多的利润,而且在有些项目上可以更好地发挥工程咨询公司在技术、信息、管理等方面的优势。如前所述,采用多种形式参与联合承包工程,已成为国际上大型工程咨询公司拓展业务的一个趋势。

三、建设工程组织管理新模式

随着社会技术经济水平的发展,建设工程业主的需求也在不断变化和发展,总的趋势是希望简化自身的管理工作,得到更全面、更高效的服务,更好地实现建设工程预定的目标。与此相适应,建设工程组织管理模式也在不断地发展,国际上出现了许多新型模式。

本部分介绍 CM 模式、EPC 模式、Partnering 模式和 Project Controlling 模式。需要说明的是,如果从形成时间和与传统模式相对应的角度考虑,项目总承包(国际上称为设计+施工或交钥匙模式)也可称为新型模式。只是由于这种模式在国际上应用已较为普遍,故将其归在"基本模式"之列。这四种新型模式,除 CM 模式形成时间较早外(20 世纪 60 年代),其余模式形成时间均较迟(20 世纪 80 年代以后),且至今在国际上应用尚不普遍。尽管如此,由于这些新型模式反映了业主需求和建筑市场的发展趋势,而且均难以用简单的词汇直接译成中文,因而有必要了解其基本概念和有关情况。

(一)CM 模式

1. CM 模式的概念和产生背景

CM 是英文 Construction Management 的缩写,即使在 CM 的发源地美国,对 CM 模式也没有完全统一的定义。而要准确理解 CM 模式的含义,就需要了解其产生的背景。

1968 年,汤姆森等人受美国建筑基金会的委托,在美国纽约州立大学研究关于如何加快设计和施工速度,以及如何改进控制方法的报告中,通过对许多大建筑公司的调查,在综合各方面经验的基础上,提出了快速路径法(Fast-track Method),又称为阶段施工法(Phased Construction Method)。这种方法的基本特征是将设计工作分为若干阶段(如基础工程、上部结构工程、装修工程、安装工程)完成,每一阶段设计工作完成后,就组织相应工程内容的施工招标,确定施工单位后即开始相应工程内容的施工。与此同时下一阶段设计工作继续进行,完成后再组织相应的施工招标,确定相应的施工单位,如此循环。

采用快速路径法可以将设计工作和施工招标工作与施工搭接起来,整个建设周期是第一阶段设计工作和第一次施工招标工作所需要的时间与整个工程施工所需要的时间之和。与传统模式相比,快速路径法可以缩短建设周期。对于大型、复杂的建设工程来说,这一时间差额很长,甚至可能超过1年。但实际上,与传统模式相比,快速路径法大大增加了施工阶段组织协调和目标控制的难度,例如,设计变更增多,施工现场多个施工单位同时分别施工导致工效降低等。这表明,在采用快速路径法时如果管理不当,就可能欲速不达。因此,迫切需要采用一种与快速路径法相适应的新的组织管理模式。但是FIDIC等合同条件体系至今尚没有CM标准合同条件。

2. CM模式的类型

CM模式分为代理型CM模式和非代理型CM模式两种类型。代理型CM模式(CM/Agency)又称为纯粹的CM模式。采用代理型CM模式时,CM单位是业主的咨询单位,业主与CM单位签订咨询服务合同,业主分别与多个施工单位签订所有的工程施工合同。

非代理型CM模式(CM/Non-agency)又称为风险型CM模式,业主一般不与施工单位签订工程施工合同,但也可能在某些情况下,对某些专业性很强的工程内容和工程专用材料、设备,业主与少数施工单位和材料、设备供应单位签订合同。业主与CM单位所签订的合同既包括CM服务的内容,也包括工程施工承包的内容;而CM单位则与施工单位和材料、设备供应单位签订合同。

3. CM模式的适用情况

从CM模式的特点来看,适用于某些建设工程的进度目标可能是第一位的,如生产某些急于占领市场的产品的建设工程;适用于因总的范围和规模不确定而无法准确定价的建设工程。这种情况表明业主的前期项目策划工作做得不好,如果等到建设工程总的范围和规模确定后再组织实施,持续时间太长。

由于建设工程总体策划存在缺陷,因而CM模式应用的局部效果可能较好,而总体效果可能不理想。应用CM模式都需要有具备丰富施工经验的高水平的CM单位,这可以说是应用CM模式的关键和前提条件。

(二)EPC模式

1. EPC模式的概念

EPC为英文Engineering Procurement Construction的缩写,在EPC模式中,它不仅包括具体的设计工作(Design),而且可能包括整个建设工程内容的总体策划以及整个建设工程实施组织管理的策划和具体工作。因此,很难用一个简单的中文词来准确表达这里的Engineering的含义。FIDIC于1999年编制了标准的EPC合同条件,这有利于EPC模式的推广应用。

2. EPC模式的特征

与建设工程组织管理的其他模式相比,EPC模式有以下几方面基本特征:承包商承担大部分风险,在其他模式中均由业主承担的"一个有经验的承包商不可预见且无法合理防范的自然力的作用"等的风险,在EPC模式中也由承包商承担。

3. EPC模式的适用条件

由于EPC模式具有上述特征,因而应用这种模式需具备以下条件:由于承包商承担了工程建设的大部分风险,因此在招标阶段,业主应给予投标人充分的资料和时间,以使投标人能够仔细审核"业主的要求";虽然业主或业主代表有权监督承包商的工作,但不能过分地干预承包商的工作,承包商只要完成的工程符合"合同中预期的工程之目的",就应认为承包商履行了合同中的义务。由于采用总价合同,因而工程的期中支付款应由业主直接按照合同规定支付,而不是像其他模式那样先由工程师审查工程量和承包商的结算报告,再决定和签发支付证书。

(三)Partnering模式

1. Partnering模式概述

Partnering模式于20世纪80年代中期首先在美国出现,1992年,美国陆军工程公司规定在其所有新的建设工程上都采用Partnering模式,从而大大促进了Partnering模式的发展。

到20世纪90年代中后期,Partnering模式的应用已逐渐扩大到英国、澳大利亚、新加坡、中国香港等国家和地区,越来越受到建筑工程界的重视。相对而言,将Partnering翻译成"合作管理"显得较为贴切。即使在Partnering模式的发源地美国,至今对Partnering模式也没有统一的定义。

2. Partnering模式的要素

所谓Partnering模式的要素,是指保证这种模式成功运作所不可缺少的重要组成元素。综合美国各有关机构和学者对Partnering模式要素的论述,可归纳为以下几点:通过与业主达成长期协议、进行长期合作,施工单位能够更加准确地了解业主的需求;建设工程参与各方的资源共享、工程实施产生的效益共享;相互信任是确定建设工程参与各方共同目标和建立良好合作关系的前提,是Partnering模式的基础和关键;在一个确定的建设工程上,在充分考虑参与各方利益的基础上努力实现这些共同的目标;相互之间建立良好的合作关系,提高工作效率。

3. Partnering模式的适用情况

Partnering模式适用于业主长期有投资活动的建设工程;不宜采用公开招标或邀请招标的建设工程,例如军事工程、涉及国家安全或机密的工程、工期特别紧迫的工程等;复杂的不确定因素较多的建设工程;国际金融组织贷款的建设工程。

(四)Project Controlling模式

1. Project Controlling模式的概念

Project Controlling模式于20世纪90年代中期在德国首次出现并形成相应的理论,其成功地应用于德国统一后的铁路改造和慕尼黑新国际机场等大型建设工程。我国也在20世纪90年代后期由同济大学工程管理研究所将该模式应用于厦门国际会展中心。在大型建设工程的实施中,即使业主委托了建设项目管理咨询单位进行全过程、全方位的项目管理,但重大问题仍需业主自己决策。某些大型和特大型建设工程(如我国的长江三峡工程、德国的统一铁路改造工程等)往往由多个颇具规模和复杂性的单项工程和单位工程组成,业主通常是委托多个各具专业优势的建设项目管理咨询单位分别对不同的单项工程和单位工程进行项目管理,而不可能仅仅委托一家建设项目管理咨询单位对整个建设工程进行全面的项目管理。在这种情况下,如果不同的单项工程之间出现矛盾,业主

是很难作出正确决策的。要作出正确的决策,必须具备一定的前提:首先,要有准确、详细的信息,使业主对工程实施情况有一个正确、清晰而全面的了解;其次,要对工程实施情祝和有关矛盾及其原因有正确、客观的分析(包括偏差分析);再次,要有多个经过技术经济分析和比较的决策方案供业主选择。这样不仅可以更好地适应业主的不同要求,而且有利于建设项目管理咨询单位发挥各自的特长和优势,有利于在建设项目管理咨询服务市场形成有序竞争的局面。

2. Project Controlling 模式的类型

根据建设工程的特点和业主方组织结构的具体情况,Project Controlling 模式可以分为单平面 Project Controlling 和多平面 Project Controlling 两种类型。

3. Project Controlling 与建设项目管理的比较

由于 Project Controlling 是由建设项目管理发展而来,是建设项目管理的一个新的专业化方向,因此 Project Controlling 与建设项目管理具有一些相同点,主要表现在:一是工作属性相同,即都属于工程咨询服务;二是控制目标相同,即都是控制项目的投资、进度和质量三大目标;三是控制原理相同,即都是采用动态控制、主动控制与被动控制相结合并尽可能采用主动控制。

Project Controlling 与建设项目管理的不同之处主要表现在两者的服务对象不尽相同。建设项目管理咨询单位既可以为业主服务,也可能为设计单位和施工单位服务,虽然在大多数情况下是为业主服务,且设计单位和施工单位都要自己实施相应的建设项目管理;而 Project Controlling 咨询单位只为业主服务,不存在为设计单位和施工单位服务的 Project Controlling,也无所谓设计单位和施工单位自己的 Project Controlling。

4. 应用 Project Controlling 模式需注意的问题

在应用 Project Controlling 模式时需注意以下几个认识上和实践中的问题:Project Controlling 模式一般适用于大型和特大型建设工程;Project Controlling 模式不能作为一种独立存在的模式;Project Controlling 模式不能取代建设项目管理;Project Controlling 咨询单位需要建设工程参与各方的配合。

复习思考题

1. 全国注册监理工程师的报考条件是什么?
2. 水利行业注册监理工程师的报考条件是什么?
3. 国外建设项目管理的类型有哪些?
4. 国际上工程咨询的概念是什么?
5. 工程咨询的作用是什么?
6. 工程咨询公司的服务对象和内容是什么?
7. CM 模式的概念及类型是什么?
8. EPC 模式的概念是什么?
9. Partnering 模式的概念是什么?
10. Project Controlling 模式的概念是什么?

参考文献

[1] 张守平,滕斌. 工程建设监理[M]. 北京:北京理工大学出版社,2010.
[2] 全国建设工程师培训教材编写委员会. 建设工程监理概论[M]. 北京:知识产权出版社,2009.
[3] 张华. 水利工程监理[M]. 北京:中国水利水电出版社,2006.
[4] 赵亮,刘光忱. 建设监理概论[M]. 大连:大连理工大学出版社,2000.
[5] 郭阳明. 工程建设监理概论[M]. 北京:北京理工大学出版社,2009.
[6] 中华人民共和国水利部. SL 288—2014 水利工程建设监理规范[S]. 北京:中国水利水电出版社,2014.